共享世界的支撑技术

时空大数据与云平台

（理论篇）

吴信才　著

科学出版社

北　京

内 容 简 介

本书结合现代IT技术、地理信息系统软件新技术、云计算、大数据、物联网等先进技术，详细介绍时空大数据概念与发展，基于云环境的时空大数据平台体系 T-C-V 软件结构和组成，重点阐述时空大数据中心、时空信息云服务中心和云应用集成管理中心三大部件，最后以全空间一张图平台为例，介绍该平台的实践情况。

本书采用泛在技术加案例建设方式，以软件平台设计流程为顺序编写，通俗易懂，为读者了解和学习云环境下的时空大数据平台提供了有力的参考。本书内容丰富、针对性强，可作为地理信息系统、软件工程、测绘工程等专业本科生和研究生的学习参考书，也可以作为城市规划、国土管理、市政工程、环境科学及相关专业研究和开发人员的应用宝典。

图书在版编目（CIP）数据

时空大数据与云平台. 理论篇/吴信才著. —北京：科学出版社, 2018.4
（共享世界的支撑技术）
ISBN 978-7-03-056664-5

Ⅰ. ①时… Ⅱ. ①吴… Ⅲ. ①数据处理 ②计算机网络 Ⅳ. ①TP274 ②TP393

中国版本图书馆 CIP 数据核字(2018)第 040029 号

责任编辑：苗李莉 李 静 / 责任校对：何艳萍
责任印制：肖 兴 / 封面设计：图阅社

科 学 出 版 社 出版
北京东黄城根北街 16 号
邮政编码: 100717
http://www.sciencep.com

中国科学院印刷厂 印刷
科学出版社发行 各地新华书店经销
*
2018 年 4 月第 一 版 开本：787×1092 1/16
2018 年 4 月第一次印刷 印张：11
字数：252 000

定价：69.00 元

(如有印装质量问题，我社负责调换)

前　言

随着云时代的来临，大数据（big data）吸引了越来越多的关注。截至2012年，数据量已经从TB（1TB=1024GB=1048576MB）级别跃升到PB（1PB=1024TB=1048576GB）、EB（1EB =1024PB =1048576TB）等级别。整个人类文明所获得的全部数据中，有90%是过去两年内产生的。而到2020年，全世界所产生的数据规模将达到今天的44倍。由于移动互联网、物联网技术的应用，时空大数据的增长速率非常惊人。时空大数据与非空间数据相比，具有空间性、时间性、多维性、海量性、复杂性等特点，其云计算方法和挖掘技术是目前测绘科学技术的前沿领域之一。时空大数据的价值在于时间、空间、对象之间的关联关系，主要研究和探索数据与现实中对象、行为、事件间的对应规律，研究时空大数据高效表达与组织、时空大数据多维关联与协同计算，揭示大尺度事件的演化推理机理。

当前正在建设的智慧城市是在数字城市基础框架上，运用物联网、云计算、时空大数据集成等新一代信息技术，将现实的城市与数字城市进行有效融合，促进城市规划、建设、管理和服务智慧化的新理念和新模式。作为智慧城市的地理空间信息的载体，城市时空大数据云平台应管理、分析时空数据体系，实现土地、规划、交通、林业、水利、税务、民政、公安等公共部门及民用企业互联互通，形成时空地理信息资源共享交换机制，为政府决策、城市管理、社会公益服务等各行业提供基础的地理信息服务。

武汉中地数码科技有限公司（以下简称：中地公司）积累了几十年的地理信息系统（geographic information system，GIS）软件研发和工程应用经验，采用创新性的T-C-V软件结构，引入虚拟化技术、云计算技术等成熟、先进的技术手段，首创共享世界的支撑技术思想，基于MapGIS I^2GSS（international internet GIS service sharing）云平台技术，开展了时空大数据与云平台的研发和工程实践。时空大数据与云平台实现了时空大数据分析与挖掘、自动化的运维管理、智能的集群部署和应用场景的个性化定制，提供基于云计算环境下的时空信息服务，开展了多领域智慧应用。

本书围绕中地公司的时空大数据与云平台展开描述，研究和探索云计算环境下时空大数据与云平台的存储、分析、应用模式与服务体系等问题，极具必要性和商业价值。本书共分为9章，系统地阐述了时空大数据与云平台的概念、体系、组成和应用。

本书由长江学者吴信才教授策划并撰写，参与本书数据资料的搜集及书稿整理的人员还有万波、吴亮、黄波、黄颖、刘永、黄胜辉、陈小佩等，他们长期从事GIS软件的研究、开发与服务，具有丰富的经验，使本书融入了技术团队在近年取得的研发成果。

由于时间紧，水平有限，不妥之处在所难免，敬请读者提出宝贵意见。

作　者

2017年10月

目　录

第1章 绪　　论

随着云计算、物联网的发展，我们迎来了大数据的时代。大数据之父维克托·迈尔-舍恩伯格提出：大数据的核心要义在于共享。

作为具有强大变革能力的大数据，不仅引发技术革命、经济变革，更引发了人类的认知变革。从对现实世界认知，到概念世界的认知，到数字世界的认知，无不经历着一次又一次的认知变革。然而大数据是共享型资源，带来的变革是全方位的，影响的人越来越多，资源交换共享越来越多，催生了“共享世界”的出现。地理信息共享作为一种智力资源将共享价值变现，利用云计算、大数据的共享理念，产生经济效益，通过地理信息共享让人人享有地理信息，让人人低成本参与地理信息共享。

1.1　共享世界的认知

1.1.1　现实世界认知过程

所有动物都有认知（cognition）的本能，尤其人类更为突出。德国哲学家康德认为：时间和空间是人类的“先验认知”，所谓“先验”就是先于经验的，即还没有任何知识的时候，时空就已经存在每个人的意识当中，人对所有事物的认知要放在时间和空间的框架中来，时空即成为了所有知识的共同基础，正是这样，人类才能清晰的认知事物之间关系。认知包括感觉、知觉、思考、想象、推理、求解、记忆、学习和语言等。人类生活在地球上，人类的一切活动无不与空间认知（spatial cognition）息息相关。在信息快消时代，什么时间、什么地点、发生了什么事情、为什么发生在这里、事发地点的环境及其周围环境的关系，这些都是人们比以往任何时间都更为关心的问题。如何将时间、地点、事务、环境等因素融合起来，综合分析，更有利于人们做出判断和决策，这同时也是一个将客观世界的地理现象转化为抽象表达的数字世界相关信息的过程，这个过程涉及三个层面：现实世界、概念世界和数字世界，如图1-1所示。

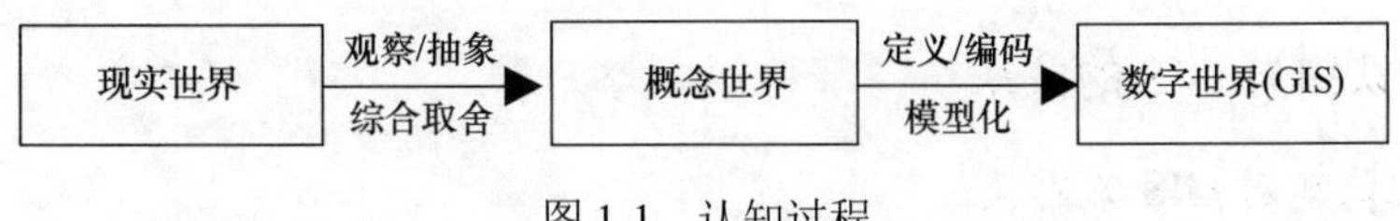

图1-1　认知过程

（1）现实世界是存在于人们头脑之外的客观世界，事物及其相互联系就处在这个世界之中。人们的认知来源于现实世界。认知理论早在20世纪70年代就被引入地图学，并用“刺激-反应”的关系模式来研究用图者在读图时的心理——物理反应。现实世界是非常复杂的，人们所见所得从早期的纸质地图记载，逐渐演进为计算机系统输入输出。人们借助计算机系统将现实世界各种各样的地理现象进行模拟再现，然而机器无法代替人脑，许多复杂的现象、海量的信息无法识别。要正确认识和掌握现实世界这些复杂、海量的信息，需要进行去粗取精、去伪存真的加工。因此，对现实世界的认识是一个从感性认识到理性认识的抽象过程。

（2）概念世界是现实世界在人们头脑中的反映。客观事物在概念世界中称为实体，反映事物联系的是实体模型。实体模型又分为逻辑模型和物理模型。人们研究发现，人脑就是一个信息加工系统，人类对外界的知觉、记忆、思维等一系列认知过程，可以看成是对信息的产生、接收和传递的过程，计算机和人脑两者的物质结构大不一样，但计算机软件所表现出的功能和人的认知过程是类同的，即两者的工作原理是一致的，都是信息加工系统：输入信息、进行编码、存储记忆、做出决策和输出结果。因此，空间认知是一个信息加工过程，将各种空间认知抽象成概念模型。

（3）数字世界是概念世界中信息的数据化。现实世界中的事物及联系在这里用数据模型描述。计算机通过对各种地理现象的观察、抽象、综合取舍，得到实体目标（有时也称为空间对象），然后对实体目标进行定义、编码结构化和模型化，以数据形式存入计算机内。空间认知处理现实世界的空间属性，依赖于位置、大小、距离、方向、形状、格局、移动，以及事物间关系的认知。其中时间、空间、属性，形成了地理空间信息的三要素。人们对地理信息的获取、认知亦来源于这三个要素。因此空间数据表示的基本任务就是将以图形模拟的空间物体（时间、空间、属性）表示成计算机能够接受的数字形式，完成逻辑数据模型向物理数据模型的转变，如图 1-2 所示。

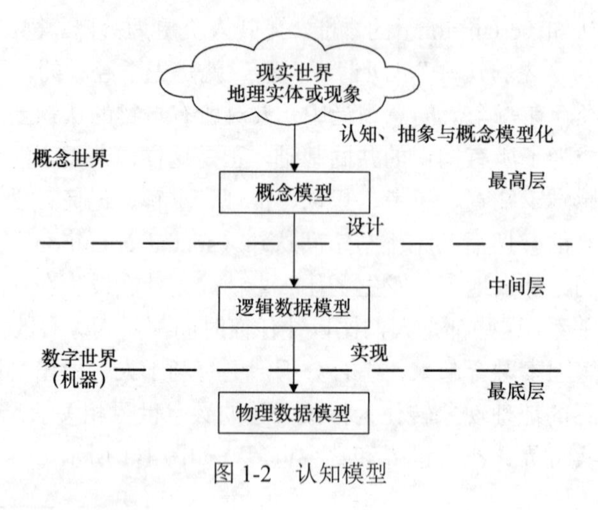

图 1-2　认知模型

1.1.2　空间认知与 GIS 的关系

1）空间认知对 GIS 的意义

关于空间和场所的空间认知表达了人与环境及人与地球之间的关系，地理学家希望空间认知能够有助于理解他们感兴趣的传统现象，如人们选择在哪里购物取决于他们对于距离和道路连接的认识。

目前对 GIS 认知问题的关注程度不够、理解不够是地理信息技术有效性的一个主要障碍。一定程度上，空间认知和表达过程代表了 GIS 发展的过程。认知研究将直接导致 GIS 系统的改进，改进后的系统将充分体现人类的地理感知，空间认知有助于提高 GIS

使用和设计，以及其他地理信息产品，它们部分依赖于人们对于空间关系表述的理解。因此，认知问题的研究对设计更有效的GIS是有帮助的。

2）GIS与空间认知的关系

地理空间认知是地理学的一个重要研究领域，是地理认知理论之一和GIS数据表达与组织的桥梁和纽带，研究地理空间认知对GIS的建立具有重要作用。认知、空间认知、地理空间认知，以及GIS之间有着紧密的关系，如图1-3所示。

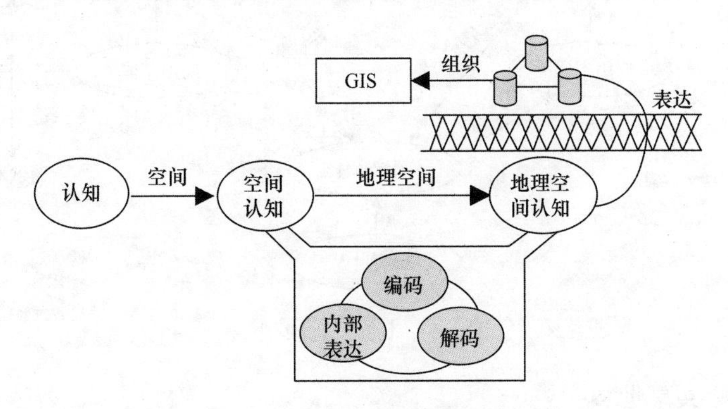

图1-3　GIS与空间认知关系

地理知识的描述需要地理思维，它们与GIS相结合会产生基于知识的GIS和基于GIS的专家系统两种结果。这两种系统都是以地理认知为基础的。地理认知、地理思维和GIS的关系可用图1-4来描述。

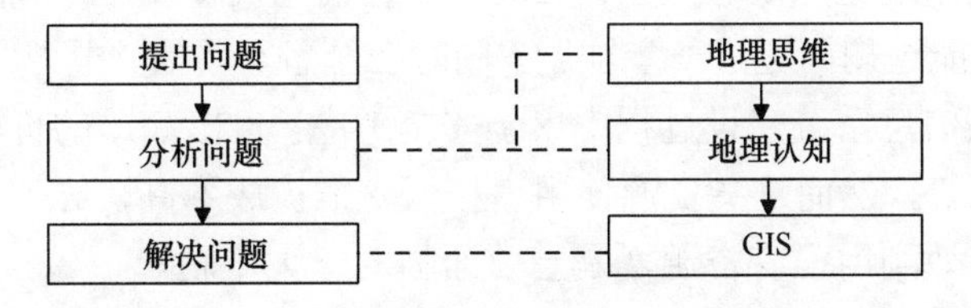

图1-4　地理认知、地理思维和GIS的关系

GIS空间数据组织的对象来源于现实世界的地理现象（客观实体），因此，必须对现实世界进行抽象和表达，以建立现实世界的GIS数据模型，抽象的过程是人们对现实世界进行认知的过程，表达的过程是人们对现实世界进行计算机再现的过程。

发生在地理空间上的认知称为地理空间认知，它是对地理空间信息的表征，包括感知过程、表象过程、记忆过程和思维过程，实质是对地理现象或地理空间实体的编码、内部表达和解码的过程。本体论是一种对于现实世界的概念结构进行系统化描述的方法论。本体论通过研究概念世界、GIS语言世界和地理现实世界，产生有关地理世界结构更好的理解，为GIS的发展提供更合理的概念模型，从而避免现有的数据模型与人类空间认知机制的巨大反差。GIS是信息获取、储存、处理和输出的信息系统，将GIS本身称为内部世界；相对应地将GIS研究的自然和人文环境称为外部世界。外部世界的物质称为实体，对实体描述的信息称为实体对象，如图1-5所示。通过对实体对象的研究实现对外部世界及其运行规律的揭示。GIS通过构建空间认知体系，具有了获取、存储和处理外部世界空间信息的能力，从宏观和微观两个层面，揭示外部世界的特性及其运行规律。

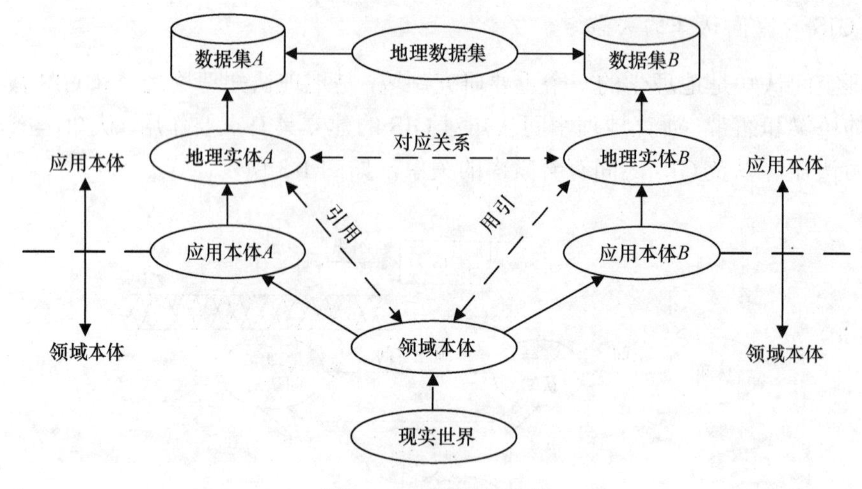

图 1-5　本体概念模型

1.1.3　地理信息共享世界

1）共享世界的出现

自 21 世纪全球经济体进入高速发展期以来，经济高度繁荣，生产力快速发展，导致生产关系不匹配生产力的发展，需求增长跟不上产能增长，全球产能过剩。在全球产业博弈中，产能过剩现象愈演愈烈。自 2008 年金融危机爆发后，金融风暴席卷全球，需求萎缩严重，产能过剩问题进一步加剧。同时在金融、通信、电力、地理信息等领域，许多大中型企业在信息系统建设过程中出于安全考虑，付出高昂的价格来购买足够的计算资源、存储资源等，然而这些资源使用率极低、维护成本高，导致资金、资源供需不对等。如何充分有效利用已有资源，是当前面临的一大难题。

进入 2010 年后，网络技术、手机通信的发展与普及，使得共享世界离我们越来越近，不再是空中楼阁遥不可及。人们借助网络、地理信息、计算机技术尝试着共享金融、共享物品、共享空间、共享出行、共享知识，逐步探索出共享世界的要义：提高资源的利用率，对重组量化后的资源进行再分配，满足供需双方的需求，实现人力、物力、智力等多方面资源共享、优势互补。由于涉及生产资料的使用与共享，“共享世界”的出现需以“共享经济”为基础。“共享经济”这一定义是由杰里米·里夫金明确给出的，他认为，协同共享是一种新的经济模式。共享经济要经过几个阶段：第一个阶段叫物力共享，把空间、物体拿出来共享；第二个阶段叫人力共享，像滴滴把人力和自己的技能共享出来；第三个阶段叫脑力共享，这是一个智力时代，每个人都有盈余的时间。物力共享是物的交换价值，人力共享是人的价值，真正脑力共享时代，共享经济才成为了一个更大的概念，脑力共享不是齿轮带动齿轮的物理概念，而是一个相互作用与反应的化学概念。21 世纪云计算、大数据的出现，催生了这种“化学反应”。大数据的新模式、新架构、新文件系统的诞生打破了原有的存储、计算方式方法，使得资源供需不再是难题。云端计算资源、存储资源、网络资源的共享促进了共享世界的发展。大热的云计算降低了技术开发成本，数据访问的灵活性、移动性、扩展性等性能得以极大提升；大数据使得海量异构数据的快速处理成为可能，且能实现供需双方精准匹配，根据用户的搜索和行为推送用户需求；地理信息技术能够实时定位消费者地理位置，全球卫星导航系统（global navigation satellite system，GNSS），如GPS、北斗等，定位精度提高，大数据的位置标签更加精准，使空间共享可见可得。

共享世界的思维打破传统经济对商业组织的依附，整合线下各种角色、应用和资源，削弱传统经济对商业组织的依附。地理空间信息强调使用权，淡化拥有权，使用比拥有更有价值。同时地理空间信息商品或服务的生产者和消费者边际模糊，产销者（prosumer）出现，使得从过去的商业机构（B端）向个人（C端）提供地理空间信息服务，转向更多的C端向C端提供服务。组织的结构和雇佣关系发生变化，更多以“商业伙伴”形式出现，没有雇佣关系。共享世界因为地理信息共享得以真正实现。

2）地理信息共享

什么是地理信息共享？①用户享用非已有信息的资格、权利和义务；②生产为实现信息共享必须的地理数据；③为共享信息准备必要的设备、共享和服务环境；④政府对发展和协调信息共享的调控权。简单地说，目前地理信息共享在我国是指在政府宏观调控下，依据一定的规则和法律，实现地理信息的流通和共用。

地理信息标准化和规范化是实现地理信息共享的前提条件之一。因此，在国际上，特别是北美、西欧等许多技术比较发达的国家及众多的国际组织十分重视地理信息的统一技术标准、统一政策和统一技术体系问题，最终让国家乃至全球的地理信息具有共享性。例如，ISO/TC211（国际标准化组织地理信息技术委员会）、开放地理空间信息联盟（Open Geospatial Consortium，OGC）、美国联邦地理数据委员会（Federal Geodata Commission，FGDC）、世界数据中心（World Data Center，WDC）等众多机构的建立及推广，使得发达国家的地理空间信息共享管理已经发展得比较成熟，形成自身的特点：一是由政府决定对地理空间信息的生产，国家具有地理空间数据的主导地位；二是要突显出地理空间信息的公益性原则，明确规定提供免费共享信息或廉价提供；三是地理空间信息的应用已经渗透到生活乃至家庭、社会的每一个角落及每一个行业；四是有严格的法律，标准更加完善。20世纪80年代以来，我国科研界就对地理信息共享问题非常重视，主要方面是研究统一的技术标准和相关政策的制定。1983年，国家科学技术委员会高技术与基础研究司组织开展跨部门“资源与环境信息系统国家规范研究”，并于1984年出版了《资源与环境信息系统国家规范与标准研究报告》。1991年，国家测绘局组织开展了10余项地理信息共享与标准等问题的研究。1996～2005年的10年中，我国的地理信息共享的标准化进行了大量的研究与实践，并取得了丰硕的成果，对于地理信息共享政策与法律法规也进行了一些研究。

由于信息不对称、资源不对等问题，导致我国地理信息共享在较长一个时期滞留在政企部门，甚至在政企部门之间还存在“信息孤岛”。长期的资源累积和资源不对等，阻碍了地理信息面向社会的数据共享，造成科技信息资源的巨大浪费，触发了地理信息分享需求的增长。社会的需求引导了地理信息分享的方向。用户需求驱动消费，消费定制生产，各类地理信息数据共享、服务共享、应用共享如雨后春笋般涌现，个人需求得到极大满足，地理信息上中下游产业链因为共享再次盘活。

在此形势下，我国传统地理信息产业要适应全球共享经济模式，需分三步走。

第一步：开放式共享，通过网络，让地理空间信息以最快、最直观的方式实现共享。

第二步：融合式共享，在开放式共享基础上，提供一种更为开放的地理空间信息体系架构和生产模式，建立不同时空陌生人之间的黏性，融合全球所有的人力、智力、物力，根据不同的需求不断产生、交易、迁移、聚合、重构成各种各样的地理空间信息应用，让有限的资源变成无限的可能。

第三步：可持续发展式共享，在融合式共享的基础上，建立一个功能完备的生态系统，如图 1-6 所示，包含地理空间信息发展涉及的需求、生产、交付、服务、集成等各个环节，打破传统经济对商业组织的依附，整合线下各种角色、应用和资源，让每一个人都可以在这个无限的、充满想象的、可不断扩展的生态圈中自由享有自己关注的信息、服务，构建属于自己的关注圈子甚至完整的行业生态圈。

一个新的功能完备的生态系统因地理信息共享世界而诞生。

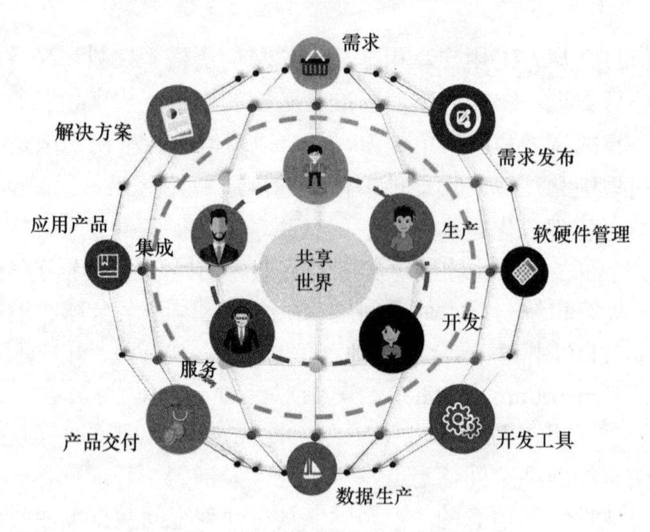

图 1-6　共享世界生态系统图

1.2　时空大数据认知

1.2.1　传统数据与大数据

大数据时代的来临，让人们更加关注和探究大数据的来源。1997 年美国国家航空航天局（National Aeronautics and Space Administration，NASA）研究员 Michael Cox 和 David Ellsworth 在 IEEE 第 8 届国际可视化学术会议中首先提出了“大数据”术语；2008 年 9 月 *Nature* 学术杂志发表的一篇名为 *Big Data*：*Wikiomics* 的文章，使大数据在科学研究领域得到了高度重视；2012 年 3 月美国政府发布《大数据研究和发展倡议》，旨在提高和改进人们从大数据中获取知识的能力。大数据引起了主要国家和全社会的重视，一场大数据引发的变革渗透到各个角落。面对大数据时代的挑战与机遇，国际上的专家学者针对大数据处理开展了一系列的探索和研究。2012 年在印度新德里举行的首届大数据分析国际会议上，与会代表达成共识，认为大数据的表达、检索、挖掘是大数据处理面临的三大挑战。目前，对大数据的研究已经逐渐发展成为信息科学的主要研究趋势。2014年我国大数据市场规模达到84亿元人民币，依照中国信息通信研究院的估算，2015年达到了115.9亿元，增速38%。2016～2018年中国大数据市场规模增长还将维持在40%左右的高增长率，这背后的根本变化在于数据源、传感器将成为主要的数据来源：遥感卫星很快会实现“准实时”的对地观测，数以万计的无人机时刻不停的获取数据，移动通信中每个人都在实时产生位置信息，物联网的发展将带来更大量级的数据内容。大数据在经过了近几年的发展后，已经被民众接纳，获得了社会的广泛认可。

然而什么是大数据呢？来自维基百科的定义：大数据是一个复杂而庞大的数据集，以至于很难用现有的数据库管理系统和其他数据处理技术来采集、存储、查找、共享、传送、分析和可视化。

2013年5月召开的第462次香山科学会议——数据科学与大数据的科学原理及发展前景2013，给出了技术型和非技术型两个定义。

（1）技术型定义：大数据是来源多样、类型多样、大而复杂、具有潜在价值，但难以在期望时间内处理和分析的数据集。

（2）非技术型定义：大数据是数字化生存时代的新型战略资源，是驱动创新的重要因素，正在改变人类的生产和生活方式。

相对于传统数据，大数据具有数据量大、数据种类多、要求实时性强、数据所蕴藏价值大的特点，见表1-1。大数据是具有体量大、结构多样、时效强等特征的数据；处理大数据需采用新型计算架构和智能算法等新技术；大数据的应用强调以新的理念应用于辅助决策、发现新的知识，更强调在线闭环的业务流程优化。

传统数据——从数据来看，传统数据管理针对的是过去一段时间内已知范围内的易于理解的数据；从处理工具来看，传统数据管理要求高效、高吞吐处理数据，并未有严格的时限要求；从数据算法来看，传统数据管理统计分析主题关系早已确立且不变。总体而言，传统数据呈现的特点主要归纳为两点：静态、已知。

大数据——大数据技术针对的是实时产生的大量结构化及非结构化数据；从数据处理来看，大数据技术要求实时处理数据；从数据算法来看，大数据技术探究的是建立算法模型，基于实时数据不断优化。大数据呈现的特点主要归纳为两点：动态、未知。

表1-1　传统数据和大数据比较

	传统数据	大数据
数据量	GB	TB PB
数据产生速率	每小时、每天……	实时、非常快速
数据结构	结构化数据	半结构化、非结构化
数据源	集中的分布式	分布式
数据集成	简单	困难
数据库	RDBMS	HDFS、NOSQL
数据接口	交互式	批处理、实时

1.2.2　大数据与时空大数据

大数据时代产生了大量的具有时空标记、能够描述个体行为的时空大数据，如手机数据、出租车数据、社交媒体数据等。这些数据为人们进一步了解社会经济环境提供了一种新的技术手段。近年来，计算机科学、地理学和复杂性科学领域的学者基于不同类型数据开展了大量研究，试图发现海量群体的时空行为模式，并建立合适的解释性模型。通过时空大数据可以解决许多以往难以解决的复杂问题。麦肯锡在《大数据：下一个竞争、创新和生产力的前沿领域》的研究报告中认为，医疗保健、零售业、公共领域、制造业和个人位置的数据构成了目前5种主要的大数据流，上述无论哪种数据流都具有显著的地理编码与时间标签。从这个角度看，时空信息不仅是大数据的重要组成部分，更可被看成是大数据本身（边馥苓等，2016）。

时空数据是数据的一种特殊类型，它是指带有空间坐标的数据，这类数据通常是地图文件，用点、线、面及实体等基本空间数据结构来表示。一个地图文件通常只包含一种类型的空间数据结构，如面（代表国家或者地区）、线（代表道路或者河流）或点（代表特定的地址）。如果想要比较复杂的地图文件，其中包含多种空间数据结构的话，通常需要多个地图文件叠加来获得。除了地图信息，时空数据还包括地图信息的背景数据，用来描述地图文件上的对象属性。例如，一个地图文件包含街道，那么就需要相应的背景数据来描述该街道的大小，名字或者一些分类信息（分行道、单行道、双行道、禁止通行等）。因此，结合时空数据的特征，时空大数据可定义为：是指用来表示空间实体的地理位置和分布特征等方面信息的数据，表述了空间实体或目标事件随地理位置的不同而发生的变化。

时空大数据由于其所在空间的空间实体和空间现象在时间、空间和属性三个方面的固有特征，呈现出多维、语义、时空动态关联的复杂性，时空大数据一方面具有一般大数据的大规模、多样性、时效性和价值性的特点，另一方面还具有与对象行为对应的多源异构和复杂性，与事件对应的时空、尺度、对象动态演化，对事件的感知和预测特性，如图1-7所示。

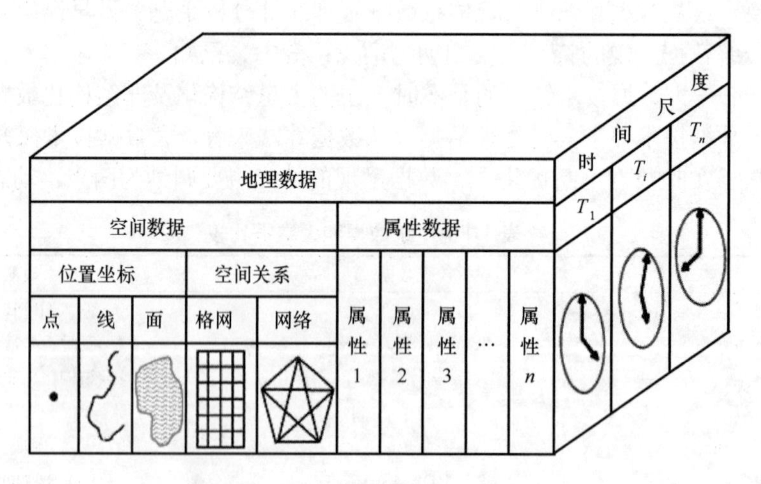

图1-7　时空大数据数据维度表达

1.2.3　时空大数据特征

几乎所有的大数据，都需要而且可以与时空数据融合。

时空大数据是一种结构复杂、多层嵌套的具有空间和时态特性的多维数据，它有效记录了事物的空间位置和时空变化过程，并准确地表达了事物的历史、当前和未来状态，如城市变迁、疾病扩散、环境变化、地质演化、移动对象位置变更等。

时空大数据作为大数据行业一个重要分支，是指同时具有时间和空间维度的数据，现实世界中的数据超过 80%与地理位置有关。时空大数据包含对象、过程、事件在空间、时间、语义等方面的关联关系。空间性是时空数据区别于其他数据的标志性特征。

由于时空大数据的固有特点，因此呈现出多维、语义、时空动态关联的复杂性。特别是随着智慧城市和物联网的迅猛发展，无所不在的传感器网将产生极其大量的数据，使得世界进入真正的大数据时代，其中大量的与时空位置有关的时空大数据需要被存储、分析和处理。由于应用范围的日益广泛，时空大数据成为了大数据领域越来越重要的分支之一。作为典型的特定领域内的大数据，它具有大数据的主要特点：数据规模极大、数据间关联性复杂、类型多样化、时效性高等。同时，时空大数据还具有空间信息领域内的特征，具体特征包括以下七点。

（1）无所不在（ubiquitous）。一方面，在大数据时代，数据获取将从空天地专用传感器扩展到物联网中上亿个无所不在的非专用传感器。例如，智能手机，它就是一个具有通信、导航、定位、摄影、摄像和传输功能的时空数据传感器；又如城市中具有空间位置的上千万个视频传感器，它能提供 PB 和 EB 级连续图像。这些传感器将显著提高数据获取能力。另一方面，在大数据时代，GIS 的应用也是无所不在的，它已从专业用户扩大到全球大众用户。

（2）多维动态（multi-dimension and dynamics）。大数据时代无所不在的传感器网以日、时、分、秒甚至毫秒计产生时空数据，使得人们能以前所未有的速度获得多维动态数据来描述和研究地球上的各种实体和人类活动。例如，智慧城市需要从室外到室内、从地上到地下真三维高精度建模，基于时空动态数据的感知、分析、认知和变化检测在人类社会可持续发展中将发挥越来越大的作用。通过这些研究，GIS 将对模式识别和人工智能作出更大的贡献。

（3）互联网+网络化（internet+networking）。在越来越强大的天地一体化网络通信技术和云计算技术支持下，形成互联网+空间信息系统，将时空大数据从专业应用向大众化应用扩展。原先分散的、各自独立进行的数据处理、信息提取和知识发现等将在网络上由云计算为用户来完成。

（4）全自动与实时化（full automation and real time）。在网络化、大数据和云计算的支持下，地球空间信息学有可能利用模式识别和人工智能的新成果来全自动和实时地满足军民应急响应用户和诸如飞机与汽车自动驾驶等实时用户的要求。

（5）从感知到认知（from sensing to recognizing）。在大数据时代，通过对时空大数据的数据处理、分析、融合和挖掘，可以大大地提高空间认知能力。例如，利用智能手机中连续记录的位置数据、多媒体数据和电子地图数据，可以研究手机持有人的行为学和心理学。

（6）众包与自发地理信息（crowd sourcing and volunteered geographic information）。在大数据时代，基于无所不在的非专用时空数据传感器（如智能手机）和互联网云计算技术，通过网上众包方式，将会产生大量的自发地理信息来丰富时空信息资源，形成人人都是地球空间信息员的新局面。但他们的非专业特点，使得所提供的数据具有较大的噪声、缺失、不一致性、歧义等问题，引起数据有较大的不确定性，需要自动进行数据清理、归化、融合与挖掘。当然，如能在网上提供更多的智能软件和开发工具，将会产生好的效果。

（7）面向服务（service oriented）。地球空间信息学是一门面向经济建设、国防建设和大众民生应用需求的服务科学。它需要从理解用户的自然语言入手，搜索可用来回答用户需求的数据，优选提取信息和知识的工具，形成合理的数据流与服务链，通过网络通信的聚焦服务方式，将有用的信息和知识及时送达给用户。从这个意义上看，地球空间信息服务的最高标准是在规定的时间（right time）将所需位置（right place）上的正确数据/信息/知识（right data/information/knowledge）送到需要的人手上（right person），实现服务代替产品，以适应大数据时代的需求。

1.2.4 时空大数据基本要求

在大数据时代，如果要实现多源异构时空大数据的融合，进行数据分析、决策，成为“智慧的时空数据”，必须构建一个独立于具体数据的基础框架，搭建一个云平台，才能够实现数据、资源、应用之间的融会贯通，可以称之为新一代的时空数据模型，需满足以下三个条件。

1. 以顶层设计、共享先行为原则规划时空大数据接入和共享机制

第一，具有全局性和独立性。所谓全局性，有两个含义：其一是可以作为承载所有类型数据的共同框架，其二是成为跨越数据集之间的全局索引。所谓独立性，是指独立于具体的数据内容而存在，不依赖特定的数据类型。第二，继承传统 GIS 数据。新的时空数据模型需要兼容和继承传统 GIS 数据，可以方便调用、抽取和整合数据。第三，适应各类传感器数据。新的时空数据模型需具备组织、管理和调度传感器数据的能力。传感器数据是时空大数据的主要来源，包括遥感数据、各类监测传感器和泛物联网数据。第四，具备时空一致性和稳定性。时空定义模式要保证不同时空尺度下时空定义的一致性和稳定性，使时空范围可以作为数据汇聚和融合的线索。第五，适应大数据 IT 架构。数据模型需要适应分布式计算、分布式存储和机器学习。第六，普适性。时空属性是所有数据的共同特征，新的时空数据模型可为任意类型的数据添加时空标签。

2. 以应用导向、创新驱动为原则实现时空大数据与应用领域的深度结合

时空大数据非常之多，且增长速度迅猛。只有有序的挖掘才能出现价值。目前时空大数据分为五大形态：第一是基础地理信息数据，即按照国家标准精准测绘所形成的政府数据；第二是专题地理信息数据，如地理国情所获取的大量与经济、社会有关的数据；第三是专业地理信息数据，如农业部门、国土部门等专业部门的数据；第四是传感地理信息数据，也是时空大数据里面重要且有活力的部分，并涵盖很多的领域；第五是社交地理信息数据，如采集的共享单车所走的轨迹等数据。其中第四类和第五类数据活跃度最高，也是最有挖掘和变现价值的时空数据。以应用为导向，盘活时空数据，实现时空大数据与应用领域的深度结合。

3. 以资源池化共享、虚拟存储为原则实现时空大数据资源的有效融合

实现存储资源的服务化，实现基础资源的充分统筹共享，提高存储资源利用率，减

少信息化建设成本，具体而言：包括搭建高效的数据库业务平台和灵活的云计算资源池平台，同时采用存储虚拟化功能实现现有异构存储资源的共享和统一管理，形成灵活的存储资源池。只有实现了现有资源整合与虚拟化，提高存储资源利用率，才能为构建时空大数据提供一个高性能可匹配业务不断发展的动态资源平台，同时也为客户将现有传统的数据中心架构向时空大数据与云平台过度奠定了基础，提供了平台和架构保障。

1.3 时空大数据的发展

1.3.1 时空大数据的发展历史

人类历史上，从未有哪个时代和今天一样产生如此海量的数据。数据的产生已经完全不受时间、地点的限制。从采用数据库作为数据管理的主要方式开始，人类社会的数据产生方式大致经历了运营式系统阶段（被动产生）、用户原创内容阶段（主动产生）、感知式系统阶段（自动产生）三个阶段，而正是数据产生方式的巨大变化才最终导致大数据的产生。在感知式系统阶段，人类保存数据的能力（数据存储时长、数据存储容量等）增强，使用数据的能力（应用、二次开发等）增强，挖掘数据的能力（决策分析、风险规避等）增强。地理信息行业作为海量时空数据的生产者，从数据采集到数据在各行各业中的应用可能都会在智能化时代中由机器完成。随着科学进步，人类对时空服务的需求正在从事后走向实时和瞬间、从静态走向动态和高速、从粗略走向精准和完备、从陆地走向海洋和天空、从区域走向全球、从地球走向深空和宇宙。地理信息的存在性需求，决定了它在智能化时代中不会消失，但必须完成从信息化到智能化的转型。这一转型极大地提高和完善了时空数据的生命周期。时空大数据的时代到来了！

国际上，欧美等国家早在 20 世纪，特别是北美、西欧等地区许多技术比较发达的国家，以及众多的国际组织投入大量人力和资金开展研究，未雨绸缪构建时空数据体系。因此在诸多地理信息共享标准上占得先机。国际地理信息产业市场主要分布在北美和西欧，美国在地理信息市场所占份额居于全球领先地位，拉丁美洲、东欧、中东和亚太地区地理信息产业市场也正在蓬勃兴起。预计 2016～2020 年，全球地理信息产业市场的年复合增长率将达到 18.25%（爱尔兰商业咨询公司 Research and Markets“2016～2020全球地理信息系统分析市场”报告）。在我国，地理信息企业规模和公众市场不断扩大，产业发展质量得到显著提升。2016 年我国地理信息产业总产值预计达到 4360 亿元，同比增长 20.1%。截至 2016 年 10 月底，全国测绘资质单位数量突破 1.7 万家，较 2015 年年末增加 6.9%（11 月 1 日，2016 年中国地理信息产业大会，国家测绘地理信息局副局长宋超智讲话）。我国科研界对地理信息共享问题在 20 世纪 80 年代逐渐提上日程，主要方面是研究统一的技术标准和相关政策的制定。1984 年出版了《资源与环境信息系统国家规范与标准研究报告》。1996～2005 年的 10 年中，我国的地理信息共享的标准化进行了大量的研究与实践，并取得了丰硕的成果；对于地理信息共享政策与法律法规也进行了一些研究。21 世纪计算机技术的飞速发展推动了全球智能化、智慧化进程。现在很多地方在建立智慧城市（smart city），需要大量地理信息数据做支撑。智慧城市这一概念发端于 80 年代的信息城市（information city），经历了 90 年代的智能城市（intelligent city）与数字城市（digital city），在2000年后逐步演化为智慧城市。智慧城市是运用物联网、云计算、大数据、地理信息集成等新一代信息技术，促进城市规划、建设、管理和服务智慧化的新理念和新模式。时空大数据搭乘“智慧城市”顺风车实现快速发展。目前，我国的时空数据剧增，天上有卫星，空中有无人机，地上有智能化驾驶汽车，还有视频摄像头和各种传感器，加上人们的手机、智能手表等，每时每刻都产生数以亿计的数据。2017年9月21日国家测绘地理信息局印发《智慧城市时空大数据与云平台建设技术大纲》(2017年版)，该技术大纲的发布对指导各地加快推进智慧城市时空大数据与云平台试点建设、加强与其他部门智慧城市工作的衔接、全面支撑智慧城市建设具有重要意义。政策利好、商业趋势、民众参与等促使全国各地都在进行时空信息大数据与时空信息云平台建设。结合我国地理信息行业翘楚MapGIS平台产品发展历程，亦能窥见时空大数据的发展阶段，如图1-8所示。

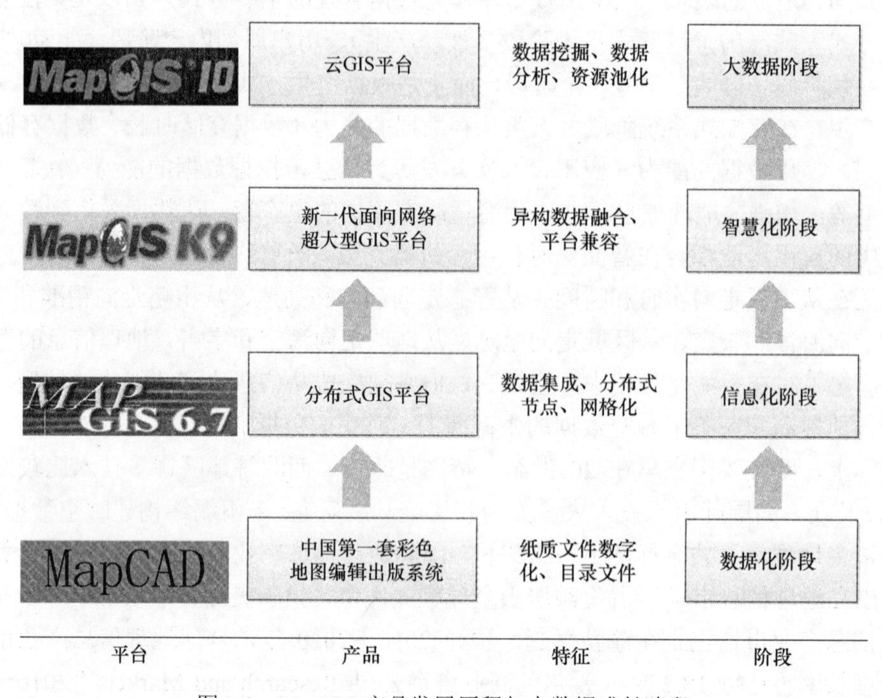

图1-8　MapGIS产品发展历程与大数据成长阶段

第一阶段——数据化阶段。地理信息数据存在于各类测试仪、传感器、图纸中，一线的数据被采集后，需要在数据中心进行数据化、建立数据库。这是一个量变到质变的过程，过去存在于图纸、仪器上的数据通过采集整理进入计算机系统，在数据中心进行数据化处理，从而使地理信息数据得到发展。

第二阶段——信息化阶段。信息化阶段数据开始大量累积，数据研究、分析意义凸显，全球各个国家在信息高速公路角逐，信息化战役打响。在数据获取智能化和数据存储智能化的基础上，建立数据节点，进行数据的再分发。数据的价值得到更有效的利用和应用。

第三阶段——智慧化阶段。由于复杂时空数据本身具有海量多源和结构复杂的特点，难以实现各个应用领域间的业务交换、信息资源共享和互操作，导致“信息孤岛”

“纵强横弱”等问题纷纷出现。因此，多主题复杂异构时空数据整合成为建立智慧化系统的首要任务。同时异构数据融合、数据分析、数据精度等技术亟待提高。各类大小平台间的数据迫切需要加强兼容、平台互通。

第四阶段——大数据阶段。结构化数据存量快速增长，非结构化数据暴增。隐藏在非结构化数据的价值越来越受到业界重视。地理信息行业因为大数据、移动 GIS 的到来再次引发震动，新的建设模式、共享模式、服务模式，让越来越多的人参与其中，享有地理信息服务，应用时空大数据。

1.3.2 时空大数据的发展现状与趋势

1. 机遇与挑战

由于应用范围的日益广泛，时空大数据成为大数据领域越来越重要的分支之一。现在的社会正在从 IT 社会转向 DT（data technology）社会，大量的和时空相关的大数据需要有序地收集、存储、管理、查询及使用起来。现今，几乎所有的行业店铺选址都需要商业地理分析：银行、快消、电信、医药、航运、家具等，即便是电子商务这样虚拟的行业，也需要商业地理的帮助，来判断消费者的地理分布及不同地区消费者的特点，从而有的放矢地发布网络或者平面广告，抑或根据不同地区制定相应战略。物流公司更是离不开商业地理分析的统筹规划，通过与全面系统的商业地理信息数据库相结合，传统的运筹学焕发出新的活力。由此看来，时空大数据是大数据分支的一块蓝海。

（1）地理信息发展迎来机遇。地理信息的价值空前提升，地理信息服务呈现普世化趋势（见 1.4.2 小节）。地理信息技术开始全面融入人们的工作生活，时空数据将应用在几乎所有领域，我们每一个人都在不知不觉中使用和享受着地理信息服务。这对地理信息行业而言是一个非常大的机遇。

（2）政府高度重视带来发展机遇。国务院近期相继印发“宽带中国”战略实施方案和促进信息消费扩大内需的意见，以国家行动加快抢占国际竞争制高点。需求强劲增长带来发展机遇。无论是政府层面科学管理决策的需求，还是公众层面工作生活的需求，都呈现出爆发式增长。

（3）服务多样化带来发展机遇。随着网络技术、信息技术的加速渗透和深入应用，以智能、泛在、融合和普适为特征的新一轮信息产业变革，推动测绘地理信息服务向个性化、智能化、知识化方向发展，将赢得更大的市场。

（4）资本积极融入带来发展机遇。地理信息服务更加与政府管理决策、企业生产运营、人民群众生活密切相连，优政、兴业、惠民新兴地理信息服务不断推出，将有力促进产业高速发展。阿里巴巴、腾讯、中国移动、中国联通等企业主动涉足地理信息服务，折射出地理信息产业发展的美好前景，也必将为产业发展注入新的力量。

挑战与机遇并存。时空大数据面临着机遇的同时，也面临着巨大的挑战。大数据时代对信息共享、信息整合、信息挖掘的强劲需求，以及地理分析、地理评估和地理设计价值的逐步彰显，为时空大数据发展带来了巨大挑战。当前，研究一般大数据的多，涉及时空大数据的很少，这涉及对“大数据”与“时空大数据”本质的认识问题；研究大数据统计分析的多，而真正研究大数据特别是时空大数据挖掘的少，“数据隐含价值→

技术发现价值→应用实现价值”或“数据→知识→决策支持”的大数据或时空大数据的技术体系还未形成，如目前深度学习在图像识别、语音识别这些领域成绩斐然，商业化模式成功推广，但深度学习在时空大数据方面的研究，只是刚刚起步还没有非常成熟的一套方法论；试图掌握（拥有）大数据的多，而真正应用大数据的少，有的甚至不知道怎样应用大数据；时空大数据的产业化才刚刚起步，更未形成时空大数据的产品体系（软件产品、软硬件集成产品、数据产品）。

2. 趋势与需求

大数据不仅使世界认识到数据的重要性，更引发了许多行业从根本上的变革。大数据时代也对 GIS 提出了诸多挑战，如业务数据量达到 PB 级，结构化、非结构化、半结构化业务数据多样化，需要应对传感器，位置感知设备流数据的实时性处理，需挖掘业务数据隐藏价值等。为了适应大数据的需求，GIS 必须在大数据时代做出改变和调整。以下就发展趋势主要分析四点。

（1）构建时空大数据的理论和方法体系。围绕时空大数据科学理论、时空大数据计算系统与科学理论、时空大数据驱动的颠覆性应用模型探索等，开展重大基础研究，包括全球时空基准统一理论、时空大数据不确定性理论、多源异构时空大数据集成、融合与同化理论、时空大数据尺度理论、时空大数据统计分析模型与挖掘算法、时空大数据快速可视化方法等，构建时空大数据理论与方法体系。

（2）构建时空大数据的技术体系。采用政产学研用相结合协同创新模式和基于开源社区的开放创新模式，围绕时空大数据存储管理、时空大数据智能综合与多尺度时空数据库自动生成及增量级联更新、时空大数据清洗、分析与挖掘、时空大数据可视化、自然语言理解，深度学习与深度增强学习、人类自然智能与人工智能深度融合、信息安全等领域进行创新性研究，形成时空大数据的技术体系，提升时空大数据分析与处理能力、知识发现能力和决策支持能力，实现“数据→信息→知识→辅助决策”到“数据→知识→辅助决策”的转变。

（3）构建时空大数据的产品体系。围绕时空大数据获取、处理、分析、挖掘、管理与分析应用等环节，研发时空大数据存储与管理软件、时空大数据分析与挖掘软件、时空大数据可视化软件、时空大数据服务软件等软件产品，软硬件集成产品，多样化、个性化定制数据产品，提供时空数据与各行各业大数据、领域业务流程及应用需求深度融合的时空大数据解决方案，形成比较健全实用的时空大数据产品体系，服务于智慧城市、生态文明、智能交通、智能物流、智慧医疗与健康服务等领域。

（4）构建时空大数据基于云的时空信息云平台。近几年来，云计算技术发展的越来越快，与此相应的应用范围也越来越宽。“数据+技术+服务”三位一体的模式备受推崇，GIS 产业上中下游关联度大，平台与应用产品多。云计算的发展为大数据技术的发展提供了一定的数据处理平台和技术支持。云计算为大数据提供了分布式的计算方法、可以弹性扩展与相对便宜的存储空间和计算资源，这些都是大数据技术发展中十分重要的组成部分。此外，云计算具有十分丰富的 IT 资源，分布较为广泛，为大数据技术的发展提供了技术支持。

就现如今的发展趋势而言，大数据技术的发展如火如荼。为使公众能得到更广泛、更便捷的服务，时空信息、时空大数据应逐步由注重建设向注重整合与应用转变，在充分利用现有网络基础设施和资源的基础上，进行跨部门的业务、资源和服务的有效整合与集成，建立一个一体化的时空信息共享平台，解决信息化发展过程中的“信息孤岛”问题，适应时空信息由管理向服务的转变，这是时空信息、时空大数据信息化发展的必然趋势。

1.4 时空大数据与云平台构建的必要性

1.4.1 时空大数据与云的联系

时空大数据经过存储、处理、查询和分析后，才可更好地用于各类应用从而提供智慧服务，因此对时空大数据存储、处理、查询和分析的实时性要求越来越高。针对这一处理需求，当前基于云计算技术，构建从基础设施、数据、平台到服务的一体化时空信息云平台，将各类应用中的时空大数据进行有效管理，并按照实际需求进行处理、存储、管理并提供相应服务，满足各类智慧应用。遥感云和位置云是基于云计算技术的两类典型的时空大数据服务。

在云计算环境下，通过各种通信网络为用户提供按需即取服务。这就使得用户可以根据自身的需要特点选择相应的计算能力和存储系统。系统平台的各项功能将通过通信网络来实现，用户可以将各种平台应用部署在云计算供应商所提供的云计算平台中，以实现动态调整软件和硬件的需求。云计算因其在解决上述问题上具有的巨大优势，自诞生以来发展极为迅速。在国际上 Google、亚马逊、IBM、微软和雅虎等大公司是先行者，利用云计算技术建立了各自的云计算平台。在国内，云计算发展势头迅猛，不同类型的云平台建设的典型案例日益增多。目前，云计算已经广泛应用于电子商务、电子政务、信息安全、网络通信等诸多领域。将云计算技术和地理信息技术、大数据相结合，通过“云计算”和“云存储”平台，可以使时空大数据的存储、计算和分析具有更高的可扩展性和动态支持。另外，研究云平台环境下城市地理时空信息系统的应用模式、服务体系、存储迁移等问题显得非常必要，并具有一定的商业价值。

1.4.2 时空大数据与云平台构建的意义

时空信息与大数据之间有着非常密切的联系，主要体现在以下三个方面。

（1）时空信息的价值空前提升。随着大数据的逐步发展，以及数据分析与挖掘的不断进步，地理信息的数据挖掘和知识发现成为热点，地理空间的思维方式，成为科学的世界观和方法论，地理信息服务的价值从原来的基础数据和技术支撑层面正逐步向认识世界、改造世界的科学理论和科学工具层面升级。

（2）大数据引发了信息采集的全面改革。各种简化的、便携的测量工具争相面世。此外，人们可以通过互联网极为便捷地获取各种地理空间、时间等信息，自发性的地理信息数据采集、众包、用户生产内容（user generated content，UGC）地理信息数据生产正日益流行，地理信息数据采集开始与其运营服务分离，地理信息生产服务提供者正从专业走向大众。

（3）时空信息服务呈现普世化趋势。移动互联网时代，要实现对移动目标的管理和服务，就必须依赖地理信息技术和地理信息数据。地图正逐步成为移动互联的入口，地理信息服务的边界在不断扩展，产业链条在不断延伸，我们每一个人都在不知不觉中使用和享受着地理信息服务。全球（international）的人力、智力、物力资源，通过互联网（internet），不受时空的限制，都能实现 GIS 服务共享（service sharing），达到“让人人享有地理信息服务”的目标。

1.4.3　时空大数据与云平台构建的新需求

1. 政府需求

根据国家“十二五”总体规划的建设内容，作为智慧城市的地理空间信息的提供载体，地理时空云平台应建立较为完善的公共地理信息数据存储体系，平台建设应实现土地、规划、交通、林业、水利、税务、民政、公安等公共部门及民用企业互联互通，形成地理信息资源共享交换机制；最终建成基于云计算的网络化运行环境的城市地理信息服务平台，为政府决策、城市管理、社会公益服务等各行业提供基础的地理信息服务。具体建设内容包括以下四点。

第一，充分利用空间数据集的海量异构源数据。时空大数据的典型特征是数据量大、数据类型复杂，时空大数据分析属于数据密集型和计算密集型科研任务。为提高海量时空数据处理分析的计算速度、计算效率，以及高性能计算资源的利用率，必须对传统的空间分析算法进行并行化改造，效率空间分析并行化。在进行传统空间分析算法并行化改造时，需重点突破空间数据划分、高效协同计算、计算结果自动合并等技术。传统空间分析算法拥有其不同的特征，需要根据每个算法的特征及数据的特点，进行并行化改造，针对无法进行并行化改造的，需要重新设计新的高性能算法建立智慧城市地理时空信息的数据中心，通过数据中心的功能仓库和集成管理等几方面的提升，实现包括二维、三维、元数据信息的各类数据存储，为智慧城市提供直观的展现平台，为物联化、互联化、智能化提供基础和决策支持。

第二，管理服务平台的转化，从数字城市地理空间框架的管理平台向智慧城市的集成运营平台转化。基于数据、服务及基础设施可提供直观感应的特征，将地理时空信息平台提升为智慧城市的集成运营的平台，为智慧城市建设提供基础数据和各类专题数据的数据支撑，同时基于该平台搭建快速配置应用系统，为智慧城市的平台应用开发提供支持。

第三，平台的可拓展性。以云计算环境为基础搭建具有云平台可拓展性的模式。可拓展性主要内容包括数据、功能、服务和运营模式的可拓展。为更有效地适应智慧城市快速发展和平台扩展升级，云模式的拓展性具有必要性。

第四，将原有的系统应用纳入平台的框架应用中。在城市时空信息平台框架中，以原有示范应用为基础，建设具有应用基础的平台应用，使之为智慧城市的智慧国土、智慧交通、智慧规划、智慧旅游、智慧医疗等涉及行业提供应用支撑。

2. 技术需求

时空大数据与云平台的技术需求总的概括如下。

（1）平台的功能与性能：由于不同平台侧重的功能不同，平台的性能也就有很多需要考察的方面。例如，对于存储平台来说，数据的存储效率、读写效率、并发访问能力、对结构化与非结构化数据存储的支持，以及所提供的数据访问接口等方面就是比较重要的。对于大数据挖掘平台来说，所支持的挖掘算法、算法的封装程度、数据挖掘结果的展示能力、挖掘算法的时间和空间复杂度等，是比较重要的指标。

（2）平台的集成度：好的平台应该具有较高的集成度，为用户提供良好的操作界面，具有完善的帮助和使用手册、系统易于配置、移植性好。同时随着目前软件开源的趋势，开源平台有助于其版本的快速升级，尽快发现其中的问题，此外，开源的架构也比较容易进行扩展，植入更多的新算法，这对于最终用户而言也是比较重要的。

（3）是否符合技术发展趋势：大数据技术是当前发展和研究的热点，其最终将逐步走向成熟，可以预见在这个过程中，并非所有的技术平台都能生存下来。只有符合技术发展趋势的技术平台才会被用户、被技术开发人员所接受。因此，一些不支持分布式、集群计算的平台大概只能针对较小的数据量，侧重于对挖掘算法的验证。而与云计算、物联网、人工智能联系密切的技术平台将成为主流，是技术发展趋势。

3. 社会需求

云计算、物联网、移动互联、大数据等新的技术发展所带来的 IT 改变，导致用户需求和应用模式的多样化改变，从以前的系统开发、集成、交付逐渐向平台、App（应用 Application）、数据、服务及其融合等方向发展。而这些变化使得："GIS 一方面正走向云端，提供前所未有的丰富的空间信息资源和强大的服务功能；另一方面 GIS 又留在我们手中，在日益强大的智能终端的支持下，发挥越来越重要的作用，使我们随时随地都可以访问空间信息。环境的变化，使得 GIS 的理念、方法、技术、开发和应用模式也都在改变，使得 GIS 处于一个十分重大的转折点。" GIS 圈的这些变化，催生了需求者、开发者、终端用户这三大 GIS 用户群体对 GIS 软件的功能、价格、资源提出了新的需求。

（1）对于终端用户而言，只关注商品的功能、价格是否具备定制、伸缩的特点。是否有这样一个 GIS 平台，不管是功能还是价格，产品和工具都能根据用户的需求随需定制、弹性伸缩，给用户更大的空间？这就要求 GIS 平台需具备随需定制、弹性架构的特点，这与云计算"按需服务"特点相通。

（2）对于开发用户而言，只关注是否能有便捷的开发方式、是否有足够的资源、是否能快速完成开发任务、最大程度降低人力成本。开发用户希望以最少的投入、最快速的方式开发出产品。因此，希望 GIS 平台能提供便捷开发方式，以及内容丰富并可重复利用的开发资源池，开发用户只需要基于这个资源池进行简单的聚合、重构就能满足需求。

（3）对于需求用户而言，只关注需求是否能快速响应、是否能实现、是否有团队接收。哪里有更便捷的通道、更少的投入能让"梦想"成真是需求提出者最关心的问题。他们并不关心需求的具体实现过程与方法，只关心是否有团队能准确地理解需求，并能快速地做出响应，并最终达到预期。

从这三类用户对 GIS 软件提出的新需求可知，传统软件生命周期已不能再适应互联网、云计算快速发展环境下的 GIS 软件生产，广大用户都在期盼 GIS 能在技术领域迎来一次革命性的突破，继而能够提供一种稳定、高效、低成本而又环保的支撑架构，使 GIS 彻底突破既有的"专业圈子"，将空间信息的服务和增值带给大众。

第2章 面向大数据与云服务的T-C-V软件结构

在当前云计算时代，云GIS提供了崭新的应用模式，对GIS产业将产生重大影响，创造巨大的地理信息服务价值。在此形势下，笔者提出了面向大数据与云服务的T-C-V（terminal-cloud-virtual）软件结构。

时空大数据云平台用全新的T-C-V软件结构对云GIS软件做了完整诠释。T-C-V结构以面向云计算为理念，基于底层的虚拟化软硬件设备实现对软、硬件资源的池化，屏蔽不同计算机、不同网络、不同存储设备的异构特性，为上层应用提供统一高效的运行环境。可以说，新一代的软件结构T-C-V将改变地理信息服务模式、计算模式和商业模式，可以更好地交互、更加透明化地创建面向大众和企业的应用。

2.1 GIS架构技术发展的四个阶段

GIS是建立在计算机科学技术上的地学的细化，它属于地学中的技术型学科。自20世纪60年代GIS诞生以来，GIS技术发展迅速，应用也日趋深入和广泛，逐渐融入信息技术的主流。GIS、时空信息、时空数据从概念到模型，到实际投入使用，到今天成为社会主流信息产业，在各个层面上皆逐级提升，由专业应用过渡到大众应用，满足社会不断发展的需求。GIS由一门新兴技术、学科发展为主要的信息产业。纵观地理信息发展历程，真正推动地理信息发展的是不断发展和应用领域不断扩大的计算机技术。

GIS从起步至今，随着计算机及其相关领域的进步而变革，已从最初的面向单一业务的单机式GIS、面向跨行业跨地区协同GIS，逐步发展到今天面向跨行业跨地区共享的GIS。结合GIS发展历程，笔者将GIS的发展划分为四个阶段，见图2-1。

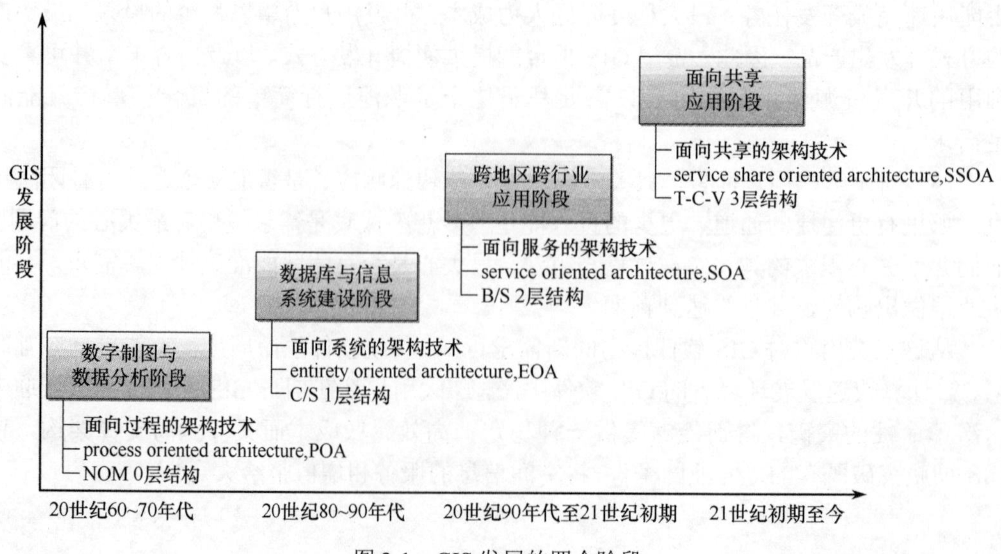

图2-1 GIS发展的四个阶段

第一阶段：数据制图与数据分析阶段。单机、单用户 GIS，其随着计算机处理能力的提高而诞生。

第二阶段：数据库与信息系统建设阶段。充分利用了商用数据库管理系统的数据管理功能进行数据的管理，采用客户端/服务器（C/S）结构实现系统转向多机、多用户，并逐步出现了空间数据的分布式处理。

第三阶段：跨地区跨行业应用阶段。随着面向对象的软件构造技术和广域网、Internet 技术逐渐发展与普及，系统结构开始普遍采用 Web 和“软总线”技术，一方面实现了以浏览、查询为主的应用系统的 B/S 结构，另一方面实现了多级服务器和多用户协同工作方式。

第四阶段：面向共享应用阶段。

表 2-1 从主要技术、用户层面、系统模式、系统开放、应用场景五个方面来探讨这四个阶段发展的特点。

表 2-1　GIS 发展阶段五维分析表

阶段	纬度	特点描述
数据制图与数据分析阶段	主要技术	图层作为处理的基础
	用户层面	单用户（专业性强，用户面窄）
	系统模式	单机模式
	系统开放	系统完整，支持二次开发
	应用场景	制图、资源、环境领域
数据库与信息系统建设阶段	主要技术	以图层为处理的基础，引入网络技术，趋于集中化管理
	用户层面	多用户（专业性强，用户面窄）
	系统模式	多机，以 C/S 结构为主
	系统开放	支持二次开发能力有所增强
	应用场景	应用领域有较大扩展，但 GIS 的应用仍然停留在管理、统计、出图阶段
跨地区跨行业应用阶段	主要技术	以图层为处理的基础，各类主题
	用户层面	多用户（专业特性逐渐削弱，企业用户居多）
	系统模式	以数据为中心，以 B/S 结构为主
	系统开放	空间数据共享，服务共享，组件化技术改造逐步完成
	应用场景	应用深度广度皆大幅提高，GIS 具有统计、分析能力
面向共享的应用阶段	主要技术	大数据、云计算
	用户层面	多用户（专业特性逐渐削弱，大众用户快速增长）
	系统模式	以数据为中心，采用云计算
	系统开放	服务共享
	应用场景	GIS 具有智能、分析决策能力

2.1.1　面向过程的架构技术

面向过程的架构（POA）“面向过程”是一种以事件为中心的编程思想。面向过程是一种自顶向下的编程，采用分析问题、解决问题的步骤，用函数把这些步骤一步一步的实现，在使用的时候一一调用即可。早期计算机配置低、内存小，为了节省内存空间，大都采用面向过程编程（以时间换空间）。

在 GIS 发展初期，数字制图与数据分析阶段，面向过程编程强调的是系统数据被加工和处理的过程，在程序设计中主要以函数或者过程为程序的基本组织方式，系统功能是由一组相关的过程和函数序列构成。面向过程强调的是功能（加工），数据仅仅作为输入和输出存在，如图 2-2 所示。

图 2-2　面向过程的架构示意图

这种过程化的思想是一种很朴素、普遍的思想和方法，人类很多活动都是这种组织模式，如工厂生产、企业服务等。面向过程虽然反映了现实世界的某一个方面（功能），但无法更加形象的模拟或者表示现实世界。

2.1.2　面向系统的架构技术

面向系统的架构（EOA）是一种比较早的软件架构，主要应用于局域网内。C/S 架构（即客户机/服务器模式）分为客户机和服务器两层：第一层是在客户机系统上结合了表示与业务逻辑；第二层是通过网络结合了数据库服务器。简单的说就是第一层是用户表示层，第二层是数据库层。客户端和服务器直接相连，这两个组成部分都承担着重要的角色，第一层的客户机并不是只有输入输出、运算等能力，它可以处理一些计算、数据存储等方面的业务逻辑事务；第二层的服务器主要承担事务逻辑的处理，本来事务很重，但是由于客户机可以分担一些逻辑事务，所以减轻了服务器的负担，使得网络流量增多。客户端和服务器直接相连，实现点对点的通信，如图 2-3 所示。面向系统架构合理地让客户端和服务器承担一部分逻辑事务处理，使得服务器的负担减轻了，而且客户端也能进行一些数据处理和存储的功能。客户端和服务器直接相连，中间没有任何阻隔，所以响应速度快，尤其是在用户增多时更加明显。

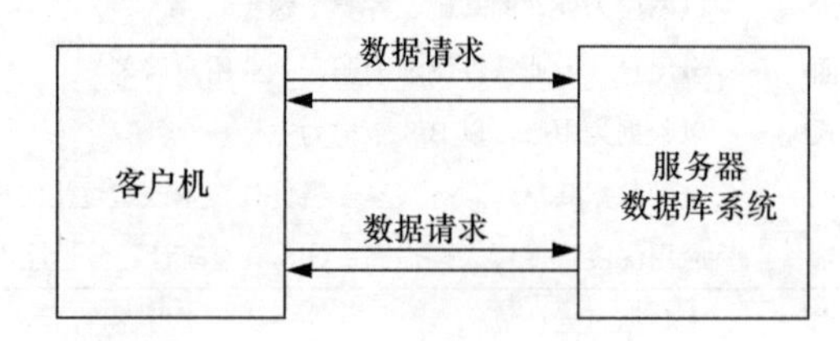

图 2-3　面向系统的架构 EOA 示意图

1）客户端和服务器直接相连

（1）点对点的模式使得交互更安全。

（2）可以直接操作本地文本，减少获取文本的时间和精力。

（3）由于直接相连，减少通信流量，这对于客户来说可以节约一大笔费用。

（4）直接相连，中间没有阻隔或岔路，响应速度快。当通信量少的时候十分通畅；即使通信量庞大，也不会出现拥堵的现象。

2）客户端可以处理一些逻辑事务

（1）充分利用两者的硬件设施，避免资源的浪费。

（2）为服务器分担一些逻辑事务，可进行数据处理和数据存储，可以处理复杂的事务流程。

（3）客户端有一套完整的应用程序，在出错提示、在线帮助等方面都有强大的功能，并且可以在子程序间自由切换。

3）客户端操作界面

（1）可以提高客户的视觉体验，满足客户需求。

（2）客户端操作界面可以随意排列，充分满足客户的需要，展现特点与个性。

2.1.3 面向服务的架构技术

面向服务的架构（SOA）是近年来软件规划和构建的一种新方法，以“服务”为基本元素和核心。其概念最早由国际咨询机构 Gartner 公司于 1996 年提出，在 2003 年以后成为国内外软件产业界和各行业用户关注的焦点。2002 年的 12 月，Gartner 公司提出“面向服务的架构”是“现代应用开发领域最重要的课题”之后，国内外计算机专家、学者掀起了对 SOA 的积极研究与探索。

在分布式的环境中，将各种功能都以服务的形式提供给最终用户或者其他服务。如今，企业级应用的开发都采用面向服务的体系架构来满足灵活多变、可重用性高的需求。随着互联网技术迅速发展和演变，不断改变的商业化应用系统越来越复杂，由单一的应用架构到垂直的应用架构，但还是面临扩容的问题。流量分散在各个系统中，虽然体积可控，但给开发人员和维护人员带来极大麻烦。此时，SOA 将核心的业务单独提炼出来作为单独的系统对外提供服务，达成业务之间复用，系统也演变成分布式系统架构。分布式架构是各组件分布在网络计算机上，组件之间仅仅通过消息传递来通信并协调行动。SOA 要解决的主要问题是：快速构建与应用集成。SOA 能够在实际应用中获得成功基于两个重要的因素：灵活性和业务相关性，这使得它成为解决企业业务发展需求与企业 IT 支持能力之间矛盾的最佳方案。

面向服务的体系结构中的角色，如图 2-4 所示。

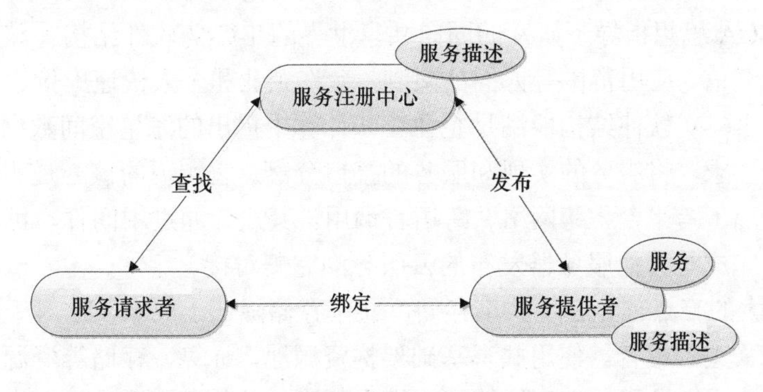

图 2-4 面向服务的体系结构中的角色

（1）服务请求者：服务请求者是一个应用程序、一个软件模块或需要一个服务的另一个服务。它发起对注册中心服务的查询，通过传输绑定服务，并且执行服务功能。服务请求者根据接口契约来执行服务。

（2）服务提供者：服务请求者是一个可通过网络寻址的实体，它接受和执行来自使用者的请求。它将自己的服务和接口契约发布到服务注册中心，以便服务请求者可以发现和访问该服务。

（3）服务注册中心：服务注册中心是服务发现的支持者。它包含一个可用服务的存储库，并允许感兴趣的服务使用者查找服务提供者接口。

面向服务的体系结构中的每个实体都扮演着服务提供者、服务使用者和服务注册中心这三种角色中的某一种（或多种）。

面向服务的体系结构中的操作包括下面三种。

（1）发布：为了使服务可访问，需要发布服务描述以使服务请求者可以发现和调用它。

（2）发现：服务请求者定位服务，方法是查询服务注册中心来找到满足其标准的服务。

（3）绑定和调用：在检索完服务描述之后，服务请求者继续根据服务描述中的信息来调用服务。

面向服务的体系结构中的构件包括下面两种。

（1）服务：可以通过已发布接口使用服务，并且允许服务使用者调用服务。

（2）服务描述：服务描述指定服务使用者与服务提供者交互的方式。它指定来自服务的请求和响应的格式。服务描述可以指定一组前提条件、后置条件和/或服务质量（QoS）级别。

2.1.4 面向共享的架构技术

面向共享的架构（SSOA）的出现宣告着地理信息共享新时代已经来临！传统经济时代需要工厂、公司、店铺等平台来发展，人们实现物物交换；电商经济时代需要淘宝、京东等电商平台，实现足不出户物力共享；地理信息共享时代则需要物联网、大数据、云计算三者结合的平台来实现。只有基于地理信息共享的大前提，才能实现共享世界的最终目标——人力、物力、智力全部共享。然而现有的架构是无法支撑和实现该共享体系，笔者在 SSOA 思想指导下研发的面向共享世界的 T-C-V 软件结构突破了传统的分布式计算模型在通信、应用范围等方面的限制，允许企业和个人快速廉价建立和部署全球性应用。使用 T-C-V 软件结构能满足企业在云计算中提出的海量空间数据文件管理、弹性计算及安全要求，将服务的实现和服务的接口分离。它实现的核心是服务，基本元素也是服务。实现了跨平台、跨网络、跨语言调用。其次，通过中间件、可扩展的或通用的接口等方式完成与其他服务器发布的云服务的完美对接。

SSOA 最大的亮点首先在于共享存储。共享存储降低了成本，这对于预算有限的中小企业来说是最大的福音。使用共享基础架构资源池，计算、存储等资源都能共享，企业就可从能效、系统扩展效率和计算密度等方面降低总体拥有成本。中小企业可以获得类似于存储区域网络（SAN）的功能，可以充分利用虚拟化和高可用性。可通过用于管理服务器和 I/O 的工具配置共享存储，能更高效地管理系统的生命周期。其次，消除了硬件复杂性与蔓延难题。由于云平台已经集成了服务器、存储与网络等资源，不存在硬件兼容性问题，也不会由于物理扩展导致服务器蔓延。SSOA 另一个亮点在于，SSOA

让管理更加便捷，共享应用。SSOA 的思想是将服务器、存储和网络管理功能整合到一个管理控制台中，让管理变得非常轻松，并且降低了学习曲线，无需为了管理所有资源而花费时间学习一套全新的工具。

SSOA 摒弃传统的奠基式向上、紧密耦合的一种软件体系，采用柔性架构，实现服务、数据完全分离，让架构各层次之间尽可能实现松耦合，让外部变化尽量减少对内部核心的直接影响，基于构思精巧、灵活伸缩的微内核群，纵生出能够适应各种硬件更新与应用变化的 GIS 云服务，这些云服务资源具备“飘移、聚合、重构”的云运动特性，可为全球应用提供资源服务，保障时空大数据云平台生命力。同时，SSOA 架构通过标准的服务接口，可将各种各样的 GIS 应用接入到云中。由此，保证了云平台能共享自身资源到云端，也能接入云端资源。

SSOA 的出现，催生新型 GIS 生态链，GIS 生产模式、交易模式、运营模式的大变革，覆盖软件的需求、生产、交易、管理全生命周期，变革软件生产、交易、运营模式，打造适应虚拟时代发展的软件生态系统，让每一个地理信息用户参与进来，实现全球资源共享。面向大数据云服务的 T-C-V 软件结构是其典型代表。

2.2　面向大数据云服务的 T-C-V 软件结构

2.2.1　T-C-V 软件结构提出

长久以来，GIS 软件和应用项目的开发始终受到三方面制约：第一，开发方式长期完全依赖程序员的手工作业，开发效率低；第二，项目需求变化频繁，所有的变更都反映在代码上，传统的软件生产模式导致哪怕是微小的需求变动都将牵一发而动全身；第三，用户对 GIS 开发商依赖程度高，容易被开发商“绑架”，对服务的持续优化和变更不利。

目前，我国 GIS 正处在快速发展的阶段，市场高速扩容，用户呈现多样化、需求规模化、应用涉及面广等特点，使得现有的 GIS 软件架构已经不能很好地满足 GIS 数据及应用的规模化、复杂时空数据分析处理的智能化，以及 GIS 服务的大众化等方面的需求。

云计算技术是现今 IT 行业的热点，它通过互联网将超大规模的计算与存储资源整合起来，提供弹性、随需应变的计算平台，集成整合观测系统、现象模拟、分析可视化、决策支持，以及社会影响和用户反馈等地理空间科学涉及的基本要素，可以升级传统 GIS 应用，为 GIS 软件的架构调整、能力提升提供现实性参考。随着云 GIS 理念的提出及深化，GIS 应用终端向着微型化、移动化方向发展，同时 GIS 服务器端向着基于跨平台的、面向服务的产品体系及架构并支持小型机、大型机、集群等应用的巨型化方向发展。

云计算是虚拟化、效用计算、基础设施即服务、平台即服务、软件即服务等概念混合演进及跃升的结果，云计算时代是必然趋势，“云服务”作为一种新兴的共享基础架构的方法已经越来越广泛的应用于信息领域。云计算技术将连接到互联网的 PC、数据库、服务器，甚至包括昂贵的科学仪器连接到一起，并将空闲计算能力、存储空间等利用起来。用户通过互联网访问云计算平台获得需要的信息服务，而不必考虑提供这些信息服务的具体的硬件设施、操作系统等支持环境，从而实现了广泛的多源异构信息资源的充分共享。随着云计算理念的提出及深化，软件应用终端向着微型化、移动化方向发展，同时服务器端向着基于跨平台的、面向服务的产品体系及架构并支持小型机、大型机、集群等应用的巨型化方向发展。在这种形势下，为了更好地支持云计算，提高硬件设施、海量异构数据、功能服务的共享能力，需要设计一种新的适合云计算云服务的软件结构。

目前的软件结构主要有局部网软件的客户端/服务器模式（Client/Server，C/S）结构和互联网软件的浏览器/服务器模式（Browser/Server，B/S）结构，存在以下问题。C/S结构，即客户机和服务器结构，通过它可以充分利用两端硬件环境的优势，将任务合理分配到Client端和Server端来实现，降低了系统的通信开销。但对于大型软件系统而言，这种结构在系统的部署和扩展性方面还是存在不足，而且代价高，效率低：①适用面窄，只适用于局域网；②用户群固定，客户端需要安装专用的客户端软件，因此不适合面向一些不可知的用户；③维护成本高，发生一次损坏或升级，则所有客户端的程序都需要改变，其维护和升级成本非常高；④对客户端的操作系统一般也会有限制。B/S结构是Web兴起后的一种网络结构模式，Web浏览器是客户端最主要的应用软件。这种模式统一了客户端，将系统功能实现的核心部分集中到服务器上，简化了系统的开发、维护和使用。浏览器通过Web Server同数据库进行数据交互。这样就大大简化了客户端电脑载荷，减轻了系统维护与升级的成本和工作量，降低了用户的总体成本（TCO）。B/S架构在图形的表现能力上及运行的速度上较弱。还有一个致命弱点，就是受程序运行环境限制。B/S架构管理软件只安装在服务器端（Server）上，应用服务器运行数据负荷较重，一旦发生服务器“崩溃”等问题，后果不堪设想。因此，许多单位都备有数据库存储服务器，以防万一，这就造成了存储资源利用率低下。

C/S结构和B/S结构都是现在常用的方案，但是其软件结构都是紧耦合的，不能集成管理海量多源异构数据，使得数据整合、挖掘困难，服务孤立，难以融合，并且在现有的软件结构下，软硬件、数据、功能、服务等资源是私有的，共享成本比较高，不适合计算机行业的发展趋势，不能满足移动互联时代信息共享的要求。

为了给政府、企业、个人等不同类型的用户提供一个轻量级、高效的、可扩展的资源共享运行支撑环境，新一代的软件结构——T-C-V结构应运而生，如图2-5所示。它是继局部网软件的C/S结构、互联网软件的B/S结构发展起来的适合云计算、云服务的新一代软件三层结构，将在架构上提升数据存储、组织和管理能力，决策支持能力，以及随时随地为用户提供快捷、方便的地理信息服务的能力。基于新一代的软件结构T-C-V结构技术而建立的资源共享运行支撑平台，提供一个云服务的发生器，将所有的软硬件资源、数据、功能封装为云服务并发布在公共的平台进行共享，使得空闲的软硬件资源得到充分合理的利用，这样不仅节省了大量的软硬件购买费用，而且能够支持终端用户对多样的个性化信息处理的需求，为软硬件、数据、功能资源的广泛共享和云计算云服务模式的快速推广提供坚实的技术基础，从而为全球用户提供更广泛、更智能的地理信息服务。

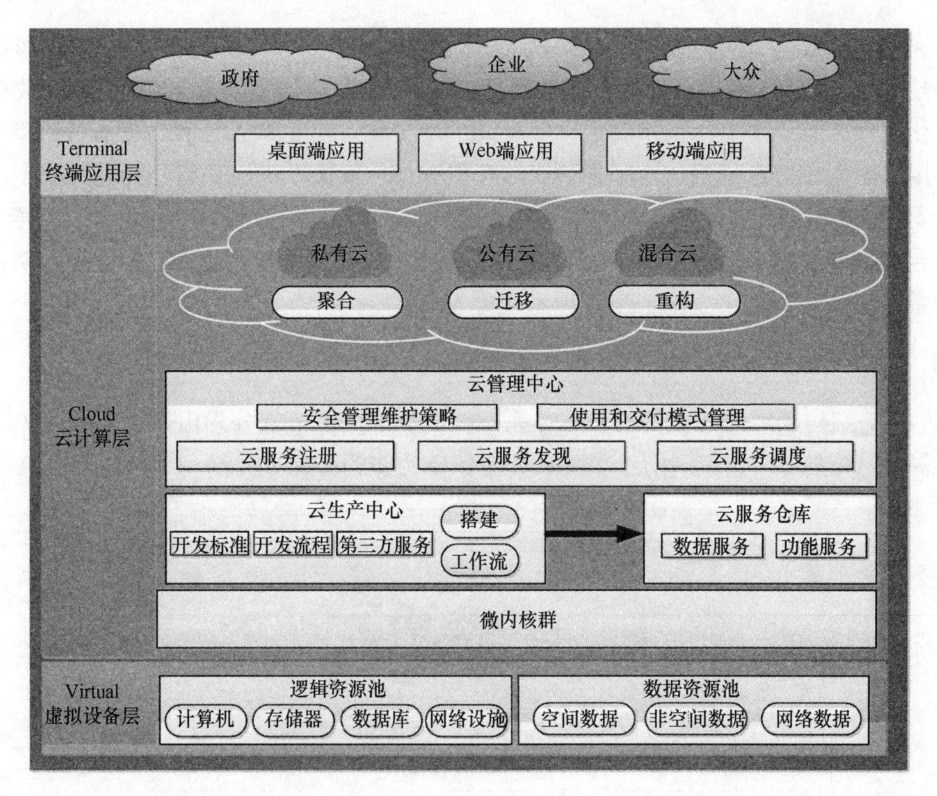

图 2-5　T-C-V 总体结构

T-C-V 结构又称为软件的端-云-虚三层结构。分别为：终端应用层（T 层）、云计算层（C 层）、虚拟设备层（V 层）。

（1）终端应用层（T 层），面向政府、企业和大众等云 GIS 服务的消费者。它以各种移动终端设备（如智能手机、平板仪、手持设备、家庭控制中心、各类监控设备等）为载体，借助在其上运行的具有行业特色的各类应用系统，获取云端的服务资源，实现特定的业务功能。已经成熟的应用如巡检通、城管通、警务通、土地宝、采集宝等。通过该层与 C 层进行交互，可实现个人或自由组合小团队自由开发，打造面向政府、企业、公众的各种公有、私有云应用。

（2）中间层即云计算层（C 层），其内在的软件架构是悬浮式柔性架构，这样云计算的典型特征如纵生、飘移、聚合、重构等才成为可能。C 层上部署的是 GIS 元素集，是广大用户或开发商提供的云服务总和。一方面，基础平台厂商提供基础功能元素；另一方面，广大用户或应用开发商提供可组成各行各业应用的小至微内核群、大至组件插件的各种粒度的功能元素，这样 C 层才能渐渐形成并不断发展壮大。基于虚拟设备层，C 层的功能服务和 V 层的数据服务、设备服务才能彻底分离，层之间以标准的服务接口连接，使云计算成为可能。目前 C 层处于发展的初期，其规模及技术远没达到可支撑行业云计算服务的需求，是 GIS 平台厂商适应飞速发展的云计算、云服务需要攻克的技术难点。

（3）虚拟设备层（V 层），利用虚拟化技术，将计算机、存储器、数据库、网络设施等软硬件设备组织起来，虚拟化成一个个逻辑资源池，对上层提供虚拟化服务。各类空间和非空间数据、网络数据源数据，组织构成一个数据资源池，并通过使用空间数据引擎技术（spatial database engine，SDE）与中间件技术，实现海量、多源、异构数据的一体化管理。基于虚拟化技术实现共享资源的虚拟化，是支持云计算、云服务的基础，使得用户可以在任意位置、使用各种终端获取服务，就像“我们开启开关电灯就亮，拧开水龙头水就流，但我们不知道用的是哪个电厂发的电，哪家水厂提供的水”一样。目前 V 层是各大计算机设备厂商重点进军的基地，相关技术已较为成熟，如虚拟存储、虚拟设备、虚拟计算机、虚拟客户管理系统等。

2.2.2 T-C-V 软件结构体系框架

T-C-V 结构采用面向服务的多层体系架构，从下到上依次分为虚拟设备层（V 层）、云计算层（C 层）、终端应用层（T 层）。总体结构如图 2-6 所示。

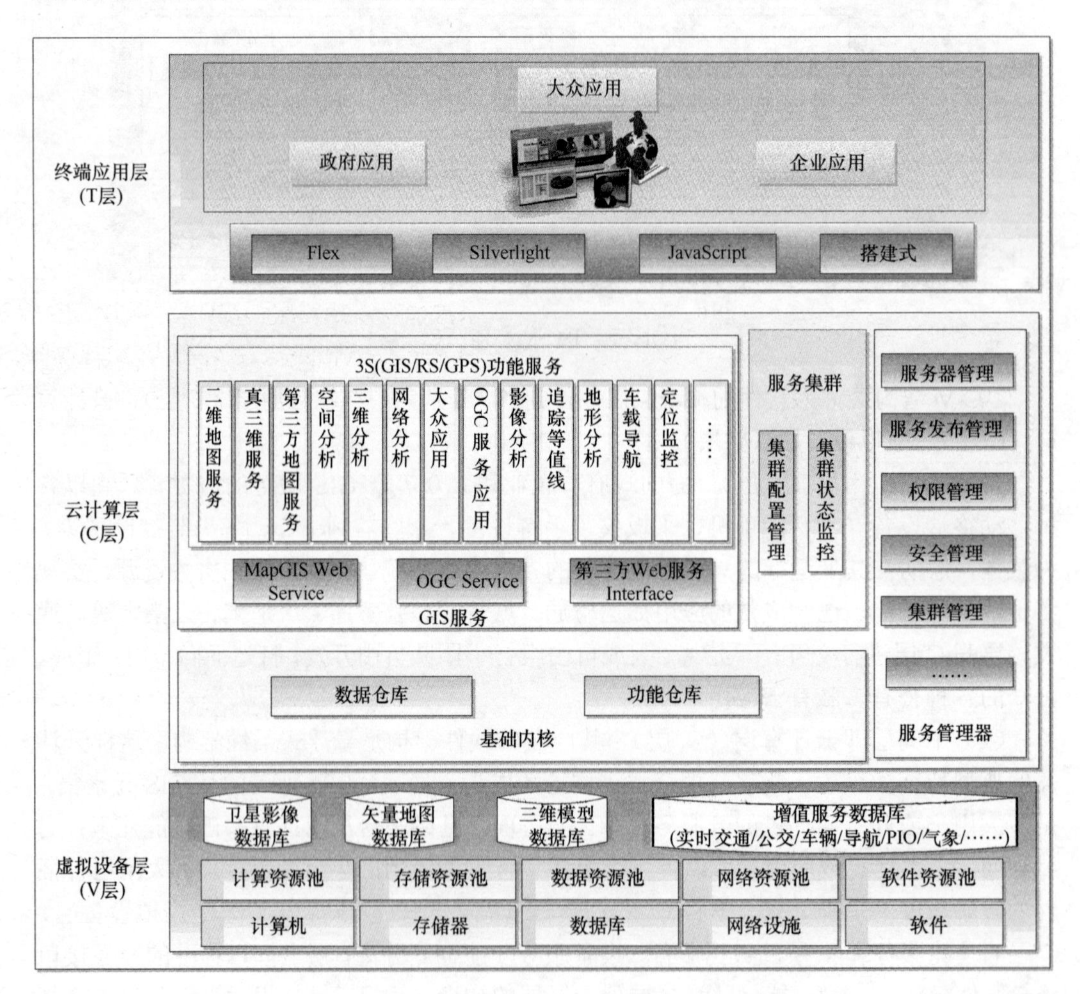

图 2-6　T-C-V 体系结构

（1）虚拟设备层（V 层）。利用虚拟化技术，将计算机、存储器、数据库、网络设施等软硬件设备组织起来，虚拟化成一个个逻辑资源池，对上层提供虚拟化服务（虚拟存储、虚拟设备、虚拟计算机、虚拟客户管理系统等）。各类空间和非空间数据，包括卫星影像数据、矢量地图数据库、三维模型数据库及增值服务数据库，以及存储在MySQL、DB2、Oracle、Sybase等类型数据库的网络数据源数据，逻辑上组织构成一个数据资源池，并通过使用空间数据库引擎技术与中间件技术，实现海量、多源、异构数据的一体化管理。正如人们在解释云概念时常提到的“像我们开启开关电灯就亮，拧开水龙头水就流，但我们不知道用的是哪个电厂发的电，哪家水厂提供的水”一样。

（2）云计算层（C 层）。云计算层（C 层）在支持超大规模、虚拟化的硬件架构的基础上，提供基于资源丰富、面向服务、分布式架构的功能全面、性能稳定、简便易用的高效共享服务软件平台，建立了海量地理信息数据、服务和资源管理与服务体系框架，按照“即插即用”的思想及聚合服务的理念建立服务，提供多层次的应用服务及解决方案。正因为有了虚拟设备层（V 层），才能实现云计算层（C 层）的功能与虚拟设备层（V 层）的数据彻底分离，分离后的功能和数据采用基础内核进行管理。由于基础平台厂商提供基础功能元素，广大用户或应用开发商不断提供可组成各行各业应用的各种规格颗粒大小（小从微内核群大到组件插件）功能元素，云计算层（C 层）才能渐渐形成并不断发展壮大。具体包括以下四个方面。

①GIS 基础内核：基础内核运行于 Windows/Linux/UNIX/AIX 等操作系统上，基于数据仓库与功能仓库发布基础的数据与功能服务，并对服务与服务进程进行管理控制，主要负责与数据服务器的数据通信。客户端调用服务发送数据请求，通过基础内核实现与数据服务器层的通信，将数据请求的处理结果返回到客户端缓存。

②GIS 功能服务：构建于基础内核之上，提供.NET 与 Java 两大技术体系相应的服务体系，全面支持跨平台运行，其提供的服务体系包括 MapGIS Web Service、OGC Web 服务和第三方 Web 服务接口。终端通过浏览器或者其他的方式（桌面应用等）向平台的 Web 服务发送请求，Web 应用服务进行响应并接收请求，返回相应的操作结果。

③服务集群：针对各类功能服务建立服务集群，提供集群配置管理、集群状态监控等功能。

④服务管理器：管理基础内核与 Web 服务，提供服务器管理、服务管理、集群管理、权限管理与安全管理等功能。

（3）终端应用层（T 层）。终端应用层主要面向政府、企业及大众，支持多种 Web 浏览器（如 Intermet Explorer、Firefox 等），支持各种 Web 应用程序的访问或嵌入到已有 Web 应用程序中，同时支持桌面应用和嵌入式移动设备开发。终端应用层集嵌入式应用、移动应用等于一体的面向云服务云计算应用的终端软件开发平台，由各种设备如智能手机、平板仪、手持设备、家庭控制中心、各类监控设备等终端设备为硬件支撑设备。已经成熟的应用如巡检通、城管通、警务通、土地宝、采集宝等，在终端应用层面上，基于云平台的开发框架，主要支持 Flex、Silverlight、JavaScript 和搭建式开发等开发方式。用户通过客户端与云平台服务层进行交互。用户通过客户断与云平台服务层进行交互。终端应用层（T 层）是一体化的服务共享发布平台，具备完善的服务管理与权限管理机制，并提供灵活的扩展模式，开发商可通过 C 层基础内核高效的数据仓库与功能仓库发布并管理的数据服务与功能服务，在终端应用层（T 层）上方便快捷地开发终端应用系统，构建各类数据及服务共享发布平台。数据共享支持数据的高效管理和深度集成；服务共享发布平台，将有效整合信息资源，协同办公，提高资源利用率，同时带来增值服务，推动软件和行业的发展。

2.2.3 T-C-V 软件结构特性

T-C-V 软件结构是继局部网软件的 Client/Server 结构、互联网软件的 Browser/Server 结构发展起来的适合云计算、云服务的新一代软件三层结构，分别为终端应用层（T 层）、云计算层（C 层）、虚拟设备层（V 层）。目前的云软件，一般只涉及终端应用层（T 层）和虚拟设备层（V 层），没有涉及云计算层（C 层），软件厂商将软件产品放到 V 层上以一种固态的服务租赁，用户则通过 T 层获取这种固态服务。但这难以实现丰富的 GIS 云应用，以及满足用户按量可伸缩性利用资源、按需个性化定制的需求。只有基于更好的软件架构，所开发出的软件可拓展性才能更佳。

C 层上部署的 GIS 元素集，是广大用户或开发商提供的云服务总和，一方面，基础平台厂商提供基础功能元素；另一方面，广大用户或应用开发商提供可组成各行各业应用的小至微内核群、大至组件插件的各种粒度的功能元素，C 层在这种支撑下渐渐形成并不断发展壮大；再加之其内在的悬浮式柔性软件架构，C 层使云服务的纵生、飘移、聚合、重构成为可能。

全新 T-C-V 软件结构将在架构上提升 GIS 数据存储、组织和管理能力、决策支持能力，以及随时随地为用户提供快捷、方便的地理信息服务的能力，从而为全球用户提供更广泛、更智能的地理信息服务。

1. 异步开发

传统开发模式完全依赖程序员的手工作业，程序员需要同步循序渐进式的开发去完成一个 GIS 项目，开发效率低。项目需求变化频繁，所有的变更都反映在代码上，哪怕是一个微小的需求变动都将牵一发而动全身。这一切都因软件架构、功能接口、功能与数据间的紧密耦合导致。“纵生”式开发模式使得 GIS 功能开发具备松耦合、可移动性，保证了功能插件的独立性，功能插件可按需获取，任意聚合、迁移、扩展，功能插件之间无依赖关系，使得开发者可在世界任何角落随心所欲地享受自己的开发过程，完全实现异步开发，全面改写了传统 GIS 开发应用规则。

2. 无“形界”纵生

现有的 GIS 开发模式需要有形的组织机构，如固定的单位、固定的开发人员、固定的工作场所等各种条件的辅助以完成一个具备固定形态的 GIS 项目的开发工作。“纵生”式开发模式以一个全新的软件开发视角，打破了行政边界、有形的单位组织机构、时间空间条件的限制，让全世界的 GIS 开发爱好者都可以在互联网上由个人或自由组合小团队自由开发，基于云环境体验前所未有的智慧开发。这与传统的云 GIS 服务只能提供固态的单个软件和服务或通过交互反馈支持开发有着本质的区别。

3. 可迁移

微内核群采用功能仓库与数据仓库分别管理功能与数据服务资源，很好地实现了功能与数据的分离。基于这一技术基础，“纵生”式开发模式开发功能插件时，保证了功能插件的独立性，从而保证了功能插件具有良好的迁移特性，能随用户意愿迁移到任何符合标准规范的应用之中。

利用纵生式开发模式，可成功构建规模可调、无边界的超大规模、大规模及中、小规模的各类应用，满足国土行业不同应用和用户需求。

4. 可聚合、可重构

采用“纵生”式开发模式搭建应用时，可将多个功能插件聚合在一起构成一个功能模块。在研发功能插件时，也可将某些功能插件作为资源被调用。由于功能插件的独立性，保证功能插件之间是可被自由组合的。功能插件都是遵循一定的标准规范，保证了功能插件之间具有良好的聚合性。

对于可定制的功能插件，允许用户基于功能插件源码或功能插件提供的 SDK 修改或扩展功能，重构成新的功能插件。若要保证原有功能插件能继续使用新的功能插件资源，可基于原有功能插件添加自定义功能，保证新添加的功能具有相同的标准规范，这样就能在扩展资源的同时保证资源的共享性与复用性。

5. 悬浮式架构

T-C-V 悬浮式结构以面向服务为理念，基于底层的虚拟化软硬件设备（V 层）实现对所有软硬件资源的池化，屏蔽不同计算机、不同网络、不同存储设备的异构特性，为上层应用提供统一高效的运行环境；在此基础上，结合云计算技术及地理信息的特性，建立海量地理信息数据、服务和资源管理与服务体系框架（C 层）；最后，面向政府、企业、公众等信息的使用者提供访问的标准接口，搭建各类终端应用（T 层）。T-C-V 悬浮式架构如图 2-7 所示。

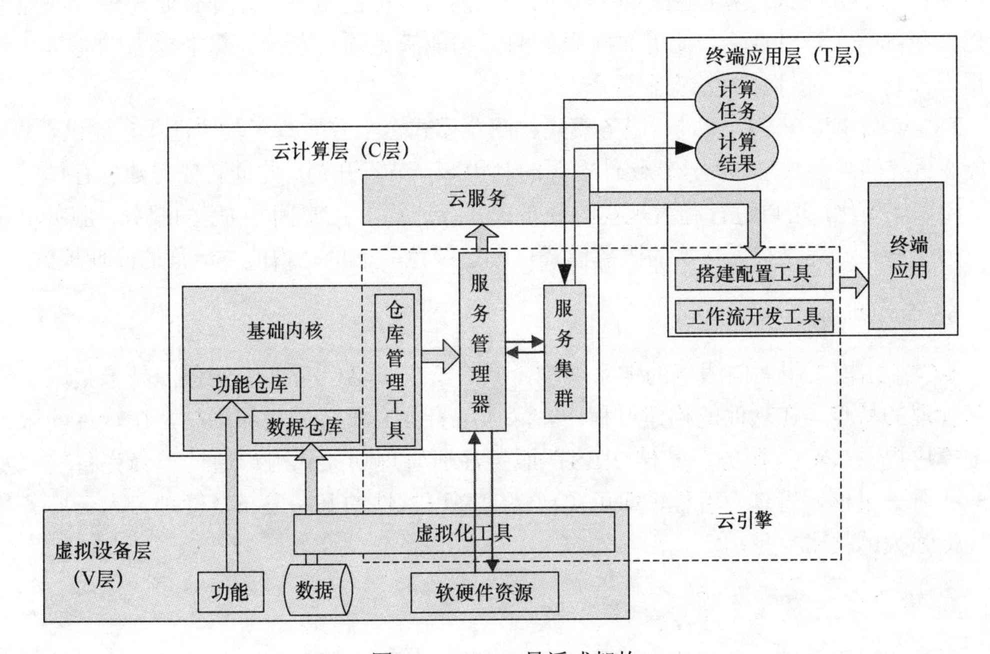

图 2-7　T-C-V 悬浮式架构

T-C-V 结构以松耦合的架构，数据、功能、服务的全共享，服务的聚合、迁移，取代紧耦合的架构，使得数据整合、挖掘更容易，解决服务孤立、难以融合的难题；提供不同粒度的服务代替目前提供不同尺度数据的模式，用超大规模的计算模式代替目前中小规模的计算模式；用极其绿色廉价的共享服务为用户提供地理信息的增值，且可以为面向地理信息服务的运营商提供支撑。可以说，新一代的软件结构 T-C-V 将改变地理信息服务模式、计算模式和商业模式，可以更好地交互、更加透明化的创建面向大众和企业的应用。

T-C-V 结构采用基于悬浮式面向服务的体系架构，基于 OGC 标准，对数据、功能进行全面整合，将所有的功能封装成粒度更粗的服务，粒度适中，获得功能和效率的最优化组合。对外提供一整套 Web 服务，在服务的层面上实现共享，其服务接口粗细粒度适中，便于调用组合，用户不需了解内部的逻辑实现，只需按需调用相关的服务，快速实现特定功能的应用与集成，从而可以快速构建不同专业领域的软件系统，可以无差别地调用任何厂商提供的服务，而不用去关心提供的服务是基于什么体系架构、使用什么开发语言、什么数据格式等。所述悬浮式柔性架构是沿用 SOA 的架构思想，使用强大的微内核群技术，把全部功能封装为服务，将应用程序的不同服务通过定义良好的一致的接口规范联系起来。在这个架构中，具体应用程序的功能是由一些松耦合并且具有统一接口定义方式的服务组合构建起来的，从而使得构建在这个系统架构中的服务能以一种统一的通用方式进行交互。其最主要的特征是把服务的实现和服务的接口分离，它实现的核心是服务，基本元素也是服务，实现了跨平台、跨网络、跨语言调用。其次，通过中间件、可扩展的或通用的接口等方式完成与其他服务器发布的云服务的完美对接。其三，在通信层面上，它结合了面向组件方法和 Web 技术的优势，利用标准网络协议和 XML 数据格式进行通信，具有良好的适应性和灵活性，任何支持这些标准的系统都可以被动态定位，可以与网络上的其他 Web Service 交互，可以调用任何服务。这突破了传统的分布式计算模型在通信、应用范围等方面的限制，允许企业和个人快速廉价建立和部署全球性应用。使用面向服务的架构能满足项目在云计算中提出的海量空间数据文件管理、弹性计算及安全要求。

T-C-V 结构将在产品模式、服务模式、商业模式三个方面改变软件行业，提供数据、功能、服务的高效共享，提升软硬件资源的利用率，节省开销。此创新使得数据存储规模化、计算规模化，可以进行超大规模的分布式并行计算，生产不同粒度的服务，服务可聚合、可迁移，并提供按需按次的服务模式，创造绿色、廉价、增值、运营的商业模式。

6. 面向服务

T-C-V 结构采用面向服务的体系架构，具有方便灵活，可伸缩性强，易于集成、维护和管理的特点。在软件的构建过程中，深入融合面向服务的设计思想，在软件的服务管理模块提供 OGC 服务及其他 REST 服务注册管理功能。用户通过一套完备的“发布—注册—审核—管理”流程，即可实现快速高可靠性的服务发布及管理，为云服务共享提供强大的技术支撑。

7. 跨平台

当前的应用系统主要采用 B/S 结构，GIS 的功能中心转移到服务器端，主要功能在服务器端实现，客户端只是用来展示计算结果。跨平台成为系统结构改变的必然趋势。

T-C-V 基于微内核技术来构建服务器端产品，根据不同的需要使用不同的接口和文件系统，甚至能使不同操作系统的特性在一个系统中共存。这样，系统将具有高度的灵活性，实现"即插即用"。系统服务或者设备驱动故障与他们的运行任务是隔绝的，这使得 T-C-V 结构的系统具有高度的可靠性、可裁剪性、可扩展性和可移植性。

跨平台主要体现在三方面。

（1）跨操作系统：使得平台能够在几大主流系统环境下运行，游刃有余，跨平台的操作改变了国产软件只能在单一操作系统环境下运行的现状。在跨平台数据存储、管理及空间分析、可视化等纯 GIS 功能模块方面，也能快速适应不同操作系统的"特性"，使 GIS 的应用程序快速迁移到多种主流操作系统下。

（2）跨 GIS 平台：数据中心通过中间件链接，可以实现 GIS 平台的跨越，可以存储业内主流的 GIS 数据，如 ArcGIS、AutoDesk 等，并具有主流 GIS 平台软件的引擎，实现各种数据间的兼容，有效保护用户的投资。其他平台的数据通过中间件也能够与 MapGIS 平台兼容，避免了数据在转换、导入导出中丢失或有其他错误的发生。

（3）支持多种硬件架构，与硬件架构同步：完全支持 MIPS、ARM、IntelX8、Power、嵌入式 OS（iOS、Android、WinMobile 等）架构。在内核中引入多处理机调度和管理机制，同一任务可在多个处理机中执行，实现了与硬件架构的同步。

2.3 T-C-V 软件结构对共享世界的价值

2.3.1 生产模式变革

T-C-V 软件结构提供一种全新内容生产模式，在支撑 B2C 的基础上实现 C2C，建立不同时空陌生人间的黏性，实现全球地理空间信息资源的共享。

传统软件生产模式都是线下项目团队同步集中开发，依次历经需求分析、设计、编码、统编、测试、联调、上线等软件生产阶段。T-C-V 结构为软件生产提供了全新的线上模式，云需求发布中心、云开发中心、云测试管理中心涵盖需求、开发、测试等软件生命周期主要节点，颠覆了传统软件的生产模式，为解决软件共享、复用、协作、维护、效率、成本等软件生产的关键问题提供了有效的解决方案。

首先，令许多 GIS 用户非常苦恼的一个问题是"有需求，但不会开发"，此时就面临着需要寻找合适的研发团队，耗费大量的人力、物力、财力、时间等资源来开发需求。对于大型项目的需求，可通过公开招标的形式来吸引开发者。至于吸引来的开发者的水平如何、是否能在预定的时间内完成软件开发，并保证软件产品能达到预期，这些期望并不能得到保证，需要需求者承担软件开发的风险。并且，传统的定制开发必定带来高额的定制性项目开发费用。而对于小型需求用户，要找到一个"物美价廉"的开发者则更加困难。是否有这样一个平台，能帮助需求者解决这些问题呢？"云需求发布中心"为此而生，如图 2-8 所示。

云需求发布中心为需求用户提供了一个在线的需求发布、需求响应、需求讨论、进度跟踪、需求查询平台。需求用户可通过云需求发布中心发布自己的需求，全球感兴趣的用户都可以响应需求、开发需求。

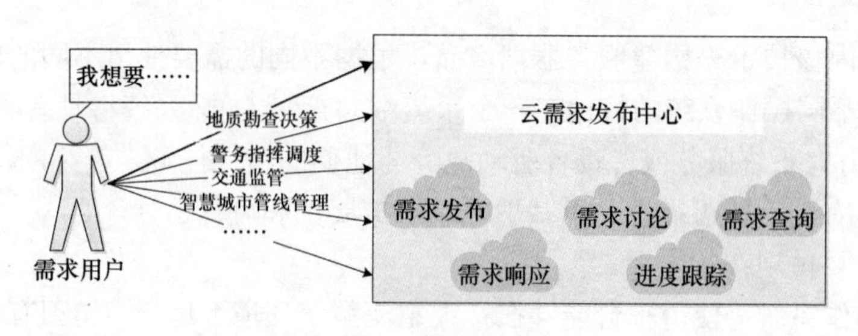

图 2-8　云需求发布中心

有需求，接下来就需要基于需求进行软件开发。软件生产是软件生命周期中非常重要的环节，主要由开发者来完成。对于开发者而言，主要关心是否能快捷地获取资源，是否有稳定的 GIS 开发环境支撑，是否能最快速获取开发支持。同时，开发的功能模块或代码具有高度的复用性、良好的通用性，能非常方便的实现资源的迁移、聚合、重构。能尽量缩短项目周期，降低开发成本，取得更大的利润。这就是云 GIS 环境下，开发者对 GIS 平台提出的新要求。

“云开发中心”为广大 GIS 开发者提供了大量云服务资源，包括在线资源、在线帮助、在线体验等多种在线服务，世界各地的任何个人、团体都可在云开发中心注册用户，注册成功后即可成为一名开发者用户，获取云需求发布中心发布的需求。基于云开发中心提供的各种云服务资源，GIS 开发者可“按需获取”这些云服务，在云开发中心中一键下载、智能安装开发环境，利用云 GIS 软件提供的开发框架、功能插件及多款现成的开发模板，开发出符合需求的 GIS 应用。同时，用户也可以完全自定义纵生新的功能。开发成功后的工具或应用通过审核后可上架到“云交易中心”，作为商品进行买卖，供全球各地的用户使用。云开发中心如图 2-9 所示。

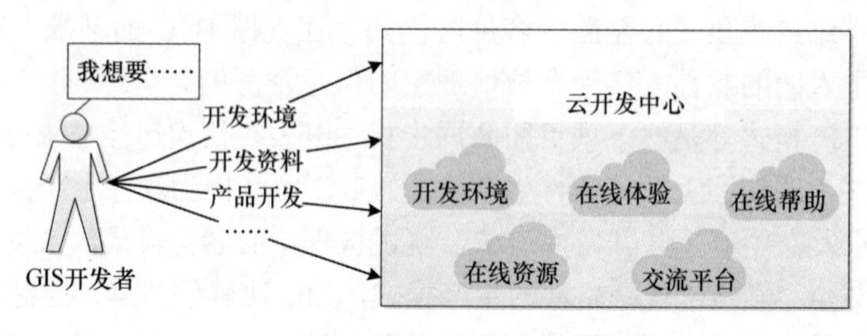

图 2-9　云开发中心

软件编码的下一个关键环节，就是软件测试。软件测试关乎整个软件的质量，即软件系统的功能、性能等重要参数，确保软件交付上线后可以正常稳定运行，保证用户的利益。云测试管理中心是面向产品审核员测试跟踪及质量管理的平台，保证所有在线商品都是符合标准的、保证所有在线商品及交易都是安全的，最终让所有用户的利益得到保证。“云测试管理中心”如图 2-10 所示。

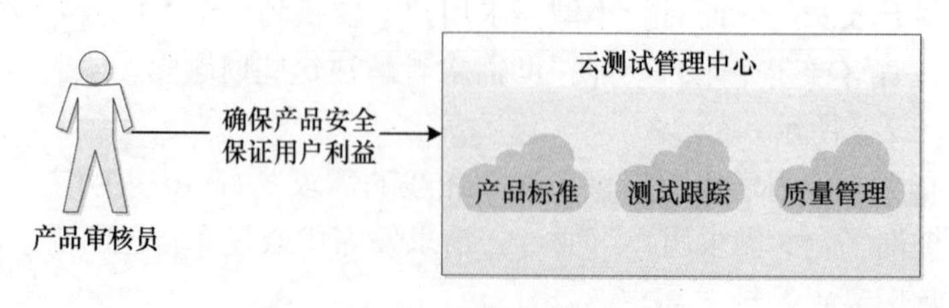

图 2-10　云测试管理中心

将传统软件需求、开发、测试环节对应转换到“云中心”的云需求发布中心、云开发中心与云测试管理中心的创新模式，彻底改变了传统软件的生产模式，这是虚拟时代下软件生产的重大变革。

2.3.2 交易模式变革

云的一个重要特点就是允许用户通过在线租赁的方式获取资源，而无须关心资源由谁提供及存储的具体位置。云环境下商品的交易主要通过在线完成，不受行政边界、区域、地域限制，只要有互联网就能获取资源。基于云这一特色的交易模式，为更好的管理商品，产生更大的价值，“云交易中心”应运而生，专门用于管理云端资源，如图 2-11 所示。

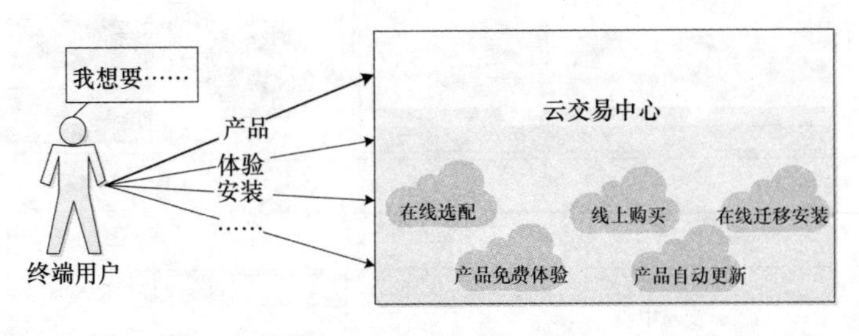

图 2-11 云交易中心

在云交易中心中，所有的软件应用（资源）都以服务的方式供用户使用，用户可按量进行租赁，并在线完成所选软件（资源）聚合、迁移、安装全过程，用户只需关注具体业务实现即可。云交易中心颠覆了传统软件交易模式，将线下软件交付转换为线上模式，简化软件服务应用过程，实现按需获取、按量定制的在线租赁方式获取云端服务资源。

云交易中心主要用于管理商品，包括基础商品：桌面工具、Web 应用、移动产品等，涉及基础 GIS、水利、地灾、国土、公安、市政、地质、地矿等多个行业；还包括用户自定义商品，这些商品由用户自定义开发，开发的商品通过审核后，即可上传到云交易中心，作为商品提供给全球用户使用。

云交易中心是主要面向终端用户的产品购买和面向第三方开发者产品推广的云服务平台，提供在线选配、产品免费体验、线上购买、在线离线安装、产品自动更新等功能。能够在线完成商品的迁移、聚合、重构等操作，提供一键安装功能，为用户开发的产品提供推广运维服务。不管是工具产品、还是行业应用产品，均由一系列的功能插件资源组成，用户可以根据需要自由组合插件资源，通过在线聚合方式形成对应的安装包，一键安装部署到客户端使用，真正实现了“smart 定制，一键安装”。在线聚合工具产品与行业产品示意图分别如图 2-12、图 2-13 所示。

云交易中心提供在线注册功能，任何个人或团体通过注册都可以成为云交易中心用户，具有产品试用、购买、安装、体验等权利。对于开发者用户，同时拥有管理自己上传的商品和购买的商品的权限。

云交易中心包含不可定制的工具类商品和可定制的商品两类。不可定制的商品用户付费后即可使用。对于可定制的商品，用户下载后，可直接使用该商品，还可基于该商

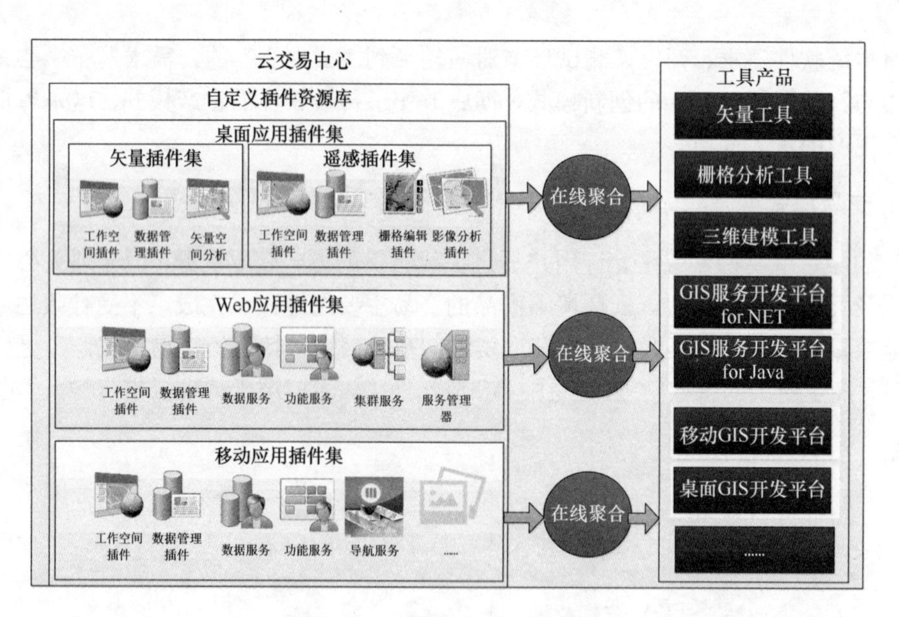

图 2-12　在线聚合成工具产品

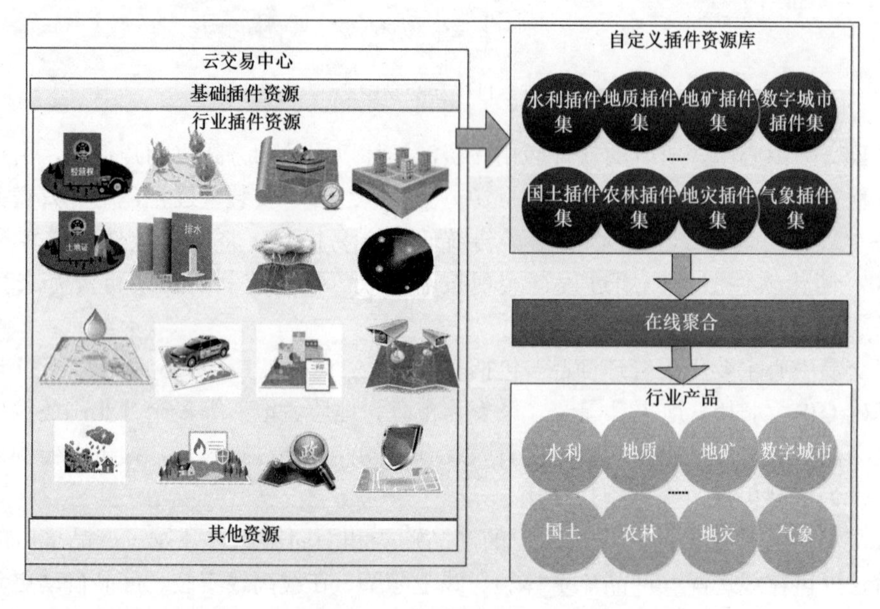

图 2-13　在线聚合行业产品

品进行二次开发产生新的商品，新商品也可作为资源上传到云交易中心，供全球用户使用。云交易中心实际上为云端资源中心，包括了所有的应用，这些应用可以是 GIS 的，也可以是非 GIS 的。既包含云 GIS 软件本身的 GIS 资源，又可包含全球用户的资源，是共享全球资源的窗口。

2.3.3　运营模式变革

由云需求发布中心、云开发中心、云交易中心、云测试管理中心组成的“云中心”，覆盖了软件的需求、生产、交易、管理全生命周期，构建了 GISer（GIS 从业者）的全新产业生态链，如图 2-14 所示。四大中心将线下运营模式转变为线上运营模式，彻底打破了现有的GIS生产及应用模式，在全球范围内实现了人力、智力、物力资源的全共享，对虚拟时代的软件运营模式做出了有益探索。

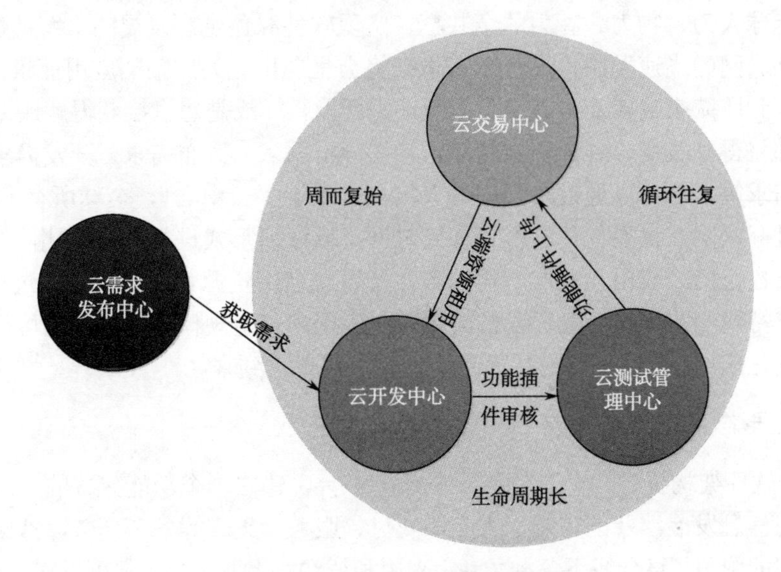

图 2-14 “云中心”创新模式

云需求中心，可供全球需求用户发布需求，需求发布到云端后，全球各地的个人、团体都可响应需求；全球用户都可注册成为云开发中心的用户，基于云端平台获取云需求发布中心的需求，基于在线的资源搭建自己的工作平台，响应需求；由开发者线下开发需求，最终提交满足需求的应用商品，将此商品发布到云交易中心，作为云端资源供全球需求者使用；为了保证所有云端资源的质量，云测试管理中心管理所有云端商品，保证云端商品都是符合标准的、保证所有在线商品及交易都是安全的。

云需求发布中心为需求用户与 GIS 开发爱好者搭建了一个直达通道与快速响应机制，让需求者可以快速发布需求，获取响应，让开发者可以快速获取需求，发送响应。云开发中心是GIS开发者开发作品的工作区，对接云需求发布中心，是实现需求的云服务平台；同时也是开发者面向全球用户展现、推广自己的作品的舞台，是他们同全世界开发者交流的窗口。云交易中心则为一个线上开放的产品交易服务平台，负责商品的在线交易管理，为云开发中心上传且通过云测试管理中心审核的服务产品提供面向全球用户的通道，终端用户通过云交易中心可以实现smart定制、按量租赁、一键安装部署所需产品服务。

由此可见，云需求发布中心、云开发中心、云交易中心、云测试管理中心这四大中心形成一个GIS软件生态闭环，将软件需求、生产、交易、管理全生命周期由线下转为线上模式，由单纯地提供产品向着提供丰富的灵活定制服务转变，颠覆了传统GIS软件运营模式。这种转变，使客户无需花费大量资金、人力等投入就能设计出自己的软件。据测算，“云中心”的软件生产模式，可以使整体开发成本降低50%，长期项目降低85%，技术维护成本也能够降低20%。

“云中心”所带来的GIS软件运营模式变革，使全球用户能非常方便、高效、价格低廉地获取丰富的资源。更为开放的运营体系、更加灵活的运营模式，让全世界接入“云中心”，无论是作为软件需求方的个人、企业和政府部门，还是软件供应方的任何个人和团队，亦或是广大兴趣者、投资者等，通过互联网接入“云中心”，均可实现各取所需，实现全球人力、物力、智力的全共享，实现软件绿色生态发展的平衡调优。

随着互联网的飞速发展，云 GIS 在未来将会呈现出更为广阔的应用前景：今后，有创意却找不到团队来响应需求，或是不能按需所取，亦或是想直接获得解决方案却又不得的情形都将得到改变，各种各样的需求，如分析需求、发布需求、开发需求、管理需求、交易需求等，都可以通过“云中心”接入。基于“云中心”，全球所有 GIS 爱好者都可以通过互联网在世界任何地方、任何时间、以任何形式进行个人或团队组合的 GIS 开发，构建自己的云应用，获取所需的各种开发及应用资源。我们可以通过“云中心”这个平台支持我们的用户、管理我们的团队、为用户打造规模可调、性能可优、价值可定制的个性化应用，GISer 拥抱互联网的时代，已真正到来。

2.3.4 商业形态变革

T-C-V 软件架构提供一个全新的共享经济平台，建立一个功能完备的生态系统，包含地理空间信息发展涉及的需求、生产、交付、服务、集成等各个环节，打破传统经济对商业组织的依附，整合线下各种角色、应用和资源，让每一个人都可以在这个无限的、充满想象的、可不断扩展的生态圈中自由享有自己关注的信息、服务、构建属于自己的关注圈子甚至完整的行业生态圈。

第3章 时空大数据与云平台架构

时空大数据与云平台是时空大数据体系的重要组成，是支撑其他专题平台的基础性平台。平台借助T-C-V结构根据用户需求进行数据、功能和服务的智能组装、一键部署和场景服务，提供大数据支撑和运维服务。本章在概述平台体系结构、层次概念模型后，分别从虚拟设备层、云计算层、终端应用层逐一分解，通过时空大数据中心、时空信息云服务中心、时空云应用集成管理中心三大关键要素展开论述功数分离，按需服务的实现。

3.1 平台体系概述

3.1.1 平台体系特点

全新的T-C-V软件结构给时空大数据云平台带来了如下技术特点。

（1）超大规模化。云平台采用悬浮式柔性架构，通过云的纵生、飘移、聚合、重构，实现构建的公有/私有云规模可调，无边界，可构建超大规模、大规模、各种中、小规模应用，满足不同应用需求和用户规模。

（2）虚拟化。用户无须关心软件的服务方式，无须关心计算平台的操作系统，以及软件环境等底层资源的物理配置与管理，无须关心计算中心的地理位置。数据调用基于云计算层，这充分发挥了平台管理海量数据能力和并发访问数据的能力。对于异构、异质的不同平台的GIS数据，无须转换原有数据格式，而是通过翻译的动作在云计算层内表现和管理这些异构的GIS数据，操作这些数据就像在各GIS平台上操作数据一样。

（3）高度共享、伸缩灵活。T-C-V软件结构的软件在体系架构上能够实现软件、服务的高度融合，最大限度地利用资源；提供服务集群的负载均衡机制，可满足大用户量并发访问、高强度空间计算需求；提供微内核群技术，在内核中引入细粒度并发机制，使得任务能够并行执行，大大提高了效率。同时，T-C-V的软件结构采用面向云计算的全新服务理念，坚持数据、功能、管理、服务相分离的原则，既保持了平台的灵活性和扩展性，又实现了空间信息数据的整合、管理和共享；而且这种体系架构是松耦合的，提供通用服务的同时，根据客户的不同需求，也提供个性化服务，具备高度的可伸缩性。

（4）按需定制服务。云平台不针对特定的应用，在“云”的支撑下可以通过“纵生、飘移、聚合、重构”构造出千变万化的应用，按量可伸缩性利用资源、按需个性化定制，同一片“云”可以同时支撑不同的应用运行。

（5）开放的接口、开发的平台。云平台提供多种接口支持，支持标准的服务接口，同时，提供第三方服务接口，可将各种各样的 GIS 应用接入到云平台中。

时空大数据云平台用全新的 T-C-V 软件结构对云 GIS 软件做了完整诠释。T-C-V 结构以面向云计算为理念，基于底层的虚拟化软硬件设备（V 层）实现对软、硬件资源的池化，屏蔽不同计算机、不同网络、不同存储设备的异构特性，为上层应用提供统一高效的运行环境。在此基础上，结合云计算技术及地理信息的特性，建立海量地理信息数据、服务和资源管理与服务体系框架（C 层）。最后，面向政府、企业、公众等信息的使用者提供访问的标准接口，搭建各类终端应用（T 层）。

T-C-V 结构以松耦合的架构，数据、功能、服务的全共享，服务的聚合、迁移，取代紧耦合的架构，使得数据整合、挖掘更容易，解决服务孤立、难以融合的难题；提供不同粒度的服务代替目前提供不同尺度数据的模式，用超大规模的计算模式代替目前中小规模的计算模式；用极其绿色廉价的云服务为用户提供地理信息的增值服务，且可以为面向地理信息服务的运营商提供支撑。可以说，新一代的软件结构 T-C-V 将改变地理信息服务模式、计算模式和商业模式，可以更好地交互、更加透明化地创建面向大众和企业的应用。

3.1.2 层次概念模型

传统 GIS 平台已具有丰富的基于 SOA 的地理信息服务功能，包括空间数据服务，空间数据处理服务，服务组合、服务资源的监、管、控等，且这些功能可以以一种易于搭建的方式组合形成应用平台。为适应地理信息资源虚拟化、地理信息高性能并行编程计算等云计算特点，时空大数据与云平台应运而生，不仅提供传统的空间数据服务和处理服务功能，而且还提供地理信息平台服务（GIPaaS）、地理信息应用软件服务（GISaaS），为企业和应用方便地搭建地理信息云计算中心提供软件、工具和平台。

时空大数据与云平台采用新一代软件三层结构 T-C-V 结构，又称为软件的端 / 云 / 虚三层结构，如图 3-1 所示，为时空大数据与云计算、云服务提供良好虚拟设备层的支撑，使得云计算云服务的共享资源虚拟化，实现云计算层的功能与虚拟设备层的数据彻底分离，按需为用户提供云服务，同时具备分布式、跨平台、开放式、多模式、易扩展等特性。

时空大数据与云平台的体系架构，是一个具有松耦合、可移动、可伸缩性和自适应性的架构，在此架构下，平台中所有的数据和模型将“暴露”成一个个可调用、可访问的服务，一切都是开放性的、以服务的形式展现，不仅仅是局部应用模块的虚拟化，还包括存储、数据库（空间数据库）等，整个基础架构都将以服务形式来提供。

因此，基于时空大数据与云平台实现以下功能。

（1）功能与数据分离。功能和数据分离，才能实现软件的移动，重新组合。

（2）可搭建级别的高可重用性，即功能、服务可聚合。根据新的需要很容易聚集新的云，聚集新的应用，可随业务的变化灵活定制、可以随时调整。

（3）可伸缩性。资源可以整合的，根据不同需要、根据不同业务属性进行整合，可以定制新的应用。

（4）自适应性。规模可以动态伸缩，可以满足应用大规模增长的需要。

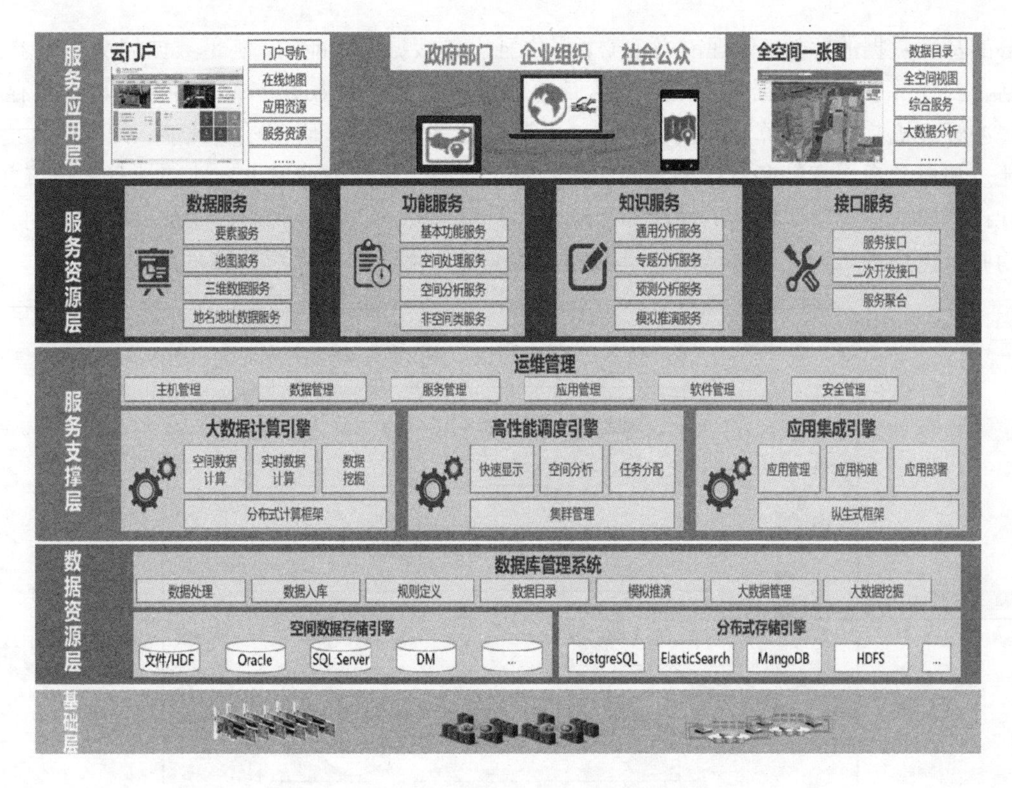

图 3-1 时空大数据与云平台的整体架构

3.2 平台架构要素分解

3.2.1 虚拟设备层分解

虚拟设备层（V 层）如图 3-2 所示，该层基于虚拟化技术，将计算机、存储器、数据库、网络设施等软硬件设备组织起来，虚拟化成一个个逻辑资源池，对上层提供虚拟化服务。各类空间和非空间数据，包括卫星影像数据、矢量地图数据、三维模型数据、增值服务数据，以及存储在 MySQL、DB2、Oracle、Sybase 等类型数据库的网络数据源数据，逻辑上组织构成一个数据资源池，并通过使用空间数据库引擎技术与中间件技术，实现海量、多源、异构数据的一体化管理。该层是支持云计算、云服务的基础，使得用户可以在任意位置、使用各种终端获取服务，就像“我们开启开关电灯就亮，拧开水龙头水就流，但我们不知道用的是哪个电厂发的电，哪家水厂提供的水”一样。目前 V 层是各大计算机设备厂商重点进军的基地，相关技术已较为成熟，如虚拟存储、虚拟设备、虚拟计算机、虚拟客户管理系统等。

大数据分析平台需要进行 PB 级数据的读取、写入，需要进行数据挖掘模型的大规模运算，需要进行预测结果的发布，因此对底层基础硬件的磁盘输入/输出（input/output，IO）和运算速度要求很高，同时需要满足分布式、动态扩展的要求。在 V 层，计算资源池、存储资源池、中央处理器（central processing unit，CPU）、存储、网格、内存等各种资源汇聚，资源实现虚拟存储。利用 Spark 和 Hadoop 技术，构建大数据平台最为核心的基础数据的存储、处理能力中心，提供强大的数据处理能力，满足数据的交互需求。结合云计算和空间数据特点，针对云计算服务模式特点和服务方式的多样性，从内存/缓冲管理机制、索引算法、代价模型、资源调度等多方面，研究顾及性能、可用性、吞吐量和资源占用率等多目标因素的矢量数据云计算，脱离单纯追求高性能计算的传统并行计算模式，实现多目标的性能参数调优、目标驱动的自适应管理，以及目标敏感的自动并行化处理，为空间领域的矢量数据计算与应用服务建立底层计算框架。

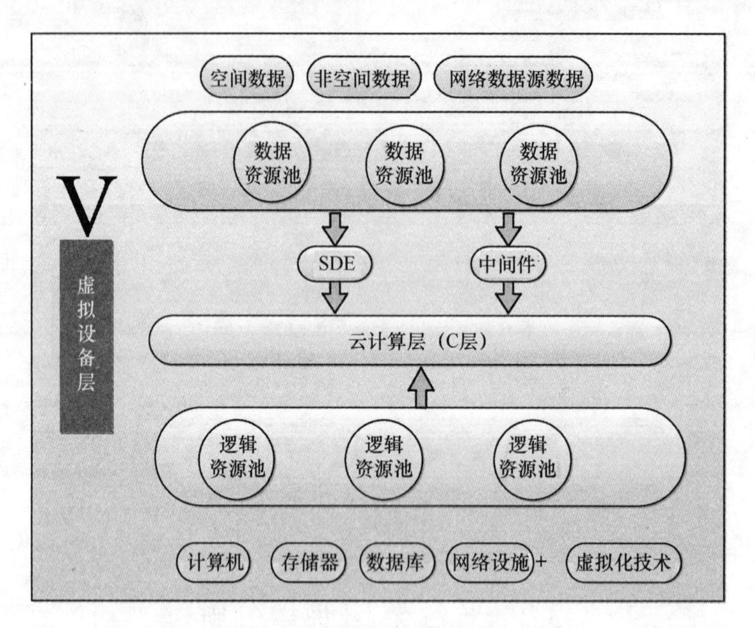

图 3-2　虚拟设备层（V 层）

3.2.2　云计算层分解

云计算层（C 层）如图 3-3 所示，C 层在支持超大规模、虚拟化硬件架构的基础上，建立了海量地理信息数据、服务和资源管理与服务体系框架，按照“即插即用”的思想，以及聚合服务的理念建立服务。其内在的软件架构是悬浮式柔性架构，这样云计算的典型特征如纵生、飘移、聚合、重构才能成为可能。C 层上部署的是 GIS 元素集，是广大用户或开发商提供的云服务总和。一方面，基础平台厂商提供基础功能元素；另一方面，广大用户或应用开发商提供可组成各行各业应用的小至微内核群、大至组件插件的各种粒度的功能元素，这样 C 层才能渐渐形成并不断发展壮大。基于虚拟设备层，C 层的功能服务和 V 层的数据服务、设备服务才能彻底分离，层之间以标准的服务接口连接，使云计算成为可能。目前 C 层处于发展的初期，其规模及技术远没达到可支撑行业云计算服务的需求，是 GIS 平台厂商适应飞速发展的云计算、云服务需要攻克的技术难点。

该层包含云生产中心、云服务仓库、云管理中心三大内容。云生产中心保证了云计算层能源源不断地纵生新的资源，扩展云，同时也保证了其他资源能顺利地接入云中。云服务仓库主要用于管理各种云服务。云管理中心则用于管理云端所有服务的注册、发现、调度、安全等工作，同时保证云服务在线交易的正常运行。

（1）云生产中心。C 层重要作用之一为纵生云，专门用于用户自定义纵生各式各样的云资源。“纵生”式全新开发模式，这种开发模式中所有的应用都由功能插件组成，

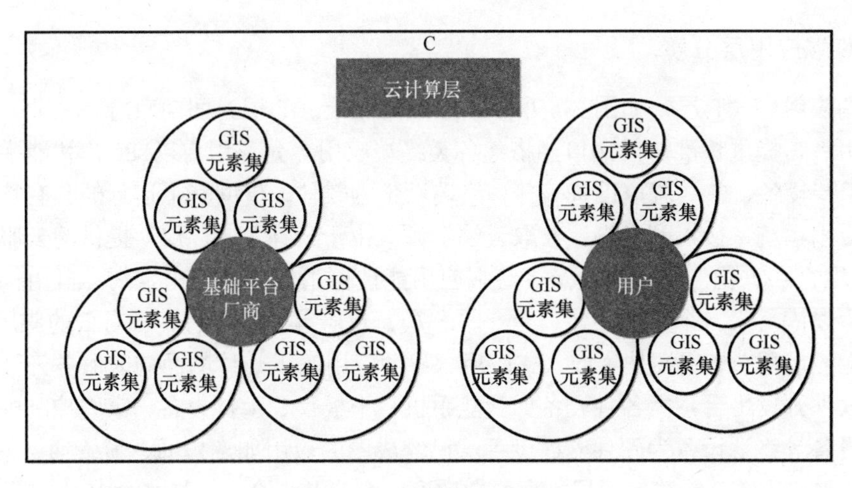

图 3-3　云计算层（C 层）

这些功能插件具有相互独立的特性，只要符合同一开发规范的应用所包含的功能插件就可以自由聚合、重构。同时，云平台提供了强大的运行时支持，能很方便地接入第三方应用。用户可直接基于云平台提供丰富的内核资源，使用已有的功能插件资源定制、聚合、重构应用系统，也可基于云平台提供的各种端应用开发运行时、各种应用程序编程接口（application programming interface，API）资源，基于统一的开发标准、开发流程自定义开发功能插件，为云端源源不断地产生云服务资源。

（2）云服务仓库。C 层重要作用之二为云服务中心。如果说云生产中心是为了纵生云，那么，云服务仓库则是将云服务共享给全球用户的窗口。云服务仓库中管理的所有云服务都基于统一的服务标准构建，保证了第三方能依据统一调用标准任意地调用，以便云服务的全球共享。时空大数据云平台采用悬浮式柔性架构，以功能仓库与数据仓库分别管理功能服务与数据服务，以保证功能与数据能完全分离，从而保证了云服务的“飘移、聚合、重构”特性。

（3）云管理中心。C 层重要作用之三为云管理中心，提供云服务从发现、注册、调用的全过程管理与监控，同时对所有云端运行的资源进行统一管理。管理云端在线使用、交付、安全等内容。根据云商业模式，约束在线交易与付费、安全，以及云服务的注册、发现、调用，给云一个良好的运行环境。

C 层为满足不同用户对于软硬件资源的多样性、伸缩性计算服务需求，近年来发展出云计算，云计算是分布式处理、并行处理和网格计算的发展，或者说是这些计算机科学概念的商业实现。目前，在云计算系统层面上已发展出大规模云计算中心（如 Microsoft Azure、Google Application Engine、Amazon Cloud Platform 等），通过形成公共云计算解决方案平台开发维护 Portable、Scalable 的应用软件，服务于超大规模用户访问（亿人次）对资源伸缩性的需求，以及大规模企业信息设施的外包需求。在云计算技术层面上，通过虚拟化技术实现多种资源的高效管理（如 virtual machines、virtual clusters、virtual storage 和 virtual network），满足外部用户对计算资源的多样性、伸缩性需求，目前并行超级计算机的虚拟化是正在发展的重点研究领域。

3.2.3 终端应用层分解

终端应用层（T 层）如图 3-4 所示，终端应用层（T 层）面向政府、企业、公众等信息使用者，提供标准访问接口，搭建各类终端应用。允许用户以 PC、智能手机、平板仪、手持设备、各类监控设备等各种终端设备为载体，借助其上运行的具有特色应用的各类应用系统，接入到云端，获取云端资源。由于云计算（C 层）提供的云服务具有“飘移、聚合、重构”特性，决定了终端应用能被自由伸缩、自由定制、自由扩展、自由开发，以满足来自个人、团体、企业、公众、政府等各种公有、私有云的应用。

终端应用层（T 层）是集嵌入式应用、移动应用等于一体的面向云服务云计算应用的终端软件开发平台，由各种设备如智能手机、平板仪、手持设备、家庭控制中心、各类监控设备等终端设备为硬件支撑设备。已经成熟的应用如巡检通、城管通、警务通、土地宝、采集宝等。终端应用层主要面向政府、企业及大众，支持多种 Web 浏览器（如 IE、Firefox 等），支持各种 Web 应用程序的访问或嵌入到已有 Web 应用程序中，同时支持桌面应用和嵌入式移动设备开发。在终端应用层面上，基于云平台的开发框架，主要支持 Web 客户端的 Flex、Silverlight、JavaScript 和搭建式开发等开发方式，支持移动端面向 Android、iOS 等主流操作系统的原生与混合开发方式，以及桌面端的 Objects 开发方式等。用户通过客户端与云平台服务层进行交互。

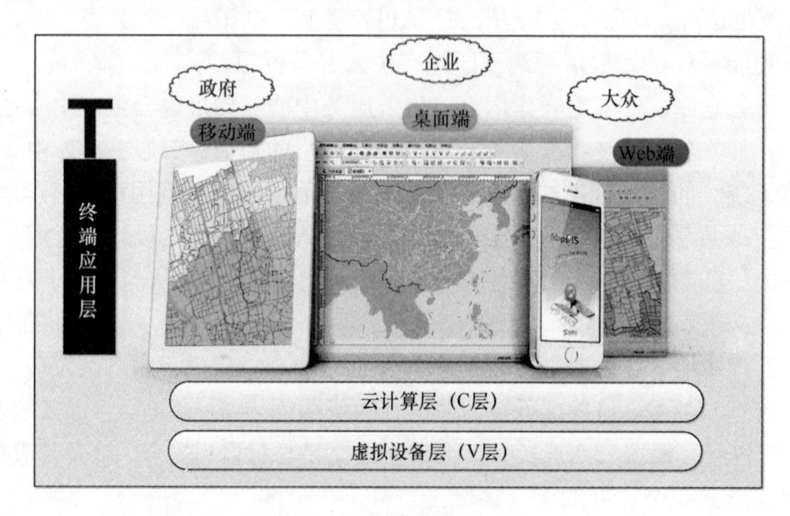

图 3-4　终端应用层（T 层）

3.3 时空大数据与云平台关键要素

时空大数据中心、时空信息云服务中心、云应用集成管理中心是时空大数据与云平台架构的关键要素。这三大关键要素体现在以下三方面。

（1）时空大数据中心：对海量空间数据，非空间数据进行存储、管理，通过建立数据关联、数据挖掘、数据可视化，来挖掘大数据的价值。

（2）时空信息云服务中心：对 GIS 计算服务资源进行集群化管理，通过分布式的调度管理模式，实现高性能高并发的云 GIS 服务。将 GIS 平台与基础设施云平台进行整合，实现云的计算能力空间化，将 GIS 服务资源池的智能化、自动化管理，实现弹性的资源管理和云服务，将 GIS 服务集群化，通过分布式空间服务框架，实现 GIS 服务高性能高并发。通过云服务的聚合、迁移、重构特性，为云端源源不断地产生新的云服务，提高解决方案的构建效率。

（3）云应用集成管理中心：对 GIS 应用资源、数据资源、用户资源进行集中式管理，通过自动化的部署、运维和管理，实现更高效使用 GIS 云应用资源。云应用集成管理平台是通过对各种软件、硬件、数据资源的集中管理，利用虚拟化和池化的技术，实现业务场景应用的在线定制、在线使用和集成管理。

①云应用资源中心：采用池化技术和软件定义资源中心管理模式，对软件资源、数据资源、用户资源进行集中管理，实现资源的可编程调度。

②云应用管理中心：实现资源层和应用层的对接和支撑，对上层提供各种服务 API 接口，包括应用管理、产品管理、运维管理等服务接口。

③云应用生产中心：采用聚合、飘移、重构技术，构建应用门户、提供应用定制、应用部署、应用在线访问，以及各种资源的管理和监控，同时提供门户定制的能力。

3.3.1 时空大数据中心

随着对大数据的获取、处理、管理等各个角度研究的开展，人们逐渐认识数据已经逐渐演变成“数据资产”，全球各地都努力构建属于自己的数据中心。在当前的大数据热潮中，数据容量呈几何级爆发，云计算和大数据应用技术快速发展。作为整个大数据产业的基础保障，数据中心的建设服务、IT 集成服务、IDC 服务等业务都面临着广阔的市场空间，也蕴含着巨大的发展机遇。硬件、软件及服务等随着技术发展和需求变化逐渐被淘汰、被替换，只有数据具有长期可用性，甚至“过期”的数据仍有价值可待开发，值得积累和维护。人们认识到数据是核心资产，可以是独立于软硬件系统及应用需求而存在的。这也就促成了各类大数据中心的蓬勃发展和相继建立。

作为 IT 应用的基础设施，数据中心是云计算技术与大数据服务的关键支撑平台。首先，云服务商的业务量快速增长产生了大量的互联网数据中心需求；其次，大数据应用者需要由服务商提供大数据服务、解决方案、数据资源等，这离不开数据中心的硬件支持；此外，下游应用行业客户由于自身业务发展的需要，对信息系统和数据完整性的依赖程度越来越高，对数据中心资源的需求也会相应增多。由于市场需求旺盛和政策利好，越来越多的资本和厂商涌入行业内，数据中心行业未来将进入快速发展期。2016 年全球 IDC 市场规模达到 451.9 亿美元，增速达 17.5%。从市场总量来看，美国和欧洲地区占据了全球 IDC 市场规模的 50%以上。从增速来看，亚太地区继续在各区域市场中保持领先，其中以中国、印度和新加坡增长最快。

虽然国内大型数据中心建设规模持续增长，但就数据中心的部门级、地区级应用而言，数据中心小型化、一体化、虚拟化理念更能满足中小型客户应用需求。一体化数据中心是在 IT 应用整合趋势背景下，融合数据中心各系统技术的创新性中小型整体机产品，其主要优势是在可根据用户业务扩展需求，实现系统的弹性部署，将各类数据资源整合打包，出售给用户。因此类似一体化、虚拟化、资源集中化数据中心的新型经济型解决方案正成为数据中心服务商业务发展的新方向。

时空大数据中心的构建，可以实现多源异构数据的汇聚、处理及层次化管理，实现实时数据的管理及应用，提供通用的大数据服务，为云环境下的大数据应用提供数据支撑。

3.3.2 时空信息云服务中心

时空信息云服务是以直观表达的全覆盖精细的时空信息为基础，面向泛在应用环境按需提供地理信息、物联网节点定位、功能软件和开发接口的服务。时空信息云服务中心以地理信息共享平台为基本，将时空信息资源进行统一管理，对应用资源、数据资源、功能服务资源、业务流程资源进行集中式管理，通过自动化的部署、运维和管理，实现更高效使用云服务资源；对计算服务资源进行集群化管理，通过分布式的调度管理模式，实现高性能高并发的云服务，并且针对不同用户进行不同级别的权限管理及资源审批，实现服务资源的高效管理。并对外提供全面无缝集成、自动智能化的公共基础服务，形成统一的时空信息资源应用、共享交换、开发服务的中心，实现城市不同部门异构系统间的资源共享和业务协同，促进部门间信息资源的互联、互通、共享与集成。

面向服务的云是由一系列相互联系并且虚拟化的计算机组成的并行和分布式系统模式。这些虚拟化的计算机动态地提供一种或多种统一化的计算服务、存储服务、操作服务等服务资源，这些资源通过服务提供者提供给服务用户使用，当服务用户不适用时将其资源动态回收以供其他用户使用。云服务是云计算实现的，云计算就是利用互联网上大型数据中心的软件和处理数据的能力，把复杂的运算从用户终端移到云上去做，云可以通过互联网以服务方式向用户提供的软件服务、硬件服务或者存储服务。云可以分为存储云和计算云，计算云又分为软件服务云和硬件服务云。存储云主要为用户提供分布式存储功能，用户可以根据云服务提供者提供接口使用相应存储空间，提供存储服务；软件服务云主要提供用户业务操作需要的软件服务，软件服务是由计算云处理实现的，硬件服务云则是云计算远程控制相应的设备为用户提供远程设备操作服务。

时空信息云服务中心的构建，可以提供适合于多种应用领域的应用系统快速构建技术，为多领域应用系统的集成及功能复用提供手段；能够在统一的框架下实现多个应用系统的协调工作；支持应用方案的集成搭建和配置可视化，增强应用系统适应需求不断变化的能力，降低应用系统的开发难度，为开发应用系统提供基础支撑。

3.3.3 时空云集成管理中心

云集成管理中心是基于基础设施云平台，通过虚拟化技术提供可扩展的主机、存储、网络等资源，将各种软件进行自动安装、部署和运行，在此基础上提供用户管理、部署管理及集成方案管理和产品管理，基于授权机制，将软件（包含工具和应用）动态的部署到公有云环境和私有云环境下，为最终用户提供在线云工具和在线云服务，实现用户管理的云集成应用管理中心，如图 3-5 所示。云集成管理中心能够定期在门户首页推广一些优秀集成应用商家、集成方案和产品。为集成商提供定制的工作室，使专注于做某一领域的云应用的集成商在拥有众多该行业内的应用服务时，专注于不同行业专题集成方案和产品（即在线服务和在线工具），进行独立的规划和运营。通常集成商会有硬件、软件或服务方面的资源积累，针对此类集成商，可以创建特定的集成方案，包含硬件、软件和服务三个环节中的一个或多个，最大化的利用资源、满足需求。

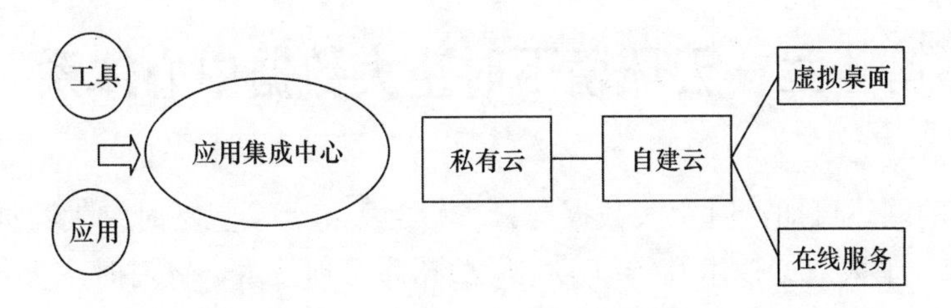

图 3-5　云集成管理中心应用模式

时空云集成应用管理中心具有以下四个特点。

1）应用软件池化管理

框架+插件松耦合技术架构，提供高可扩展的能力。

细颗粒度的插件接口规范、消息通信机制，实现框架和插件、插件与插件之间的相互协同和感知。

插件云端注册和更新，实现高可伸缩的能力。

唯一身份标识、版本管理、防篡改签名、云授权等多重机制，构建安全可靠的环境。

2）资源大集中管理

与多种基础设施管理平台对接，支持资源集中化，集约化管理模式，实现硬件资源的池化管理。

云软件中心，支持资源发现和调度，实现软件资源集中管理。

云端文件中心，支持强大的用户访问权限和分组能力，实现数据资源集中管理。

统一用户资源中心，支持应用单点登录，用户信息同步更新，实现用户资源集中管理。

3）智能化的云应用集成

软硬件资源订单处理模式，各种资源动态调配。

智能化一键部署，应用的轻松发布和运维。

应用集中管理，各种应用云端使用。

4）专属业务场景定制

应用按需定制，自由聚合。

基于业务场景，定制行业门户。

时空云集成管理中心的构建，可以对软硬件资源、应用系统、用户等提供智能化管理，适合于云环境下的分布式资源管理，为分布式计算提供技术支撑。

第4章　云环境下时空大数据中心体系

由3.3节的阐述可知，时空大数据与云平台的关键要素包括时空大数据中心，时空大数据中心融合了大数据技术及传统的空间数据库管理技术，针对时空大数据的特点，对多源异构的时空大数据进行分布式管理、处理、应用，为时空信息云服务中心提供统一格式的数据服务。

4.1　时空大数据处理内涵

空间数据库经过这些年的发展，二维空间数据技术已相当成熟，实际应用中大多数情况下用二维甚至一维坐标来进行描述就可以满足需求，但人们是生活在三维空间的，需要用三维数据结构来描述现实世界。目前的研究现状来看，三维数据结构总体上分为基于体描述的数据模型、基于面表示的数据模型、三维矢量栅格混合的数据结构、面向对象的数据结构。二维的数据结构和三维的数据结构对于不同的应用目的，具有各自的优点，基于不同的应用目的往往需要这两种方式交替运作，这样就需要有一种三维数据结构能够与二维的数据结构相兼容，同时，还可以很容易在基于矢量结构的二维数据结构上进行扩展得到三维数据结构。

如果把时间也算上，人们则是生活在四维空间中，随着应用的不断深入，涉及四维的自然和人为现象的处理越来越多，对数据的处理提出更高的要求。一般要能够保存并有效地管理历史变化数据，以方便将来重建历史状态、跟踪变化、预测未来，这样的地理信息系统应支持信息的时态性，对时空数据进行统一的模拟和管理。由于当前的地理信息系统软件难以处理时态现象，时空数据模型已成为空间数据库技术领域一个新的研究方向。

时空大数据中心将基础地理信息由原来的三维空间扩展了时间维，形成基于要素级的时空四维信息，打破原来粗粒度的数据版本管理，从而可以轻易实现基于统一时空基准的时空变迁演进分析和展示。纳入了物联网节点及实时感知信息摘要等异构、流式数据，各种基础专题数据（如人口数据、GDP、宏观经济、社会发展指数等结构化或非结构化数据）及一些新型数据产品——这些新型数据产品可以来源于时空大数据中的某类或某几类基础数据通过数据挖掘而产生，形成新的高价值数据，如将人口流动数据、物流数据和社会经济数据融合，挖掘出当地交通对社会经济的影响指数，用于指导交通规划、优化交通管理。

这些多元的、异构的数据要进入到大数据中心，则必然需要经过数据的汇聚（将各种不同格式、协议、表现形态的数据源聚集起来）、数据处理（对这些汇聚的数据进行清洗、加工、归置、标准化、更新入库），最后提供基于统一服务标准的数据服务。

4.1.1 时空大数据类型

时空大数据揭示了几乎所有大数据都是在一定的时间和空间中产生的，与位置直接或间接相关联。大数据本质上就是时空大数据，它是现实地理世界空间结构与空间关系各要素（现象）的数量、质量特征及其随时间变化而变化的数据集的“总和”。

时空大数据主要包括时空基准数据、全球导航卫星系统（global navigation satellite system，GNSS）和位置轨迹数据、大地测量与重磁测量数据、遥感影像数据、地图数据、与位置相关的空间媒体数据等类型。

1. 时空基准数据

时空基准数据主要包含时间基准数据和空间基准数据两类。时间基准数据有守时系统数据、授时系统数据、用时系统数据；空间基准数据有大地坐标基准数据、重磁基准数据、高程和深度基准数据。时间基准是靠数十台甚至百余台高精度原子钟、铯钟的高精度时间数据来维持的，同时还有备份守时系统的数据。大地坐标基准是靠多个高精度框架点来维持的。

2. GNSS 和位置轨迹数据

1）GNSS 基准站数据

一个基准站按 1s 采样率一天得到的数据量约为 70MB，按全国 3000 个基准站计算，则一天的数据总量约 210GB。

2）位置轨迹数据

通过 GNSS 测量和手机等方法获得的用户活动数据，可被用于反映用户的位置和用户的社会偏好及相关交通情况等，包括个人轨迹数据、群体轨迹数据、交通轨迹数据、信息流轨迹数据、物流轨迹数据、资金流轨迹数据等。

3. 大地测量与重磁测量数据

大地测量与重磁测量数据包括天文点数据、GPS 和控制网数据、水准高程数据和水深数据、重力场数据、磁场数据等。其中对 1000m 格网，全国重力格网数据达 100TB，还有各类卫星重力数据和海洋重力数据。

4. 遥感影像数据

（1）卫星遥感影像数据——主要包括可见光影像数据、微波遥感影像数据、红外影像数据、激光雷达扫描影像数据。

（2）航空遥感影像数据——利用航空遥感的方式获取的影像数据。据统计，仅 0.5m 分辨率影像覆盖全国一次的数据量可达 65TB。

（3）地面遥感影像数据地面地理要素的影像数据。

（4）地下感知数据——地下空间和管线数据。

（5）水下声呐探测数据——水下地形和地貌数据、阻碍物数据。

5. 地图数据

地图数据指各类地图、地图集数据，数据量大，包括：数字矢量线划地图（digital line graphic，DLG）数据，数字栅格地图（digital raster graphic，DRG）数据，数字地形模型（digital terrain model，DTM）数据，数字高程模型（digital elevation model，DEM）数据，数字正射影像地图（digital orthophoto model，DOM）数据，世界、国家、省（区、市）、市各类（种）地图集数据，网络（站）地图数据，电子地图数据，专题地图数据，数字地面模型（digital surface model，DSM）数据。据不完全统计，全国 1∶5 万数字矢量线划地图（DLG）数据量达 250GB，数字栅格地图（DRG）数据量达 10TB，1∶1 万 DLG 达 5.3TB、DRG 达 350TB。

6. 与位置相关的空间媒体数据

与位置相关的空间媒体数据，是指具有空间位置特征的随时间变化的数字化文字、图形、图像、声音、视频、影像和动画等媒体数据，如通信数据、社交网络数据、搜索引擎数据、在线电子商务数据、城市监控摄像头数据等，如上海平安城市部署的监控摄像头为 60 万只，未来 5 年计划达到 100 万只，其中 10 万只是高清摄像头，每天产生的位置监控数据达到 PB 级。

4.1.2 时空大数据库与传统数据库比较

1. 传统数据库

原始的数据存储在文件系统之中，但是用户习惯通过数据库系统来存取文件。因为这样会屏蔽掉底层的细节，且方便数据管理。直接采用关系模型的分布式数据库并不能适应大数据时代的数据存储，主要原因如下。

（1）规模效应所带来的压力。大数据时代的数据量远远超过单机所能容纳的数据量，因此必须采用分布式存储的方式。这就需要系统具有很好的扩展性，但这恰恰是传统数据库的弱势之一。因为传统的数据库产品对于性能的扩展更倾向于纵向扩展（scale-up）的方式，而这种方式对于性能的增加速度远低于需要处理数据的增长速度，且性能提升存在上限。适应大数据的数据库系统应当具有良好的横向扩展（scale-out）能力，而这种性能扩展方式恰恰是传统数据库所不具备的。即便是性能最好的并行数据库产品其横向扩展能力也相对有限。

（2）数据类型的多样化。传统的数据库比较适合结构化数据的存储，但是数据的多样性是大数据时代的显著特征之一。除了结构化数据，半结构化和非结构化数据也将是大数据时代的重要数据类型组成部分。如何高效地处理多种数据类型是大数据时代数据库技术面临的重要挑战之一。

（3）设计理念的冲突。关系数据库追求的是“one size fits all”的目标，希望将用户从繁杂的数据管理中解脱出来，在面对不同的问题时不需要重新考虑数据管理问题，从而可以将重心转向其他的部分。但在大数据时代不同的应用领域在数据类型、数据处理方式，以及数据处理时间的要求上有极大的差异。在实际的处理中几乎不可能有一种统一的数据存储方式能够应对所有场景。例如，对于海量 Web 数据的处理就不可能和天文图像数据采取同样的处理方式。在这种情况下，很多公司开始尝试从“one size fits one”和“one size fits domain”的设计理念出发来研究新的数据管理方式，并产生了一系列非常有代表性的工作。

（4）数据库事务特性。众所周知，关系数据库中事务的正确执行必须满足 ACID 特性，即原子性（atomicity）、一致性（consistency）、隔离性（isolation）和持久性（durability）。对于数据强一致性的严格要求使其在很多大数据场景中无法应用。这种情况下出现了新的 BASE 特性，即只要求满足基本可用（basically available）、柔性状态（softstate）和最终一致（eventualy consistent）。从分布式领域著名的 CAP 理论 1 的角度来看，ACID 追求一致性 C，而 BASE 更加关注可用性 A。正是在事务处理过程中对于 ACID 特性的严格要求，使得关系型数据库的可扩展性极其有限。

上述传统数据库的特性使得用于结构化设计的空间数据处理工具和关系型数据库在管理非结构化时空数据时暴露出了很多的局限性，难以满足时空数据处理的需求。这必然导致扩展传统数据库的迫切需求。在大数据的时代背景下，传统的空间信息数据库需要逐步向存储海量化、功能开放化、处理规模化、管理集中化和客户端轻量化等方法发展。为了实现这些转化，传统的空间数据库架构必须进行相当的改变。

针对时空数据的特点，传统的空间数据库架构可以通过两种方式的扩展来满足时空大数据的要求：一方面是将时间作为事件的属性，直接扩展时间语义维形成面向对象型时空数据库；另一方面是将时间视为空间特征和专题要素的属性来处理形成扩展关系型时空数据库。面向对象型时空数据库具有对复杂时空对象更完整的描述，而扩展关系型时空数据库也有独特的优势：第一，关系数据库模型具有严格的关系代数支持，有许多现成的大型商业关系数据库可用，并且很多信息系统开始是建立在关系数据库基础上的；第二，时态数据库本身的研究较多地采用了关系模型，为关系代数扩展了时间语义，并且研究和开发了时间结构查询语言；第三，GIS 领域和空间数据库的研究很多使用了关系数据模型，如 ARC/INFO、MGE 等，越来越趋向于全关系化的存储管理，空间查询语言的研究很多也建立在关系模型基础之上。综上所述，使用扩展关系型时空数据库可以充分利用这些方面成熟的研究成果和现有系统，降低时空数据库建立的费用和开销。

2. 时空大数据库

时空大数据库是包括时间和空间要素在内的数据库系统，是在空间数据库的基础上增加时间要素而构成的三维（无高度维）或四维数据库。时空大数据库与传统的数据库相比具有动态性和全面性的特点。它包括任何历史数据，并且同样可以对其进行更新，使数据库可以成为任何一个系统和部门的完整的电子信息档案库。同时，对历史、当前和将来进行对比、分析、监测和预测预报，从而为预测预报系统、决策支持系统和其他分析系统服务。

时空大数据库是时空大数据中心的核心，而时空数据模型则是时空数据库的基础。时空数据模型研究的关键问题是如何有效的集成时间维和空间维，实现抽象化和规范化地表示时空域现实。

时空大数据库主要有两种解决方案：一是在空间数据库的基础上增加时间维；二是在时态数据库的基础上扩展空间维。由于空间数据库的研究比较成熟，充分利用 GIS 已有的空间数据模型和空间处理分析功能，这将大大减少工作量。因此，本书选择在空间数据库的基础上增加时间维的方法。由上述对传统数据库的分析可知，根据对时间信息组织方式不同，时空大数据库主要有扩展关系型时空数据库和面向对象型时空数据库两类。

时空大数据库在空间数据库的基础上增加时间要素，构成三维或四维数据库。时间维的加入大大丰富了数据库的内容，一方面会增加数据库的管理难度，另一方面海量多维的数据为空间和时间分析提供了极其广阔的舞台。

时空数据模型有两种，即基于矢量的时空数据库模型和基于栅格的时空数据库模型，它们是在传统的矢量数据模型和栅格数据模型基础上派生的。这两种模型均可处理 6 种时间和空间的变化类型并对其建模，这 6 种变化分别是：

（1）属性变化（attribute changes）；

（2）静态空间分布（static spatial distribution）；

（3）静态时间变化（static temporal changes）；

（4）动态空间变化（dynamic spatial changes）；

（5）过程的转换（mutation of a process）；

（6）实体的运动（movement of anentity）。

4.1.3 时空大数据处理相关技术

时空大数据库的构建及管理，离不开时空大数据处理技术。时空大数据处理关键技术一般包括时空大数据汇聚技术、时空大数据预处理技术、时空大数据存储及管理技术、时空大数据挖掘分析技术、时空大数据展现与应用（大数据检索、大数据可视化、大数据应用、大数据安全）技术等。

1. 时空大数据汇聚技术

时空大数据是通过测量、测绘成果转化、射频识别（radio frequency identification，RFID）射频数据汇聚、传感器数据汇聚、社交网络交互及移动互联网获取等方式汇聚的各种类型的结构化、半结构化（或称为弱结构化）及非结构化的海量数据。

时空大数据汇聚技术主要包括数据传感体系、网络通信体系、传感适配体系、智能识别体系及软硬件资源接入系统，实现对结构化、半结构化、非结构化的海量数据的智能化识别、定位、跟踪、接入、传输、信号转换、监控、初步处理和管理等。重点技术是针对大数据源的智能识别、感知、适配、传输、接入等技术。

同时，大数据汇聚技术需要基础设施的支撑，即 V 层的支撑。基础设施可以提供大数据平台所需的虚拟服务器，结构化、半结构化及非结构化数据的数据库及物联网络资源等基础支撑环境。重点技术主要是分布式虚拟存储技术和大数据获取、存储、组织、分析和决策操作的可视化接口技术，以及大数据的网络传输与压缩技术、大数据隐私保护技术等。

2. 时空大数据预处理技术

时空大数据汇聚完成后需要进行预处理，将已接收的数据进行辨析、抽取、清洗等操作，输出格式标准的，可供后续操作的有效数据。

（1）抽取：因获取的数据可能具有多种结构和类型，数据抽取过程可以将这些复杂的数据转化为单一的或者便于处理的构型，以达到快速分析处理的目的。

（2）清洗：大数据并不全是有价值的，有些数据并不是用户所关心的内容，而另一些数据则是完全错误的干扰项，因此要对数据通过过滤“去噪”从而提取出有效数据。

3. 时空大数据存储及管理技术

经过预处理的大数据，已经基本符合时空大数据库的要求，可以建立时空大数据库，用存储器把预处理后的大数据存储起来，并进行管理和调用。

时空大数据存储及管理主要解决大数据的可存储、可表示、可处理、可靠性及有效传输等几个关键问题。时空大数据存储及管理技术是指对复杂结构化、半结构化和非结构化大数据的管理与处理技术。主要包括可靠的分布式文件系统（DFS）、能效优化的存储、计算融入存储、大数据的去冗余及高效低成本的大数据存储技术，分布式非关系型大数据管理与处理技术，异构数据的数据融合技术，数据组织技术，大数据建模技术，大数据索引技术，大数据移动、备份、复制等技术，大数据可视化技术等。

4. 时空大数据挖掘分析技术

时空大数据库中管理的大数据可以进一步进行分析及挖掘等处理。

数据挖掘就是从大量的、不完全的、有噪声的、模糊的、随机的实际应用数据中，提取隐含在其中的、人们事先不知道的、但又是潜在有用的信息和知识的过程。数据挖掘涉及的技术方法很多，有多种分类法。根据挖掘任务可分为分类或预测模型发现、数据总结、聚类、关联规则发现、序列模式发现、依赖关系或依赖模型发现、异常和趋势发现等；根据挖掘对象可分为关系数据库、面向对象数据库、空间数据库、时态数据库、文本数据源、多媒体数据库、异质数据库、遗产数据库及环球网 Web；根据挖掘方法分，可粗分为机器学习方法、统计方法、神经网络方法和数据库方法。其中，在机器学习中，可细分为归纳学习方法（决策树、规则归纳等）、基于范例学习、遗传算法等。统计方法中，可细分为回归分析（多元回归、自回归等）、判别分析（贝叶斯判别、费歇尔判别、非参数判别等）、聚类分析（系统聚类、动态聚类等）、探索性分析（主元分析法、相关分析法等）等。神经网络方法中，可细分为前向神经网络（BP 算法等）、自组织神经网络（自组织特征映射、竞争学习等）等。数据库方法主要是多维数据分析或 OLAP 方法（联机分析处理），另外还有面向属性的归纳方法。

时空大数据挖掘技术从挖掘任务和挖掘方法的角度，需要着重突破以下技术难点。

1）可视化分析

数据可视化无论对于普通用户或是数据分析专家，都是最基本的功能。数据图像化可以让数据自己说话，让用户直观的感受到结果。

2）数据挖掘算法

图像化是将机器语言翻译给人看，而数据挖掘就是机器的母语。分割、集群、孤立点分析还有各种各样五花八门的算法让我们精炼数据，挖掘价值。这些算法一定要能够应付大数据的量，同时还具有很高的处理速度。

3）预测性分析

预测性分析可以让分析师根据图像化分析和数据挖掘的结果做出一些前瞻性判断。

4）语义引擎

语义引擎需要设计到有足够的人工智能以足以从数据中主动地提取信息。语言处理技术包括机器翻译、情感分析、舆情分析、智能输入、问答系统等。

5）数据质量和数据管理

数据质量和数据管理是管理的最佳实践，透过标准化流程和机器对数据进行处理可以确保获得一个预设质量的分析结果。

5. 时空大数据展现与应用技术

时空大数据挖掘分析的结果可以利用图形、图像处理、计算机视觉及用户界面，通过表达、建模，以及对立体、表面、属性及动画的显示，对数据加以可视化解释，展现给用户，辅助用户决策。

也就是说，大数据技术能够将隐藏于海量数据中的信息和知识挖掘出来，为人类的社会经济活动提供依据，从而提高各个领域的运行效率，大大提高整个社会经济的集约化程度。在我国，大数据将重点应用于以下三大领域：商业智能、政府决策和公共服务。例如，商业智能技术，政府决策技术，电信数据信息处理与挖掘技术，电网数据信息处理与挖掘技术，气象信息分析技术，环境监测技术，警务云应用系统（道路监控、视频监控、网络监控、智能交通、反电信诈骗、指挥调度等公安信息系统）技术，大规模基因序列分析比对技术，Web 信息挖掘技术，多媒体数据并行化处理技术，影视制作渲染技术，以及其他各种行业的云计算和海量数据处理应用技术等。

6. 时空大数据处理工具

随着大数据技术的发展，出现了多种大数据处理工具及框架，主流工具见表 4-1，其中 Hadoop 是目前最为流行的大数据处理平台。Hadoop 最先是 DougCuting 模仿 GFS，MapReduce 实现的一个云计算开源平台，后贡献给 Apache。Hadoop 已经发展成为包括文件系统（HDFS）、数据库（HBase、Casandra）、数据处理（MapReduce）等功能模块在内的完整生态系统（ecosystem）。某种程度上可以说 Hadoop 已经成为大数据处理工具事实上的标准。

表 4-1　大数据工具列表

Category		Examples
Platform	Local	Hadoop，MapR，Cloudera，Hortonworks，InfoSphere，BigInsights，ASTERIX
	Cloud	AWS，Google Comoute Engine，Azure
Database	SQL	Greenplum，Aster Data，Vertica
	NoSQL	HBase，Cassandra，MongoDB，Redis
	NewSQL	Spanner，Megastore，F1

续表

Category		Examples
Data Warehouse		Hive，HadoopDB，Hadapt
Data Processing	Batch	MapReduce，Dryad
	Stream	Storm，S4，Kafka
Query Language		HiveOL，Pig Latin，DryadLINO，MROL，SCOPE
Statistic and Machine Learning		Mahout，Weka，R
Log Processing		Splunk，Loggly

4.2 时空大数据中心体系架构

笔者认为，大数据的汇聚及预处理、存储管理、分析挖掘、可视化、呈现与应用等大数据处理技术共同形成了大数据的生态链，贯穿了大数据的整个生命周期。

4.2.1 大数据生态体系

在大数据生态链中，数据的汇聚和分享是生态链的源头，是海量数据的来源；数据的存储是对数据资源的管理，通过对已收集的数据进行有效的汇总和组织，为数据的处理和应用创造基础；数据处理是最核心的环节，它通过对大数据的智能分析处理，将数据中蕴藏的信息、知识和智慧提炼出来，没有高质量的数据处理，大数据的应用就无从谈起；数据可视化（呈现）和数据应用是与数据分析紧密关联的重要环节，数据可视化是将数据分析的结果利用各种直观的形式展现给用户，使得用户能够更清晰、方便、深入地理解数据分析结果并加以使用；数据应用将数据分析过程得到的新规则、新信息应用于各个不同的领域，以求最大化地发挥数据分析成果的功能和大数据的作用。大数据生态链如图 4-1 所示。

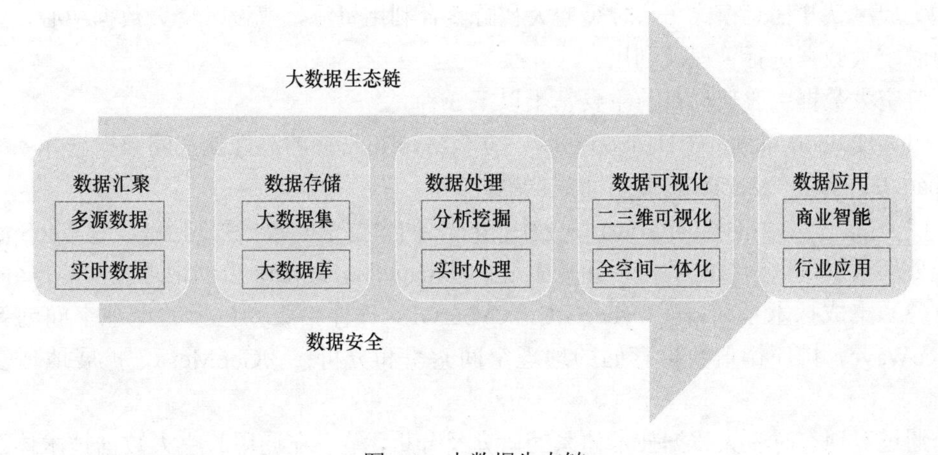

图 4-1　大数据生态链

大数据技术系统的处理流程大致可分为汇聚、存储、处理、可视化、大数据应用五个阶段，数据安全贯穿数据的整个生命周期。生态链各个环节上的厂商一起构成了大数据的生态系统。从企业角度来看，大数据产业生态链的底层是平台商，主要提供软硬件设备。而上层是服务商，包括进行数据处理的服务商和数据应用的服务商。目前国内各地纷纷上马的数据中心，建设了计算机系统和与之配套的通信和存储系统、数据通信连接设备、环境控制设备、监控设备等，但都属于软硬件平台商，位于大数据生态链底层，科技含量和产业附加值低于上层的服务商。发展大数据产业应该是发展全生态链，尤其要注重提高科技含量，降低能耗。因此，应大力发展生态链的上层，着重促进大数据处理、分析挖掘、应用等技术产业化。

由于大数据为企业带来了良好的发展环境和众多创业机会，大量新兴企业和创业企业纷纷涌现，传统 IT 企业也在大数据领域频频发力，开发了各具特色的大数据处理平台，如 Google、Amazon、IBM 等企业，实现了 Hadoop、MongoDB 等多个开源项目。

由于大数据要处理大量的、非结构化的数据，所以在各个处理环节中都可以采用并行方式进行处理。目前 MapReduce 等并行方式已经成为大数据通用的处理方法，MapReduce 分布式方法最先由 Google 设计。Hadoop 是一个实现了 MapReduce 模式的开源的分布式并行编程框架，已经成为大数据处理各个环节的工具普遍采用的架构。因此 Hadoop 相关产品已经成为大数据生态环境中不可或缺的一环，Amazon、微软、IBM、甲骨文等传统 IT 巨头纷纷提供了基于 Hadoop 的商业化产品，为企业提供大数据处理平台。

作为企业级数据仓库体系结构核心技术，Hadoop 相关的大数据处理平台在未来数年中将会保持持续增长的势头，除了 IBM、微软等传统 IT 企业，MapR、Zettaset、Cloudera、HStreaming、Hadapt、DataStax、Datameer 等新公司也已经获得投资，将为大数据生态系统增添新的产品。

4.2.2 时空大数据中心架构

把空间数据融入到大数据生态体系中，就形成了时空大数据生态体系。在时空大数据生态体系中，为了适应时空数据的特点，需要以时空为主线进行信息空间重建，从时空的大尺度认知信息模式，从时空的大视野整合利用资源，建设时空大数据中心，更好地对时空大数据进行管理及利用。

时空大数据中心架构目前主要基于以下 3 种。

（1）Hadoop 系列：①Hadoop-GIS，基于 MapReduce 的高性能空间数据仓库系统；②SpatialHadoop，MapReduce 空间数据框架。

（2）Spark 系列：①SpatialSpark，使用 Spark 的大型空间数据处理流程；②GeoSpark，用于处理大规模空间数据的集群计算系统；③magellan，Spark 上的地理空间数据分析。

（3）集成技术系列：①CyberGIS，CyberGIS 软件集成为持续的地理空间创新；②GeoWave，排序键值数据存储的地理空间索引和分析；③GeoMesa，扩展地理空间分析。

通过对现有时空大数据技术体系的研究及分析，笔者在通用时空大数据技术体系的基础上，依托云 GIS 平台，提出了时空大数据中心的技术架构与构建思路，以实现对时空大数据的分布式存储、分析处理、可视化呈现和应用。时空大数据中心的技术架构基于 Hadoop 分布式文件系统、HBase 分布式数据库、Spark 分布式内存计算框架等相关分布式技术框架实现。

时空大数据中心借鉴时空云平台的层次架构，基于 Hadoop 分布式框架，集成分布式存储、分布式内存计算等大数据处理技术，实现了多源异构大数据的存储与计算基础服务等。对应于 T-C-V 软件结构，时空大数据中心核心部分分为时空大数据存储层、时空大数据处理层、时空大数据工具层、时空大数据服务层、时空大数据应用层五个主要层次，时空大数据中心整体结构如图 4-2 所示。

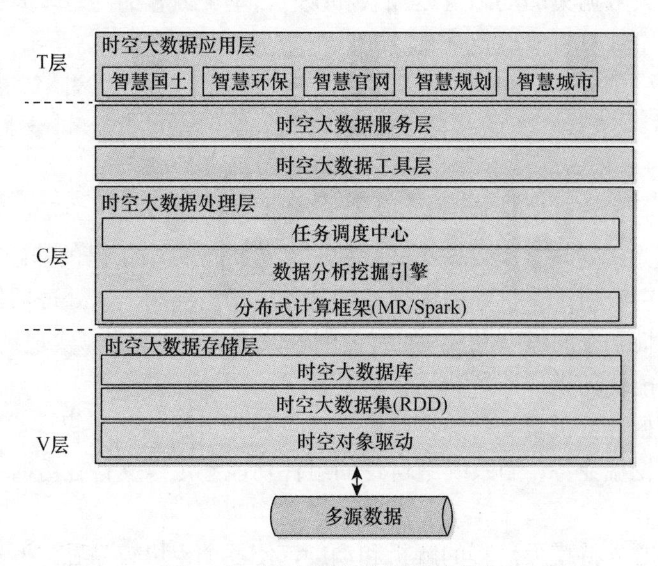

图 4-2　时空大数据中心整体结构

1. 时空大数据存储层

时空大数据存储层分为时空大数据集和时空大数据库，时空大数据集支持时空对象持久化到本地文件系统、共享网络文件、分布式文件系统、分布式 NoSQL 数据库等，通过将时态对象、文档对象、关联对象等时空数据以对象形式持久化到多源存储系统中。时空大数据库提供库的基本管理功能。

时空大数据存储层的核心是时态对象数据集、文档对象数据集、关联对象数据集等。时空大数据集在 Hadoop、HBase、File、Nas、ElasticSearch 等多源分布式系统下的基本存储管理和高效索引功能的实现。

对于每一种存储源，都有其特性和独有使用场景，如 Hadoop 支持处理大文件，不支持随机读取，故适合归档时空大数据集的存储；HBase 支持随机读写，只支持 RowKey 索引，故可用在数据修改频繁的场景；ElasticSearch 存储和索引效率很高，但对点数据支持的最好，其他复杂几何效果较差，主要用于点数据的场景。

时空大数据存储层采用抽象技术，松耦合集成了不同特性的存储源，因此在应用时需针对场景选择最适合的存储源。在查询分析场景下使用时空大数据集，需要对数据的时间、几何、属性等内容进行解释，因此，时空大数据集支持对数据进行描述，称为数据模式，同一个时空大数据集支持多种数据模式，若无特殊指定，系统使用默认的数据模式，且数据模式可根据使用场景预先定义，亦可延迟绑定定义，较为灵活。

时空大数据存储在基于虚拟化（V）技术的云引擎的支撑下，使存储资源具有池化、灵活等弹性特征，从而满足各种运用端压力陡增的场景，使存储资源得到更充分的利用。

2. 时空大数据处理层

时空大数据处理层主要包含分布式计算框架、分布式计算引擎、任务调度中心。

分布式计算框架以Spark框架为技术基础，基于其开发完成，在Spark框架中，以弹性内存分布式数据集为核心，扩展实现了时态对象数据集、文档对象数据集、关联对象数据集等时空大数据集的动态延迟加载和缓存，基于内存的计算，大大提升了时空计算的性能，为时空计算引擎奠定基础。

分布式计算引擎分为空间几何计算引擎、实时时空数据计算引擎、数据挖掘分析引擎，系统在分布式计算框架的基础上集成空间几何计算引擎，以支持空间关系判别与计算。

（1）空间几何计算引擎是基于Spark实现的算子，支持几何关系计算和几何操作等基础空间原子计算，为时空大数据集间裁剪、聚合等分析场景提供基础支撑。

（2）实时时空数据计算引擎提供灵活的输入、输出控制器、处理器等组件，通过输入控制器中的属性和空间过滤功能，能有效的过滤不相关的数据，实现地理围栏等功能，通过组合组件，能快速搭建业务数据处理功能。

（3）数据挖掘分析引擎支持数据清洗、建立模型分析、结果提取等数据处理流程，能快速搭建数据挖掘业务，当系统中自带的组件功能不足以支持业务时，可扩展定制系统中的功能组件。

任务调度中心支持模板流程的解析和调度，使各个模块较为独立开放，能极大集成第三方开发的功能算法库和组件。

时空大数据处理层属于T-C-V软件结构的云计算层（C层）。

3. 时空大数据工具层

时空大数据工具层主要包括数据集成ETL工具、服务配置工具、可视化工具等。

数据集成ETL工具支持数据导入导出等数据管理功能，ETL工具使用抽取、转换等技术手段，支持关系型业务数据、实时流数据、归档文档、传统空间数据库等多源异构数据集成。通过集成ETL工具，可使数据汇聚到时空大数据存储中心，进而使用时空大数据相关功能服务，同时，在汇聚的过程中支持对处理的定制，如业务数据空间化处理、实时流数据过滤等。

服务配置工具支持服务快速构建，支持对存储服务、查询服务、计算服务等服务中配置项的修改。

可视化工具管理时空大数据系统中数据和功能组件，支持结果的展示。可视化工具使用前端框架，渲染大数据分析的结果，使用图形化的方式将分析结果表达出来，支持常用的统计柱状图、饼图、散点图、关联关系图谱、热力图、分布图、聚合图、密度图等。

4. 时空大数据服务层

时空大数据服务层采用面向服务的方式，引入服务网关，适配各类服务，负载均衡相同的服务，形成微服务架构，从而松散集成时空大数据集存储、查询检索、数据清洗、数据汇聚、分析挖掘及任务调度等服务，为支撑云环境下使用的场景，引入服务引擎，支持在云端快速部署集群环境，满足多用户隔离使用的场景。

时空大数据服务层提供数据服务、处理服务、分析服务三大服务，数据服务支持时空大数据库中数据管理的功能，如读取、查询检索等，其中根据所选的存储源，管理功能有一定差异。时空大数据处理服务提供数据处理功能，通过选择数据处理引擎中内置处理功能，能快速构建数据处理服务，针对从海量智能设备汇聚的实时数据，系统提供实时数据处理服务，以对实时数据进行接收处理；时空大数据分析服务提供数据分析服务，通过选择内置的功能，能快速构建数据分析服务，并提取分析结果集。

时空大数据工具层、时空大数据服务层属于 T-C-V 软件结构的云计算层（C 层）。

5. 时空大数据应用层

时空大数据应用层将时空大数据处理分析的结果以数据服务的形式提供给上层进行应用，并以时空多维一体可视化的形式在 PC 端、Web 端、移动端展现，可以应用于多个行业，为社会大众及专业人士提供通用服务及专题服务，如智慧城市、智慧国土、智慧市政等。

第5章　云环境下时空大数据平台构建

第4章阐述了时空大数据中心的体系架构，可以看出，建设时空大数据中心的重点在于时空大数据库的构建及对库中大数据资源的分布式管理技术，本章将介绍时空大数据库的构建流程和时空大数据的管理、分析挖掘、可视化等关键技术。

5.1　时空大数据库构建

由第4章可知，大数据技术系统的处理流程大致可分为汇聚、存储、处理、可视化、大数据应用五个阶段，因此，时空大数据库的构建也应该包括时空大数据汇聚、时空大数据存储、时空大数据处理三个阶段，时空大数据库构建完成后，可以在其上进一步开展时空大数据挖掘分析、时空大数据可视化、时空大数据应用等。

5.1.1　时空大数据汇聚

时空大数据中心可以管理海量多源异构数据，包括空间数据和其他数据。空间数据用来表示空间实体的位置、形状、大小及其分布特征诸多方面信息，它可以用来描述来自现实世界的目标，具有定位、定性、时间和空间关系等特性。其他数据则包括属性数据、目录数据、文本数据、图像数据、多媒体数据等多种格式的数据。

1. 多源数据汇聚集成

1）大数据汇聚需要解决的问题

大数据汇聚与传统数据采集的核心意义是一致的，传统采集的数据具备一定的结构性，生成频率具有规律性，处理规则相对简单。但是大数据汇聚要面对体态更庞大的数据集，需要解决数据的全量接入、数据的融合计算、群集的高效管理这三方面的问题，才能确保大数据汇聚的成功。

2）大数据汇聚的建设目标

大数据的发展改变了 IT 系统的建设方式，从以数据用于计算的传统方式，向以提高计算能力服务于数据的方式转变。为顺应这个发展趋势，提出以“数据的全量汇聚为基础，数据的融合计算为核心”的系统模型来建设大数据汇聚中心，以其高效的数据汇聚能力与数据计算能力，为企业的运营提供服务与支撑（夏文忠，2015）。

从物理层面看，大数据汇聚中心可以采用异构的组网模式。数据的计算，由廉价的刀片式服务器或者虚拟主机作为计算节点，以此构建数据计算群集；数据的存储，可由计算节点的本地磁盘、存储阵列、分布式文件系统（如 HDFS、CFS、GLUSTERFS 等）、网络附属存储（network attached storage，NAS）等组成，以此构成数据存储群集。

从系统层面看，大数据汇聚中心在物理层面的数据计算群集和数据存储群集需要统一管理，从功能上可划分为中枢管理群集和枢纽服务群集。中枢管理群集，起到中枢神经的作用，管理着群集中所有类型的节点；枢纽服务群集，作为服务的提供者，接受中枢管理群集的管理，需要与数据、应用交互，提供数据的接入服务、数据的处理服务、数据的交付服务。

3）大数据汇聚的关键技术

A. 数据的接入技术

从时空大数据组成来看，传统的空间数据，多存储在空间数据库中；非结构化数据，多以文件作载体；实时数据，则多以数据流作载体。

结构化采集适用于汇聚空间数据库中的结构化数据；非结构化采集适用于汇聚以文件作载体的数据；流式采集适用于汇聚物联网的高时效性数据。流式采集，需要大数据汇聚中心与数据网元约定统一的流式接口，大数据汇聚中心向数据网元发送数据订阅请求，等待数据网元返回的数据订阅响应，大数据汇聚中心根据消息格式进行解析、校验流消息，将合法的消息转换为内部格式的事件，推送给数据交付模块，同时，将消息备份写入分布式文件系统。

B. 大数据的汇聚技术

时空大数据中心将多种类型实时数据汇聚到系统里，包括能将物联网产生的大量实时数据流快速接入，可将无人机采集并处理的正射影像、DSM、倾斜摄影测量等各种成果接入，可接入北斗数据、卫星遥感数据、航拍、视频、传感器、街景等多种实时 GIS 数据。

时空大数据中心支持多种数据库的数据：关系型数据库包括 SQL Server、Oracle、Sybase、DB2、达梦等；非关系型数据库包括 Hbase、MongoDB、Redis 等。

时空大数据中心开发并集成了多个大数据汇聚工具，如下所述。每种工具配有相应支持，可以汇聚不同类型的数据，通过这些数据集成工具实现海量多源异构数据的集成。

（1）JDBC：连接 Java 数据库。

（2）Flume：在 Hadoop 中加载数据的框架，指定用于需要从事件日志、系统日志、Web 点击和类似来源收集、聚合日志数据流，并将其写入 HDFS 的场景。

（3）Sqoop：用于将非 Hadoop 数据存储（如关系数据库和数据仓库）中的数据迁移至 Hadoop，用于关系数据库管理至 HDFS 数据迁移，反之亦然。

（4）命令行 HDFS“put 文件”：用于简单、直接的文件负载，在这种文件负载中，数据已被发送至大数据环境，无需连接或转换。

（5）ETL 工具：用于 Sqoop 和 Flume 等其他数据获取生态系统未支持的复杂使用案例，供预处理工作繁重和转换工作复杂的业务部门或单位使用。ETL 工具能够准备数据文件，可将数据加载至 HDFS。

（6）容量调度程序：用于防止容量对多实体虚拟机运作的 Hadoop 环境产生影响。使用容量调度程序管理工作负载，分配某个地图并减少每个项目的插槽。

（7）Mahout：数据挖掘库，采用集群、回归测试和统计建模中最常用的数据挖掘算法，并使用 MapReduce 模型实施这些算法。

（8）ZooKeeper：集中服务，用于保持配置信息和命名，并提供分布式同步和组服务。

时空大数据中心通过一系列提取、转换、加载工具（ETL 工具），可以集成关系型数据库、非关系型数据库和文件系统，可以将多源、异构的数据资料进行有效的整合，实现不同类型数据的有效集成，形成内容库，使海量多类型数据能够有效地保存、检索和应用。

2. 实时数据汇聚集成

时空大数据中心的实时数据汇聚以事件驱动模型为主，支持空间要素、位置信息、RSS（really simple syndication，是一种描述和同步网站内容的格式）、日志、文件等多源实时数据汇聚，支持 TCP、UDP、HTTP 等传输通道，支持实时数据处理，如属性计算、阀值预警等，支持扩展处理规则，支持实时数据处理结果存储和展示，支持 HDFS、HBase、MapGIS 多种存储方式。

实时数据汇聚以消息队列为核心，通过 flume 工具收集 Web 日志、手机 GPS、传感器等各种来源的数据流，首先汇聚到消息队列缓存中，当达到一定量级或时间节点时，最终批量转换到时空大数据库中。

3. 数据预处理

测绘遥感的空间数据有严格的产品标准和生产技术规程，而社会感知的非空间数据没有标准规范，模态多样、杂乱无章，如何梳理成可信的数据是一大挑战。若信息数据和空间数据两类数据要进行融合，需要解决数据量不一致、时空尺度不一致、精度不一致、可靠性不一致的问题。

因此，多源异构数据和实时数据汇聚接入服务器后，需要经过一系列数据预处理才能进行数据管理及利用，数据预处理是数据挖掘至关重要的环节。笔者认为，时空大数据的预处理应包括以下步骤。

1）数据抽取

数据抽取是数据进入大数据库的第一个步骤，它负责数据的迁移。由于大数据中心是一个独立的数据环境，它需要能访问各种不同数据类型和数据存储方式的数据，并通过抽取过程将数据从各种类型数据的数据源中导入到大数据中心。数据抽取的方式有增量抽取和全量抽取等。数据抽取在技术上主要涉及互连、复制、增量、转换、调度和监控等方面。数据抽取可以定时进行，但多个抽取操作执行的时间、相互的顺序对大数据中心中信息的有效性至关重要。

2）数据清洗

随着数据量急剧增加，数据质量问题是制约大数据中心应用的“瓶颈”之一，特别是在进行大数据集成时，由于录入数据源的复杂性，其中包括滥用缩写词、数据输入错误、数据中的内嵌控制信息、重复记录、丢失值、拼写变化、过时的编码等，给数据集成和时空大数据库的创建与维护都带来非常大的困难。因此，数据在入库前应该提供入库清洗，以确保时空大数据库中数据的一致性和准确性。

A. 数据清洗内容

数据清洗是消除数据的错误和不一致、解决对象标识的过程。数据清洗并不是简单地用优质数据更新记录，它还涉及数据的分解与重组等，它是提供高质量数据的重要保证。空间数据的清洗处理内容包括以下六方面。

（1）数据探查：了解和分析数据源，将数据加载到时空大数据库前防止出现数据质量问题。

（2）数据标准化：统一数据的时间基准和空间基准，将数据转换为符合行业标准的数据。

（3）字典表建立：根据需加载到时空大数据库中的数据建立数据字典。

（4）码清洗：对一些位置上出现无自然语义的控制符等所形成无意义的乱码进行清洗。

（5）脏数据修改：对不符合标准的数据修改和对冗余数据的删除等处理。

（6）数据匹配：检查来自不同数据源的数据语义、命名等方面是否匹配。

B. 数据清洗步骤

（1）数据分析阶段：对数据进行分析，将存在质量问题的数据被保存到问题元数据库中。

（2）定义清理阶段：为每一个错误选择清理方法后需要使用一种方法来描述，同时将这些表述放到执行描述库中，以便清理执行机可以自动地执行这些清理。

（3）执行清理阶段：利用清理执行机进行数据清洗。

C. 数据清洗原则

（1）面向主题原则：数据清洗根据不同的主题进行相应的清洗处理。

（2）将数据处理成有意义的原则：清洗处理后的数据一定是具有某种意义。

（3）效率原则：数据清洗要求具有较高的处理效率。

D. 数据清洗要求

a. 支持可扩展的清洗机制

时空大数据库提供通用的数据清洗（包括脏数据修改、数据检查、乱码清洗等）工具，将脏数据转化为满足数据质量要求的数据。同时，提供可扩展的清洗机制，即提供支持特定业务数据的自定义清洗规则，如插件形式、基于工作流的流程等扩展形式的清洗功能。

数据的清洗流程采用“分层”的设计思想，即前面的处理层为后面的处理层提供相对“干净”的数据，后面的处理层基于前面的做进一步的清洗。

b. 支持元数据管理

在整个数据清洗的过程中，提供元数据管理。数据的清洗规则存于元数据库中，以提供调度程序调度执行，以及后续的跟踪和修改，即用户可以分析和逐步调整数据清洗过程，同时用户可以控制过程，实现工具和用户之间的交互。另外，元数据库中还应有日志元数据信息，记录各数据清洗规则的执行情况，以供用户查看。

c. 支持交互性

交互性既体现在向用户提供定义清洗规则的图形用户界面（graphical user interface，GUI），并且让用户很容易处理执行中的异常，以及跟踪和修改清洗的过程，又体现在对清洗规则的执行方式上。由于清洗过程和数据的清洗过程都被记录在元数据库中，所以用户还可以对数据清洗过程进行调整，以对数据进行更好的清洗，直到满足时空大数据库对数据质量的要求为止。

3）数据加载

数据加载是将从多源数据库中提取的数据经过通用数据清洗和业务数据清洗后的面向主题的高质量数据信息通过大数据中心目录服务加载到目录系统中，形成目标数据库的过程。其中，目录服务提供了数据资源录入的目录系统的标准，用户可按相应规则将数据加载到时空大数据库中进行统一集成管理。

时空大数据经过预处理后存入分布式数据库，可以实现结构化数据及非结构化数据的分布式存储和读写。时空大数据中心对时空大数据的这种汇聚整合为时空大数据的处理分析提供了先决条件。

4）文本数据预处理

上述数据预处理的流程具有普适性，适合多种格式的数据预处理，但是涉及对文本数据预处理时，由于文本数据的特殊性，会首先对文本数据进行分词处理等操作。预处理流程如图 5-1 所示，接下来将详细阐述文本数据预处理的流程。

在进行文本挖掘处理时，会对文本数据预处理，预处理主要包括文本分词、文本特征提取、文本向量化、文本归一化、文本预处理实现，预处理完成后才能进一步进行非结构化文本数据挖掘。

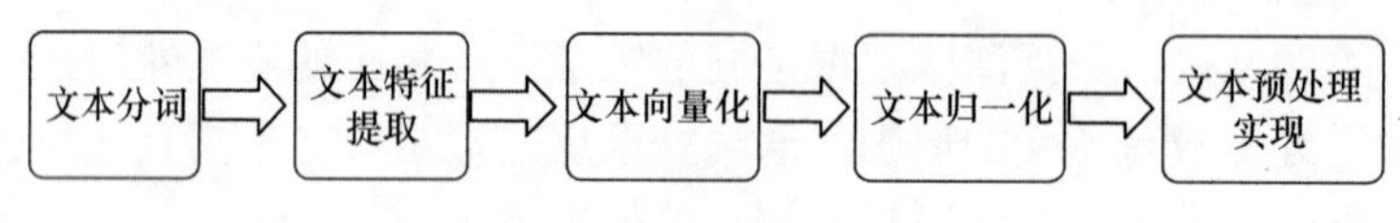

图 5-1　文本预处理流程

A. 文本分词

中文分词（chinese word segmentation）指的是将一个汉字序列切分成一个一个单独的词。分词就是将连续的字序列按照一定的规范重新组合成词序列的过程。常用的分词技术有基于词库匹配、基于词频统计、基于理解的分词（魏光泽，2016），对于地理信息资料又存在地理行业特定的词汇，中文分词对非结构化空间数据检索具有重要作用，大部分情况下分词的精细程度决定了检索结果的准确程度，因此要实现时空数据挖掘，对分词技术的研究是必不可少的一项。时空大数据平台实现了基于动态词典的分词子系统，应用于非结构化时空数据挖掘中。

结合词典匹配、停用词、词频统计、未登录词识别（朱明强，2012）等分词相关技术，实现了时空大数据分词方案，整个方案中使用了多种分词算法，从原始档案内容库中提取文本，以基于词典的分词技术为核心，词频分词技术识别新词为辅，提供接口实时合并外来多源词典的方法，实现地理信息文本的分词，且将分词后形成的词条建立倒排索引，存储到索引库中，供后续检索或其他功能使用。

采用多种方式结合的方式，有助于减弱单一方式分词的不足，使用分词速度最快的基于词典的方式为核心，能保证分词性能的实时性。

B. 文本特征提取

特征提取是指从原有较多、杂乱的特征（词汇）中提取出少量具有代表性的特征，但特征的类型没有变化（词汇）；或者从原有的特征（词汇）中重构出新的特征（不一定是词汇），新的特征具有更强的代表性，且耗费更少计算资源的过程。特征提取包含特征抽取和特征选择。特征抽取通常是通过构造一个特征评分函数，把测量空间的数据投影到特征空间，得到在特征空间的值，然后根据特征空间中的值对每个特征进行评估，这可以看作是从测量空间到特征空间的一种映射或变换。特征选择是根据特征评估结果从中选出最优的且最有代表性的特征子集作为该类的类别特征。特征提取是文本集共性与规则的归纳过程，是文本分类中最关键的问题，它可以降低特征空间的维数，从而达到降低计算复杂度和提高分类准确率的目的，常用的文本特征提取方法有文档频率（DF）、信息增益（IG）、互信息（MI）、开方检验（CHI）等，CHI 和 IG 算法性能最佳，DF 次之，且和 CHI、IG 相差不大，MI 较差，DF 计算简单，性能较高。在非结构化空间数据挖掘系统中结合 TF 和 DF 的方式，采用 TF-IDF 的方法进行文本特征提取。

C. 文本向量化

在文本挖掘中，常见的文档模型有布尔模型、向量空间模型、概率模型、图空间模型。布尔模型是一种建立在经典的集合论和布尔代数基础上的简单检索模型，该模型文本表示很不精确，不能反映特征项对文本的重要性，缺乏定量的分析，过于严格，缺乏灵活性。向量空间模型则将文档视为一个矢量点，文档被看作一系列无序词条的集合，对应每个词上的一个权值；概率模型是一种基于概率排队原理的文本表示模型，对于用户给定的查询，概率模型计算所有文档的概率，并按照文档概率的大小对文本进行降序排列；图空间模型则是用图的形式反映特征间的相邻关系和次序关系，将特征的信息用二维平面的局部能量和全局能量表示，该模型需要进行复杂的图计算处理，计算速度较慢。在非结构化数据挖掘中采用经典的向量空间模型进行分析处理。

D. 文本归一化

在进行实际运算的时候要把文本向量进行归一化操作，归一化过后向量变成了单位向量，这样做的目的是为了减轻文本的不同长度对文本相似度计算结果的影响。归一化有线性函数方式和中心化方式两种，线性函数是采用一个线性函数映射，将向量元素转化为[0，1]区间内的值，从而去除数值量纲的影响。中心化法则用在数据呈现一定的分布规律，用标准差的方式将其归一化到[0，1]区间上计算，归一化后再计算，有助于提升计算精度。

E. 文本预处理实现

在非结构化数据挖掘中，基于 MapReduce 分布式计算框架，采用向量空间模型来对文本进行向量化计算，之后以向量的方式进行相似度、聚类等分析。

5.1.2 时空大数据存储

时空大数据中心将多源异构数据和实时数据存储在时空大数据库，以 Rest 服务的方式提供时空对象的分布式存储和管理功能。基于分布式文件系统、分布式 NoSQL 数据库和分布式图数据库相关技术，提供结构化和非结构化时空数据存储支撑平台，结合空间数据库管理矢量、瓦片、遥感影像、三维等空间数据，基于分布式图数据库提供空间与非空间数据之间关联的存储。

时空大数据存储层的总体结构如图 5-2 所示，主要分为时空大数据库、时空大数据集、时空对象驱动、多源时空数据等。

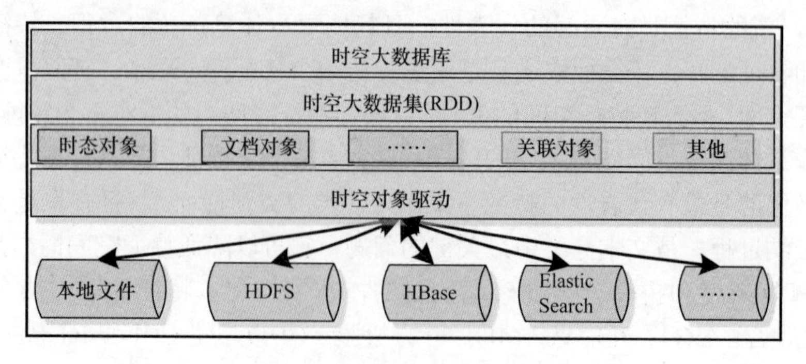

图 5-2　时空大数据存储结构

时空大数据存储支持时空大数据库管理功能，支持建立、删除库，支持文档、实时流、矢量、关联对象的存储和管理，支持时空对象数据集元信息描述，元信息包含名称、数据列表、数据字段及类型、空间、时间等，支持元信息延迟绑定。

1. 时空大数据存储框架

时空大数据存储框架中具有代表性的是 Hadoop 体系及 Spark 生态系统。

1）Hadoop 体系

目前，Hadoop、MapReduce 这类分布式处理方式已经成为大数据处理各环节的通用处理方法。

虽然 Hadoop 提供了很多功能，但仍然应该把它归类为多个组件组成的 Hadoop 生态圈，这些组件包括数据存储、数据集成、数据处理和其他进行数据分析的专门工具。一个典型的 Hadoop 生态系统主要由 HDFS、MapReduce、Hbase、Zookeeper、Oozie、Pig、Hive 等核心组件构成，另外还包括 Sqoop、Flume 等框架，用来与其他企业融合，Hadoop 体系见图 5-3。

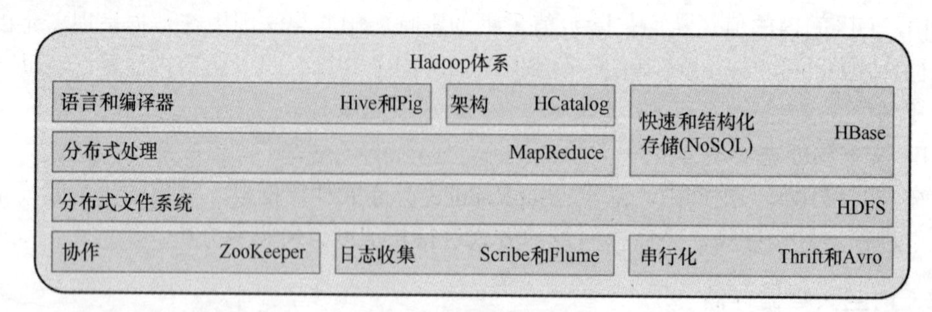

图 5-3　Hadoop 体系

Hadoop 提供 MapReduce 计算框架对 HDFS 上的分块数据进行分布式计算，其实现采用了计算向数据迁移的模型，减少数据在分布式环境中的迁移，提升并行效率。HBase 是基于 HDFS 实现的分布式、面向列的数据库，提供快速随机访问海量结构化数据的功能，弥补了 HDFS 对小数据量随机读写的缺点。

2）Spark 生态系统

Spark 是基于 HDFS 的分布式内存计算框架，架构见图 5-4。Spark 提供比 MapReduce 快百倍的计算能力，支持交互式计算和复杂算法，其高级 API 剥离了对集群本身的关注，使得 Spark 应用开发者可以专注于应用所要做的计算本身。Spark 提供强大的内存计算引擎，几乎涵盖了所有典型的大数据计算模式，包括迭代计算、批处理计算、内存计算、流式计算（Spark Streaming）、数据查询分析计算（Shark）及图计算（GraphX）。

未来相当长一段时间内，主流的 Hadoop 平台改进后将与各种新的计算模式和系统共存，并相互融合，形成新一代的大数据处理系统和平台。同时，由于有 SparkSQL 的支持，Spark 既可以处理非结构化数据，又可以处理结构化数据，为统一这两类数据处理平台提供了非常好的技术方案，成为目前的一个新的趋势。

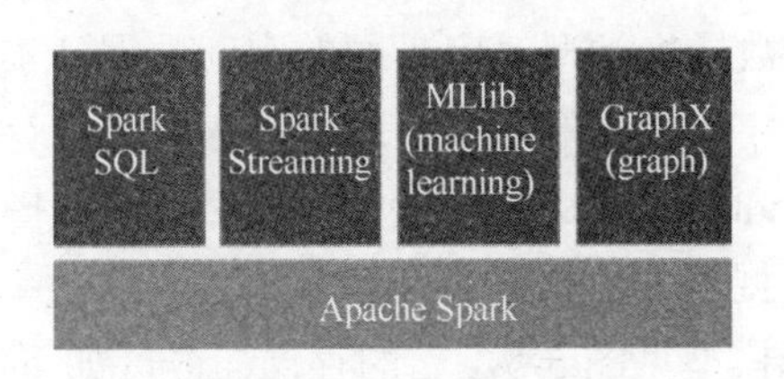

图 5-4 Spark 架构

2. 多源时空数据

存储源是时空对象存储的地方，时空对象支持的存储源包含分布式文件系统、本地文件系统、NAS 网络共享存储系统、非结构化数据库等。

时空对象主要包括结构化与非结构化的行业空间数据、行业文档数据、行业关系数据等，包括时间、空间、专题属性三维信息，具有多源、海量、更新快速的综合特点。

3. 时空对象驱动

时空对象驱动负责将时空对象持久化存储到对应的存储源上，根据创建的数据集的类型，驱动层负责持久化的调度。驱动层提供从多源存储源中读取或存储时空对象的功能，支持本地文件、分布式文件、分布式非结构化数据库、网络共享文件等，扩展性较强。

4. 时空大数据集

数据集指的是由大量某一种特定类型的条目、数据块或小文件（记录）组成的数据集合。这些数据集普遍具有以下特点：数据集操作以记录为单位，数据读取与写入都是按照记录进行，数据集各记录为独立的实体，没有关联关系，组成数据集的记录较小，通常为数千字节到几兆字节，但数据集规模都较大，通常为几百兆、几吉条记录，数据集中的记录一般是历史业务数据或分析实验用数据，记录一旦写入，很少再修改，可以看成是近似的只读数据。

时空大数据存储以时空大数据集为抽象，分布式架构为基础，将非结构化文档数据、传统矢量时态数据、遥感影像数据等映射为时空大数据集，并通过时空大数据集的抽象接口，将数据对象本身序列化存储到各种分布式存储系统中，从而提供对时空大数据集分布式计算的能力。

时空大数据集包含基本信息和属性特征，系统中引入大数据集模式来对基本信息和属性字段进行描述，大数据集模式是对时空大数据集进行定义的描述性元信息，也称为时空大数据集元信息，用于上层各种场景，如查询、分析等场景，大数据集模式采用延迟绑定的方式，针对不同的表达方式，可描述部分，也可描述全面，一个数据集可支持多个大数据集模式对其描述。

基于 Spark 弹性数据集的扩展，笔者及研究团队设计了一种高效的分布式内存弹性空间数据集 GeoRDD，这种空间数据集是对空间大数据集分布式内存的抽象使用，实现了以操作本地集合的方式来操作分布式数据集的抽象实现。

GeoRDD 是时空大数据库的核心部分，它表示数据集已被分区，并能够被并行操作的数据集合，不同的空间数据集类型对应不同的空间数据集实现。GeoRDD 可以缓存到内存中，每次对空间数据集操作后的结果，均可以存放到内存中，下一个操作可以直接从内存中输入，与 MapReduce 相比，减少了大量的磁盘 IO 操作，对于空间迭代运算、交互式空间数据分析和挖掘等大数据量复杂计算的场景，效率提升比较大。

GeoRDD 的存储计算模型见图 5-5，它的存储与分区如下。

（1）用户可以选择不同的存储级别存储 RDD 以便重用。

（2）当前 RDD 默认是存储于内存，但当内存不足时，RDD 会缓冲到硬盘。

（3）RDD 在需要进行分区把数据分布于集群中时会根据每条记录 Key 进行分区（如 Hash 分区），以此保证两个数据集在 Join 时能高效。

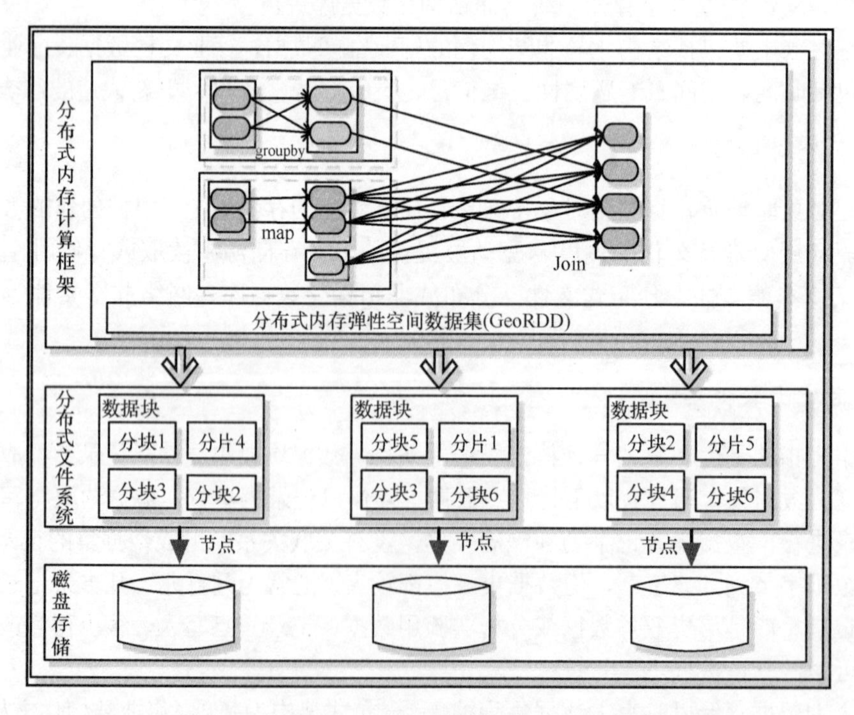

图 5-5 分布式内存弹性空间数据集存储计算模型

GeoRDD 的优势如下。

（1）RDD 只能从持久存储或通过 Transformations 操作产生，相比于分布式共享内存（DSM）可以更高效实现容错，对于丢失部分数据分区只需根据它的 lineage 就可重新计算出来，而不需要做特定的 Checkpoint。

（2）RDD 的不变性，可以实现类 Hadoop MapReduce 的推测式执行。

（3）RDD 的数据分区特性，可以通过数据的本地性来提高性能。

（4）RDD 都是可序列化的，在内存不足时可自动降级为磁盘存储，把 RDD 存储于磁盘上。

根据不同的数据类型，时空大数据集分为文档对象数据集、时态对象数据集、关联对象数据集三大类。

1）文档对象数据集

文档对象是指非结构化的文档，即数据结构不规则或不完整，没有预定义的数据模型，不方便用二维逻辑表来表现的文档型数据。文档对象包括原始文档、基本属性特征、扩展属性特征三部分，其中原始文档和基本属性特征是必备的，扩展属性特征不是必须的，扩展属性特征可以使用工具从数据中提取，亦可从其他数据中抽取转换而来。

文档对象数据集是由多个文档对象构成的集合，其中文档对象以原始文档格式存放到文件系统中，以目录为存储方式，单一目录下的每个文档称为一个文档对象，时空文档对象数据集可嵌套多层存储，原始文档主要以 HDFS、网络文件、本地文件等文件型存储系统存储为主，时空文档对象的扩展属性及内容的存储则采用 HBase 等 NoSQL 数据库存储，列较易扩展，用于数据分析和挖掘等高级应用。

文档对象存储提供文档对象存储功能，包括文档集合创建、删除、文档创建、读取、写入、删除、文档基本信息读取、修改等。

2）时态对象数据集

时态对象是空间或属性随时间变化的、具有一定结构的对象。按时间变换周期长短来分，时态对象又可分为静态对象和动态对象，时间变化周期较长的时态对象为静态对象，对应的数据称为静态数据，周期变化较短的为动态对象，对应的数据称为动态数据，矢量对象是时态对象的典型代表。时态对象具有空间、时间、属性三个主要特征，三个特征至少有一个。

时态对象数据集是由多个时态对象构成的集合，通常支持两种表达方式：一种是每行中用指定的分割符隔开的 CSV/TSV 时态对象组成的集合；另一种是每行表示一个 geojson 时态对象组成的集合，如图 5-6 所示，时态对象数据集以文本文件的方式存储，支持分块或分文件存储，每个时态对象为数据集中的一行，当时态发生变化时，则添加新的一行，以保留历史版本数据。

3）关联对象数据集

关联对象以主语、谓语、宾语三元组的方式存储，底层采用 HBase 作为存储源，基于开源 RDF 图数据库实现。

```
{"geometry":{"coordinates":[[113.5958069,6.94306962],[113.5963069,6.93936962],[113.5929069,6.94056962],[11
{"geometry":{"coordinates":[[113.8301069,7.39946962],[113.8310069,7.39676962],[113.8276069,7.39726962],[11
{"geometry":{"coordinates":[[109.05545044,9.98099995],[109.05360413,9.97984123],[109.05197907,9.98075104],
{"geometry":{"coordinates":[[108.90953064,10.04358101],[108.90791321,10.04288197],[108.9072113,10.04379654
{"geometry":{"coordinates":[[115.8080069,10.72856962],[115.8049069,10.72726962],[115.8022069,10.72936962],
{"geometry":{"coordinates":[[115.8324069,10.82486962],[115.8315069,10.82226962],[115.8231069,10.82406962],
{"geometry":{"coordinates":[[122.50662231,23.46772385],[122.78874207,24.57221603]],"type":"LineString","cr
{"geometry":{"coordinates":[[121.17402649,20.82654762],[121.91168976,21.69751549]],"type":"LineString","cr
{"geometry":{"coordinates":[[119.4730835,18.01557732],[119.48887634,18.04942894],[119.50243378,18.0787677
{"geometry":{"coordinates":[[119.05905151,15.00885105],[119.05679321,15.02690506],[119.05905151,15.0585002
{"geometry":{"coordinates":[[118.53859711,10.90654469],[118.56568146,10.95393753],[118.58824921,10.990045
{"geometry":{"coordinates":[[115.54411316,7.15834618],[115.55628967,7.17200375],[115.57417297,7.19756222],
```


图 5-6　矢量对象数据集 geojson 示例

4）数据集索引

数据查询是数据库最重要的应用之一。而索引则是解决数据查询问题的有效方案。在分布式存储环境下，以往的索引机制已经不能满足需求。传统的索引结构如 B+树、hash 算法等在分布环境下都会有新的问题产生。

人们对此进行了长久的研究，提出了各种分布式索引理论，如基于 B+树的 lazyupdate 理论（Johnson，1992a），以及 db-link 树（Johnson，1992b）对分布式树结构的建立有很大的借鉴作用。针对时空大数据的索引方法主要有 R 树索引、GeoHash、grid 索引、四叉树、倒排序、图索引等方法。

时空大数据平台根据不同的数据集类型，建立对应的索引，为后续大数据查询、分析等操作提供基础。

5. 时空大数据库

由时空大数据存储结构图可知，时空大数据库位于顶层，主要负责存储一组相同或不同的时空大数据集与大数据集模式。

时空大数据集可分为文档对象、时态对象和关联对象三类数据集。文档对象大数据集用于存储文档，不论原始文档属于结构化文档还是半结构化文档，该对象数据集均看作是非结构化文档，且文档也是随时间变化的。时态对象用于描述结构化记录数据，支持时态对象存储或关联文档数据集中的对象。关联对象是基于 URI（统一资源标识符）命名数据对象实体，并利用三元组的数据模型来表明数据对象之间的关系。大数据模式则对数据集进行描述，然后将数据集用于查询、处理和分析等场景。大数据集模式支持传统静态矢量和新型动态矢量模式的定义。

时空大数据库管理以库为基本单位对时空大数据库进行管理，主要提供库的建立、修改及一些时空大数据库元数据的管理。

时空大数据库需实现库的基本管理操作，在库的基础上支持建立多种不同类型的时空对象大数据集，支持时空对象大数据模式的绑定与取消，时空大数据库整体流程如图 5-7 所示，库管理模块将时空大数据库和大数据集基本信息保存到 MySQL 数据库或直接映射为存储源中的存储概念中，时空大数据集驱动模块将数据保存到存储源中。

时空对象持久化的存储源的特性如表 5-1 所示，其中本地文件存储源只适合单机计算，不可用于分布式计算。

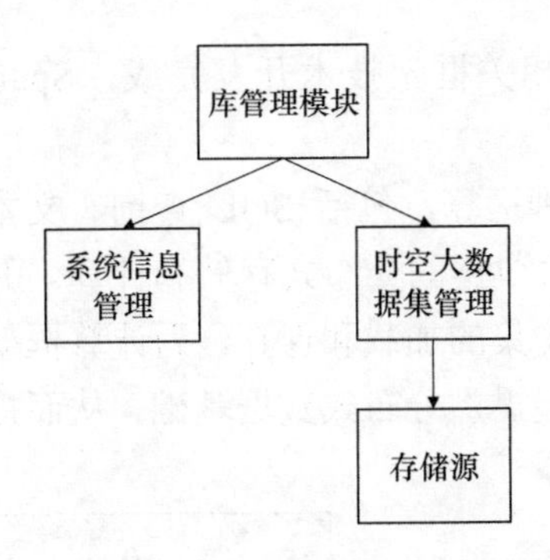

图 5-7　时空大数据库总体流程

表 5-1　时空数据存储源的特性

存储源	特性	使用场景
HDFS	分布式文件系统 支持存储空间扩展和数据备份	适用于高吞吐量，而不适合低时间延迟的访问
HBase	分布式列数据库，松散结构 支持存储空间扩展和数据备份	适合大数据量的查询，但并不适合大范围的查询
本地文件	单机运行 计算时数据无需迁移	实现方式一致，依靠系统提供的网络共享文件机制
网络文件	共享存储 存储稳定 存储空间扩展和数据备份由硬件负责	
Elastic Search	零配置，自动发现 索引自动分片，索引副本机制 自动搜索负载	全文搜索，在线统计分析引擎，日志系统

5.1.3　时空大数据处理

时空大数据处理层基于分布式计算框架、任务调度中心、空间几何计算引擎、实时数据处理引擎、数据挖掘分析引擎这五个模块实现对时空大数据的分析、计算等处理。

时空大数据处理层总体结构如图 5-8 所示，时空大数据处理层基于 Spark 实现了分布式计算框架；基于消息队列技术实现了实时数据处理引擎；基于机器学习相关算法库实现了时空大数据挖掘分析引擎；在分布式计算框架中实现了空间几何对象计算。

本小节将对时空大数据处理层的五个模块分别介绍。

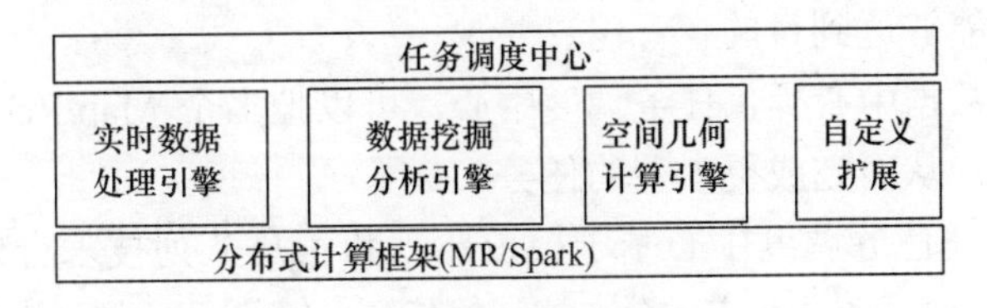

图 5-8　时空大数据处理服务

1. 分布式计算框架

分布式计算框架将复杂的开发和维护功能封装起来，通过使用分布式计算框架，程序员不仅可以很容易的享受到分布式计算带来的高速计算的好处，而且还不必对分布式计算过程中各种问题和计算异常进行控制，提高系统开发效率。常见的分布式计算框架有 MapReduce、Spark、Storm 等，时空大数据处理层的分布式计算框架基于

Spark 分布式数据分析栈等相关框架技术开发完成，Spark 分布式数据分析栈结构如图 5-9 所示。

分布式计算引擎提供多种运算，包括 SQL 查询、文本处理、机器学习等，引擎利用分布式环境，实现对空间大数据的分布式存储和计算。引擎对 Spark 的弹性数据集 IO 层进行扩展，实现时空大数据集的加载和保存，为计算框架和时空大数据库之间无缝衔接奠定基础，为分析和计算层提供分布式数据基础，从而提升时空大数据分析挖掘算法的运行效率。

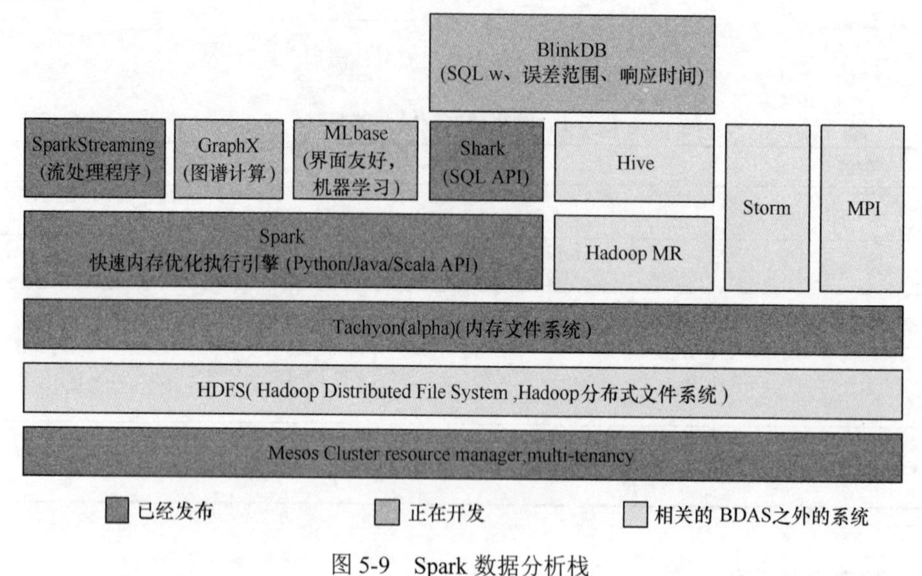

图 5-9　Spark 数据分析栈

2. 任务调度中心

在 Hadoop 集群中，有一个主节点（JobTracker）控制着多个从属节点（TaskTrackers）。用户可以编写一个 Hadoop 作业，指定 Map 和 Reduce 函数，以及其他各种信息，如输入和输出位置，随后将该作业提交到 JobTracker。Hadoop 框架会将 Hadoop 作业划分为一系列 map 或 reduce 任务；主节点负责指定要在从属节点上并行运行的任务，并在发生故障后重新调度任务。在 Hadoop 中执行的任务有时候需要把多个 Map/Reduce 作业连接到一起，这样才能够达到目的。

为此，时空大数据中心提供任务调度中心，可以把多个 Map/Reduce 作业组合到一个逻辑工作单元中，从而完成更大型的任务。

时空大数据处理任务调度中心基于模板驱动和消息队列技术合理分配和调度计算资源，从而最大化利用系统资源完成分布式计算任务。任务调度中心基于分布式计算框架，根据事先定义好的流程模板，动态生成 DAG 计算流程任务，优化调度计算任务，最终实现时空大数据处理任务，采用流程化的方式，扩展性较强，较易集成自定义的算法流程。

3. 空间几何计算引擎

在分布式计算框架中封装扩展空间对象几何关系计算，将部分空间计算适配到分布式计算框架中，实现空间几何计算引擎，有助于提高空间计算的并行度，快速处理时态对象数据集，空间几何计算包含以下计算，如表 5-2 所示。

表 5-2　空间几何计算功能列表

空间几何计算	几何间关系计算	相等 分离 相交 包含 覆盖
	缓冲分析	缓冲计算

空间几何计算引擎底层基于 Java 实现的几何对象模型和对象间几何关系的计算 API，经过 SparkSQL 用户自定义函数（UDF）的扩展封装，在 SparkSQL 分析中可以使用几何计算算子进行空间运算，从而将空间几何计算封装到上层，方便用户基于 SQL 语句调用其功能，如图 5-10 所示。

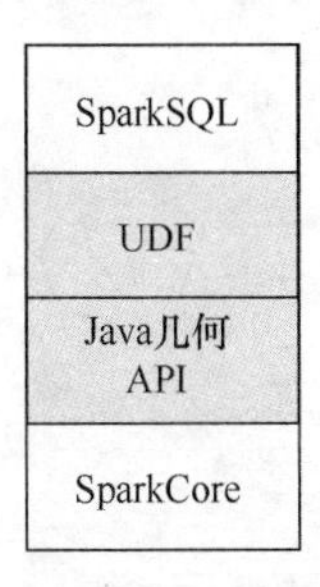

图 5-10　空间几何对象计算引擎

4. 实时数据处理引擎

数据的价值随着时间的流逝而降低，所以事件出现后必须尽快对它们进行处理，最好事件出现时便立刻对其进行处理，发生一个事件进行一次处理，而不是缓存起来成一批处理。对于这些实时性要求很高的应用，若把持续到达的数据简单地放到传统数据库管理系统中，并在其中进行操作，实时性效果并不理想。传统的数据库管理系统并不是为快速连续地存放海量实时数据而设计的，而且也不支持持续处理，而持续处理是数据流应用的典型特征。现在人们都认识到，“近似性”和“自适应性”是对数据流进行快速查询和处理的关键要素，而传统数据库管理系统的主要目标恰恰与之相反：稳定的查询设计，得到精确的答案。

实时数据处理引擎基于高容错性、高可靠性的分布式存储和计算环境，将采集速率异构的多数据源实时流入的数据进行实时分析计算，并将结果实时反馈或持久化到存储系统中，系统流程示意如图 5-11 所示。

用户通过配置的方式启动多种通道的接收器，负责接收并汇聚多源实时数据到系统中，在系统实时处理完后将结果或源数据输出到不同的系统，如存储系统、应用系统、索引系统等。实时数据一次处理的数据量不大，但需满足实时性能要求，要达到秒的量级。

实时处理旨在基于 Spark 的 Stream 批处理框架、消息队列等技术，实现模型包含输入控制器、处理器、输出控制器等核心组件，内置监视组件，对系统 IO、处理速度等信息进行统计，通过这些组件，可快速搭建实时处理服务，对实时数据进行汇聚，在汇聚过程中考虑支持属性过滤、空间过滤、地理围栏等方式对实时数据做计算，并支持将结果提取或归档到各种存储源中，有效打通了数据实时采集中的各种存储源。

实时数据处理主要包括输入—处理—输出三个步骤，如图 5-11 所示。

步骤一：输入控制器提供数据输入功能，支持 Http/TCP/WebSocket/Rtsp 等多种协议的客户端传入时空数据，数据从不同的来源实时汇聚进入系统，进行实时处理或存档。

步骤二：处理器提供对实时汇聚的数据进行实时处理的功能，支持属性过滤、空间过滤、字段丰富、字段提取、归一化等处理功能。

步骤三：输出控制器提供数据输出功能，支持输出到时空大数据库、云服务、Web 界面等的功能。

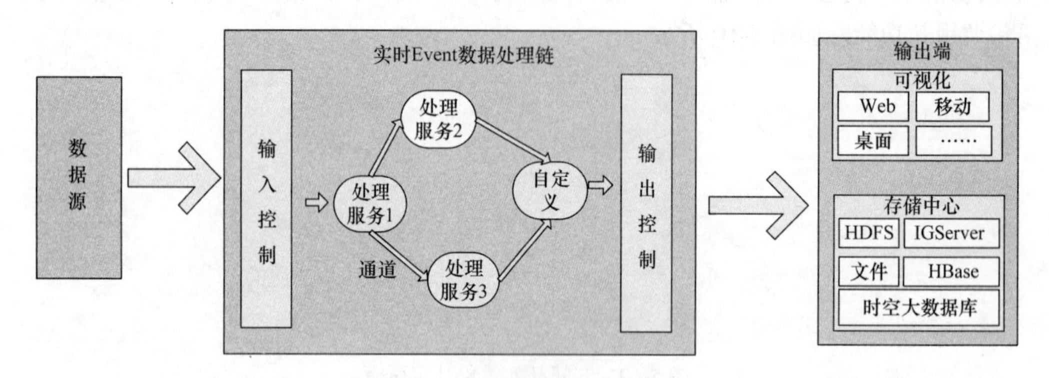

图 5-11　实时数据处理示意图

实时数据处理引擎主要以 Spark Streaming 批处理方式实现，以 kafka 消息队列为中心，通过消息队列将输入控制器、输出控制器、处理器三个组件连接起来，输入或输出连接器基于 flume 实现，处理器基于 Spark Streaming 将实时消息事件从消息队列中拉取到处理平台，转换成 SparkSQL 等计算方式，方便二次开发用户使用熟悉的 SQL 语法实现自己的业务逻辑，引擎提供流服务配置模板管理接口，系统从配置模板中创建实时数据流处理服务。

5. 数据挖掘分析引擎

数据挖掘分析引擎针对历史存档数据进行挖掘分析，不强制要求达到实时性能。数据挖掘流程主要有数据清洗、数据模型与分析、分析结果提取等步骤。数据清洗提供数据检查过滤、数据提取等功能，去除脏数据，提取核心数据，降低坏数据的影响范围，缩短计算时间。数据模型与分析主要提供聚类、分类、推荐等模型与算法功能，支持应用场景的分析需求。分析结果提取提供对结果的整理提取，形成结果数据，供上层查询等。数据挖掘分析引擎内置常见的机器学习相关算法，方便用户进行开发。

数据挖掘分析引擎基于 SparkSQL 和机器学习技术对多种时空大数据集进行联合分析挖掘，对结构化的时态数据集使用 SQL 语句对其分析处理，达到时空即席分析的目的；对非结构化的文档数据集使用机器学习对其内容进行提取、分词、实体识别、关联分析，进而从自然语言角度分析挖掘时空大数据的价值。

5.1.4　时空大数据可视化

大数据应用的关键就是大数据可视化，数据可视化是通过分析得到并进行优化处理，而不是简单的地图制作。大数据的可视化，是对大数据分析处理后的结果，通过平面图、立体图及各种表的形式，从多维度、多角度对大数据进行展示。

可视分析是一种通过交互式可视化界面，来辅助用户对大规模复杂数据集进行分析推理的科学与技术。可视分析的运行过程可看作“数据→知识→数据”的循环过程，中间经过两条主线：可视化技术和自动化分析模型。从数据中洞悉知识的过程主要依赖两条主线的互动与协作。

时空大数据可视分析是指在大数据自动分析挖掘方法中，利用支持信息可视化的用户界面，以及支持分析过程的人机交互方式与技术，有效融合计算机的计算能力和人的认知能力，以获得对于大规模复杂数据集的洞察力。数据的背后隐藏着信息，而信息之中蕴含着知识和智慧。大数据作为具有潜在价值的原始数据资产，只有通过深入分析才能挖掘出其中蕴含的信息、知识和智慧。未来人们的决策将日益依赖于大数据分析的结果，而非单纯的经验和直觉，因此，大数据分析是大数据研究领域的核心内容之一。

大数据分析将掘取信息和洞悉知识作为目标，所以信息可视化技术在大数据可视化中扮演非常重要的角色。信息可视化分为一维信息、二维信息、三维信息、多维信息、层次信息、网络信息及时序信息可视化。面向大数据主流应用的信息可视化对象主要是文本可视化、网络（图）可视化、时空数据可视化、多维数据可视化。可视化的展现形式主要有 3 种风格，即单纯图、单纯表，以及图与表结合。展示图的类型丰富多样，包括二维平图、三维立体图及多维立体图等；展示的表主要包含一般列表、交叉列表、分组列表、主从列表等。通过图表的结合，能够从不同角度反映、表达大数据包含的深层次、高价值的信息。

时空大数据中心使用分布式并行处理方法与技术，对数据进行实时并行处理；ETL 使用分布式计算框架，使用批处理、流处理等相关技术与方法，实现高效的数据清洗、抽取、转换，以及数据挖掘与数据分析。在数据清洗、抽取、转换及挖掘中，结合复杂事件处理技术与逻辑，一方面高效地把分析、处理后的关键信息推送到可视化界面，及时从多维度、多角度展示大数据处理过程中的关键指标与信息，另一方面把分析处理后的数据高效存入时空大数据库，供后续进一步的分析、挖掘、可视化处理。

时空大数据中心通过提供可视化设计工具，灵活、快速地满足不同用户对数据不同角度的可视化需求，以多维度、多种方式把数据分析结果直观展现给用户。

时空大数据可视化技术主要包括以下六类。

（1）二三维地图构建。

（2）热点分析技术。

（3）三维视觉地图制作。

（4）粒子效果地图制作。

（5）变形地图的实现：①时空大数据与时空立方体分析；②灯光地图制作；③迁徙图制作。

（6）基于网络分析的数据可视化：①OD 制图；②可达性分析及其可视化；③位置分配及其可视化；④交通等时线分析及其可视化；⑤实时交通拥堵图的制作及其可视化。

大数据可视化技术是有效发掘大数据价值的重要保证与手段，其中矢量数据的可视化技术是基础，针对大数据的海量与实时性的特点，时空大数据与云平台研发了海量矢量数据动态快速渲染工具，能够显著提高大数据矢量数据的可视化效率。

海量矢量数据动态快速渲染工具包含空间数据库数据读取、数据处理、数据渲染，快速渲染流程如图 5-12 所示。

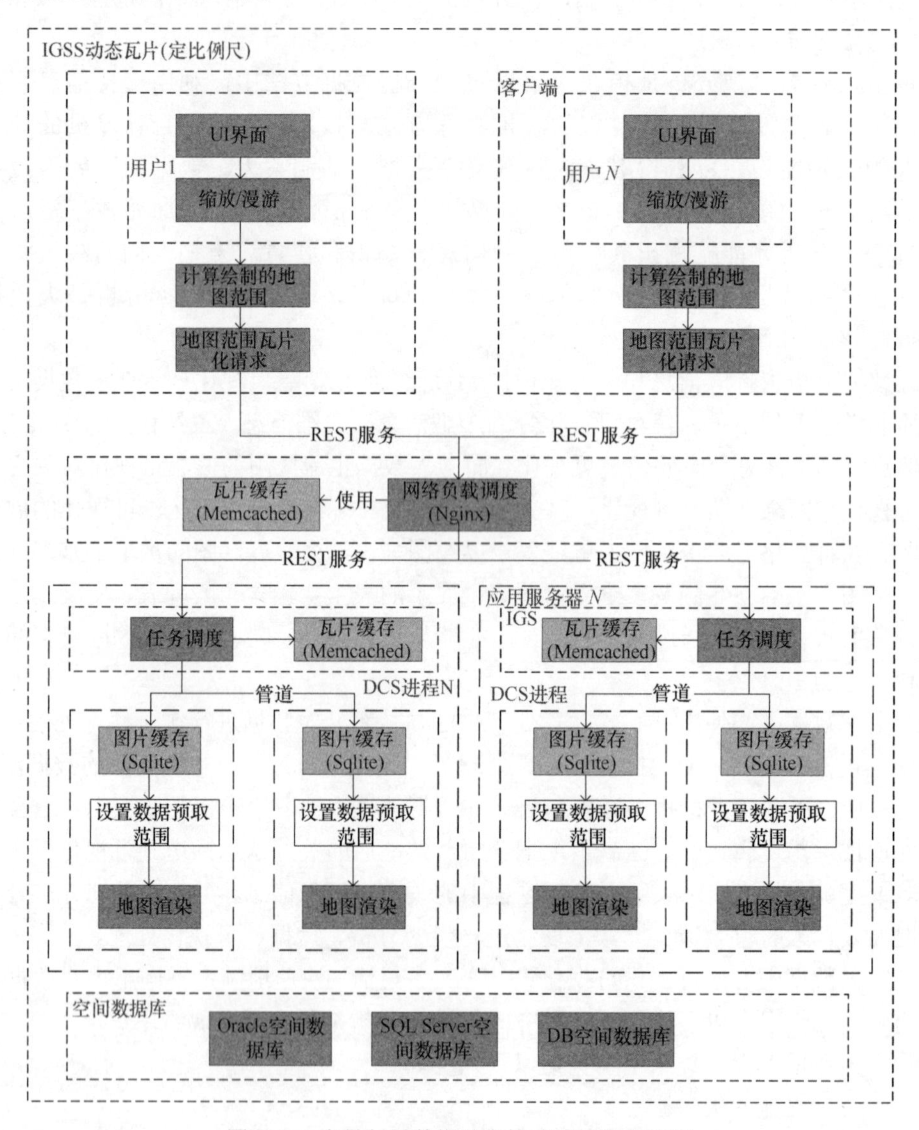

图 5-12　海量矢量数据动态快速渲染实现流程

数据读取主要包括数据过滤、数据 I/O、数据缓存、数据索引四部分。

（1）数据过滤：主要通过定义屏幕显示最小像素，通过像素计算各种显示比例尺下对应的逻辑大小，在数据库查询时直接对查询过滤从而有效减少数据读取量。

（2）数据 I/O：考虑网络带宽对于 I/O 读写的影响，根据网络带宽环境自适应调整单次网络传输量，通过 DQ 算法能够依据绘制服务器 CPU 核数，以及单个数据量自适应分配读取数据的线程数，从而达到基于不同 CPU 核数下的数据读取最优加速比。

（3）数据缓存：对于固定比例尺和非固定比例尺采取不同的缓存模式，缓存模式包含图片、矢量数据两种形式。对缓存格式内部建立 2 级索引机制：空间分块索引及空间实体内容索引，有效的提高了数据查询的命中率和查询效率。数据缓存能够支持缓存服务器和内存数据库两种形式，在 B/S 应用场景中通过缓存服务器的方式有效减少实际的数据库查询请求，在绘制服务器内核则采用内存数据库缓存图片或者数据来辅助提高查询命中率。

（4）数据索引：能够根据显示模式自动切换网格索引及 HilBert R 树索引来提高在海量数据中较小范围数据的查询效率。

数据处理主要包括数据化简、坐标转换、数据裁剪三部分。

（1）数据化简：采用 LOD 技术对于海量矢量数据在显示前预处理，从而达到显示数据量减少的同时不影响显示效果的目的。

（2）坐标转换：考虑通过对数据进行统一的坐标基础预处理达到数学基础统一的目的。

（3）数据裁剪：通过渲染范围对数据进行预裁剪，从而达到减少渲染数据量的目的。

数据渲染主要包括并行渲染、地图缓存、硬件加速三部分。

（1）并行渲染：在常规的多数据并行绘制的基础上，通过顺序划分或者间隔划分策略调整并行渲染任务中的数据量，达到对并行渲染任务的负载均衡效果。顺序划分主要考虑并行任务数据条目相同，间隔划分主要考虑任务数据量相同。

（2）地图缓存：在常规的图片缓存基础上，通过对后台的渲染线程队列中添加任务优先级较低的预缓存任务达到扩展渲染范围提高临近范围的渲染效率。

（3）硬件加速：通过采取 D2D 技术提高基本的点、线、面的绘制效率。

5.2 时空大数据分布式数据资源管理

时空大数据库构建完成之后，需要对大数据库中的分布式数据资源进行合理高效地管理、分析及利用。首先建立时空大数据库目录系统，将分布式数据资源统一为资源目录进行展示，然后对数据资源进行挖掘，对挖掘结果进行分析，将挖掘分析的结果以可视化的方式展现。

5.2.1 时空大数据库目录管理

1. 目录系统

时空大数据中心的目录系统是时空大数据组织和操作方式，它实现基于插件与类型驱动的可扩展的层次化管理多源异构数据的系统。目录系统通过维护隐藏在界面下的完整基于层次数据结构存储的逻辑数据组织信息，提供一个一致的、稳定的层次数据库管理器。目录系统中的一个条目对应数据中心层次数据管理结构中的一个资源节点。其中，按资源节点是否为扩展节点，可以把目录条目分为数据中心内部条目、数据中心叶条目和扩展条目。数据中心内部条目和叶条目由内部驱动进行统一管理，扩展条目由扩展驱动进行管理，两者没有本质的区别（吴信才，2010）。

时空大数据库的资源以目录为存储管理方式，将关系型数据库、非关系型数据库及文件系统的内容统一为资源目录，进行数据可视化展示。同时，时空大数据库制定可定制及可扩展的数据目录驱动标准，解决不同 GIS 行业业务系统对数据组织和管理的定制化需求，解决不同行业多源、异构数据的集成统一管理问题。

2. 目录管理

时空大数据的目录管理是为了实现按照用户的需求动态的以层次化目录树的形式管理数据。时空大数据中心提供了建立动态目录树的规则及建立目录树规则的工具，其规则对数据分组方式、属性设置等都是可以扩展的，用户可以根据管理的实际业务类型，扩展建立目录树的规则，提供管理多源异构数据更丰富的表现。时空大数据中心的目录管理是通过目录系统对基于服务的结构化数据或非结构化数据按规则进行目录组织，并利用目录服务实现对时空大数据库的数据以目录树的形式表现，以达到对时空大数据库的统一管理。时空大数据库的目录管理主要包括数据源管理树、规则驱动树和工具三个模块，如图 5-13 所示。

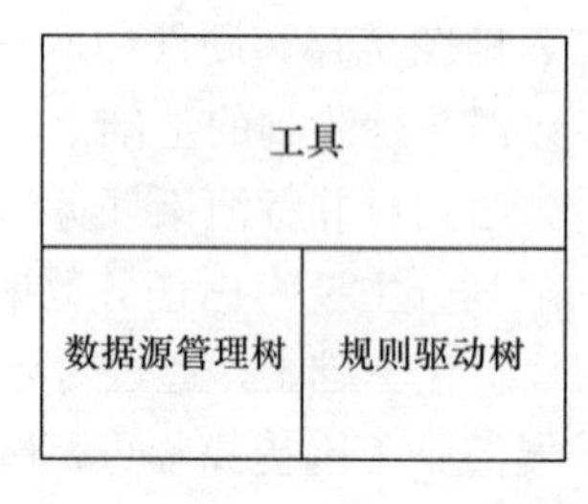

图 5-13　目录管理模块

三个模块的作用如下所述。

（1）数据源管理树的目的是方便用户统一管理多源数据，目录树显示内容以 xml 存储，数据源管理树提供常用的目录驱动，且支持用户派生自定义驱动目录树中可添加驱动节点和自定义节点。数据源管理树支持的数据源如表 5-3 所示。

表 5-3　支持的数据源

支持的数据源	说明
MapGIS 数据源	地理数据库
数据库数据源	支持业务数据库，如 Oracle\SQL\NoSQL\HBase
文件型数据源	FTP 服务、本地文件、地图文档
其他数据源	如支持其他 GIS 系统、Web 服务等

（2）规则驱动树可以定义数据库结构，使用户定义自己的业务规则，并按照用户的规则显示数据。

（3）工具主要包括建库、数据入库、数据检查、查询浏览等数据管理工具。

时空大数据库生成数据目录的步骤如下所述。

（1）由驱动器结合规则来构成数据统一资源协议，实现数据的访问。

（2）根据业务定制规则、规则驱动器产生目录资源，生成目录树，可以按照年度、级别、比例尺、专题、行政区等来生成，如图 5-14 所示。

（3）内置多种数据源，支持数据源扩展。

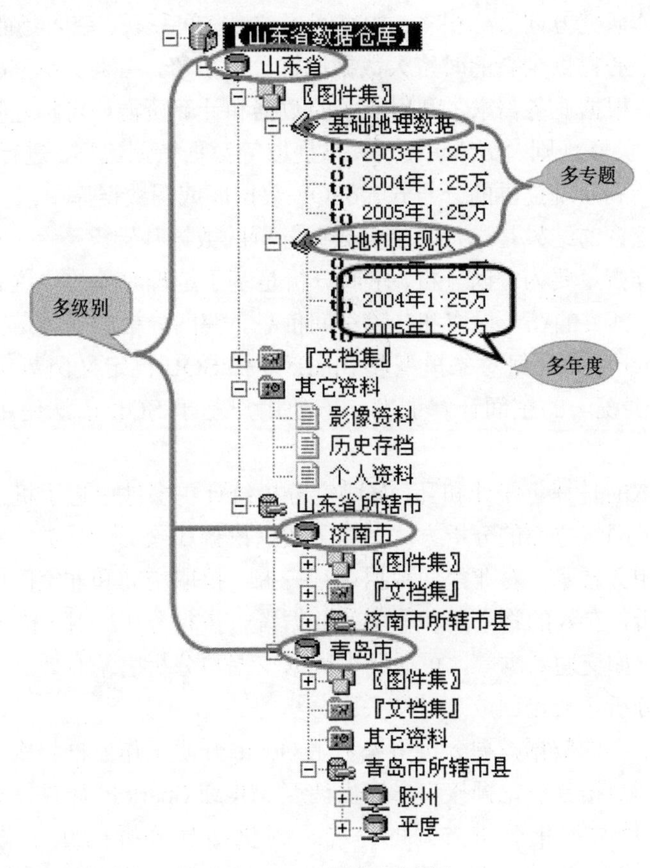

图 5-14　目录树示意图

5.2.2　时空大数据挖掘分析

1. 大数据挖掘与分析

目前，绝大多数 GIS 系统对空间数据的利用主要是查询、空间分析和简单的统计，这些可以满足某些低层次的需求。随着 GIS 的普及，人们更迫切需要从大量数据中发掘出对决策具有指导意义的知识。

时空数据挖掘是指从时空数据库提取用户感兴趣的空间模式与特征、空间与非空间数据的普遍关系、时空关系及其他一些隐含在数据库中的普遍的数据特征。它是数据库的知识发现（knowledge discovery in database，KDD）研究中的一个重要研究课题，目的是发现给定数据库集中各项目之间的有机联系。随着数据库技术的成熟和数据应用的普及，形式各异的复杂数据类型不断涌现，为了从众多数据中提取有用的数据，必须要进行数据挖掘研究。

时空数据挖掘研究对象是空间关系及时间关系的数据库或数据仓库，存储的是空间对象、规则、属性等，主要数据模型为点、线、面；应用到的技术主要有概率学、空间统计学、规则归纳、聚类分析、空间分析、模糊集、云理论、可视化、遗传算法等。

时空数据挖掘可以提取隐含的空间特征、时间特征、规则、概要关系及摘要数据特征等。GIS 的研究方向主要是关于地球空间信息科学的空间关联规则等知识的挖掘，时空数据挖掘的具体研究方向又分很多，如空间聚类、空间关联、空间特征、空间分类等。

时空大数据中心提供全新的时空大数据挖掘分析引擎，用来实现空间大数据和其他数据的挖掘分析。根据业务需求，利用系统的数据和计算资源，可构建特征提取、聚类分析、分类分析、关联规则、实体识别、关系提取等数据挖掘流程，进行数据挖掘计算，并将计算结果存储到系统提供的分布式 NoSQL 数据库或图数据库中。

时空大数据挖掘的结果是进行时空大数据分析的数据基础。

时空大数据分析主要为空间分析，空间分析是基于地理对象的位置和形态特征的空间数据分析技术，其目的在于提取和传输空间信息。空间分析的基础是空间几何原子计算，其底层基于 geojson 几何对象模型和 Spark 提供 SQL 自定义函数实现的几何关系计算，为上层提供统一的空间计算调度，方便用户基于 SQL 语法使用分布式空间计算功能。

空间分析更多的是基于统计和几何，时空分析统计更多地引进了机器学习的分析方法，还有其他神经网络方面的分析方法。基于数据挖掘如聚类、分类、特征提取和协同过滤等机器学习相关技术，对非空间数据进行挖掘，提取空间和非空间的关联关系，并对其进行关联分析，有效的将空间和非空间数据统一进行分析。对于时间性较为重要的海量时空大数据，如交通数据等，可通过大数据挖掘与分析引擎有效进行时空分析，如密度分析、模式分析、轨迹回放、时空关联分析等。

时空大数据中心的数据挖掘分析引擎基于 Oozie 开源工作流框架实现，基于模板机制，提供海量归档数据分析挖掘接口，提供调度 MR 或 Spark 的计算任务的接口。针对时态数据集和文档数据集分析方式的差异，提供两种分析挖掘方式：一种是基于 SparkSQL 的分析挖掘方式；另一种是基于 Spark mlib 的机器学习分析挖掘方式。SparkSQL 的方式较简单，对编程能力要求较小，直接编写类 SQL 语句便可对数据进行分析，且支持自定义函数，但需要注意的是该方式不支持事务、索引及 Update/Delete 操作；Spark mlib 的方式则较复杂，需要一定的开发，两者均可建立模板，由流程框架调度。

时空数据分析结果可以无缝接入时空大数据云平台，通过矢量切片及智能制图等前沿技术，进行全空间一张图、全空间多维一体化等丰富的可视化展示。

2. 时空关联挖掘

时空关联挖掘主要研究空间关联规则。空间关联规则是空间数据挖掘一个基本的任务，是从具有海量、多维、多尺度、不确定性边界等特性的空间数据中进行知识发现的重要方法。

空间关联规则在数据挖掘中的基本形式为

$$A \rightarrow B$$

可解释为“满足 A 的条件也满足 B 的条件”，每个这种关联性都有一个有效性或支

持度的度量，这种有效性称为置信度，

$$\text{Confidence}（A \to B）=P（B|A）=P（AB）P（A）$$

而支持度表达式

$$\text{Support}（A \to B）=P（A \cup B）=P（A）+P（B）$$

一般用最小的置信度与支持度来提取有效的规则。

空间关联规则是传统关联规则在空间数据挖掘领域的延伸，因此在挖掘方法上仍然带有传统关联挖掘方法的印迹，目前空间关联规则挖掘方法主要有以下三种（张雪伍等，2007）。

1）基于聚类的图层覆盖法

该方法的基本思想是将各个空间或非空间属性作为一个图层，对每个图层上的数据点进行聚类．然后对聚类产生的空间紧凑区进行关联规则挖掘。

该方法缺点：①关联规则的挖掘结果依赖于图层数据点的聚类结果，很大程度上受到聚类方法的影响，具有不确定性；②其无法处理在空间上具有均匀分布特点的属性。

2）基于空间事务的挖掘方法

在空间数据库中利用空间叠加、缓冲区分析等方法，发现空间目标对象和其他挖掘对象之间组成的空间谓词。将空间谓词按照挖掘目标组成空间事务数据库，进行单层布尔型关联规则挖掘。为提高计算效率，可以将空间谓词组织成为一个粒度由粗到细的多层次结构，在挖掘时自顶向下逐步细化，直到不能再发现新的关联规则为止。

此法较为成熟，目前应用较为广泛。但是作为挖掘核心的频集的构建和剪枝技术仍然是其应用于海量空间数据挖掘的瓶颈之一。

3）无空间事务挖掘法

空间关联规则挖掘过程中最为耗时的是频繁项集的计算，因此许多学者试图绕开频繁项集，直接进行空间关联规则的挖掘。通过用户指定的邻域，遍历所有可能的邻域窗口，进而通过邻域窗口代替空间事务，然后进行空间关联规则的挖掘。此方法关键在于邻域窗构建与处理。

时空数据的关联模式具有空间关联、时间关联、时空关联三种表现形式，空间关联主要处理邻近空间伴生、非邻近空间交互两种数据关联形式；时间关联主要处理时间次序相关的数据关联形式；时空关联主要处理时空邻近相关、时空遥相关两种数据关联形式。如图 5-15 所示。

根据不同的数据类型，时空数据的关联模式可以分为空间数据、时间序列、时空数据三类体系，其中空间数据的模式类型包括空间关联规则和空间同位模式两种；时间序列的模式类型包括时序事件模式和频繁子序列模式两种；时空数据的模式类型包括时空同现模式、时空级联模式和时空序列模式三种。如图 5-16 所示。

时空关联模式挖掘流程如图 5-17 所示，包括数据预处理、挖掘过程、结果后处理三个步骤。首先数据预处理对地理空间数据进行多源数据融合，并构建挖掘事务表，为后续数据挖掘做准备；其次数据挖掘选用合适的挖掘算法依据模式度量指标进行数据挖

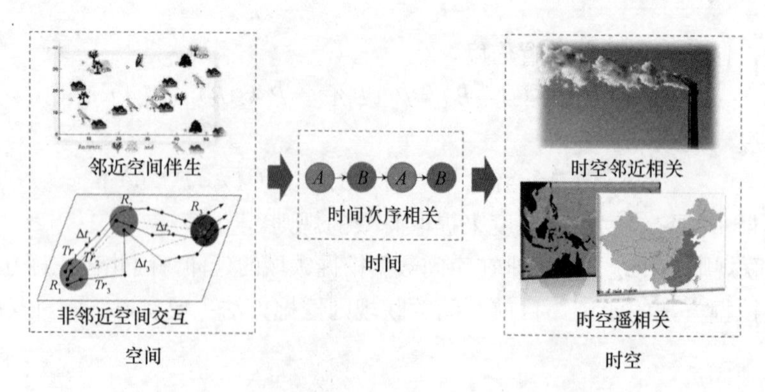

图 5-15　时空数据关联模式三种表现形式

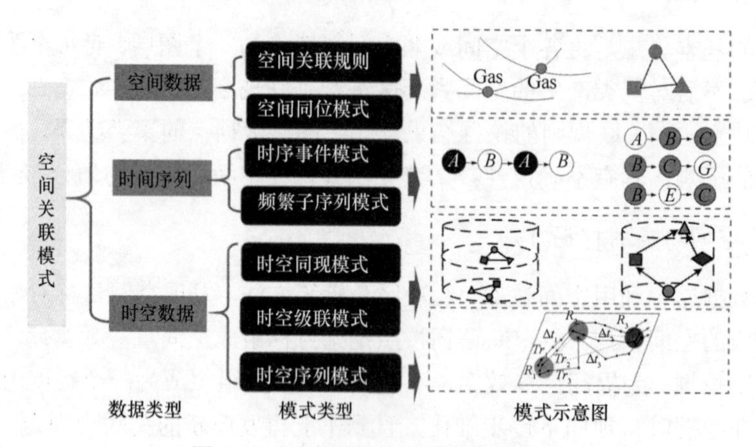

图 5-16　时空数据关联模式三类体系

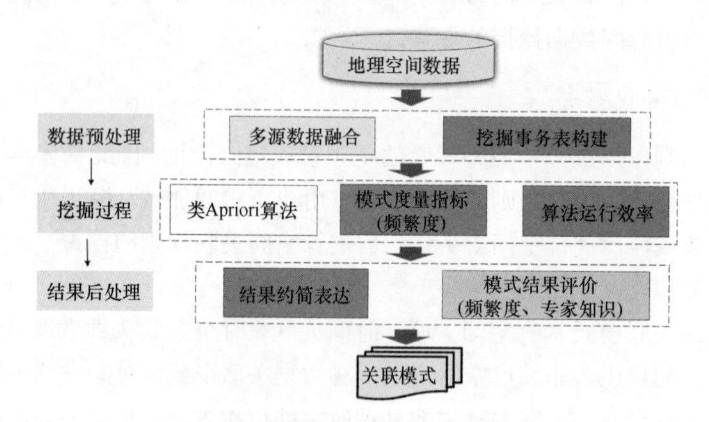

图 5-17　地理空间关联模式挖掘流程

掘；挖掘完成后对数据结果进行后处理，将结果约简表达，并依据算法频繁度、专家知识等对模式结果进行评价，输出数据的关联模式。

时空大数据中心基于成熟的地理信息系统，提供强大的矢量、栅格、遥感等数据的空间信息分析处理功能，让用户能通过时空数据和时空模型的联合分析来挖掘空间目标的潜在信息。时空大数据中心基于地理信息系统提供的强大空间信息分析处理能力，可以实现空间位置周边地理信息检索、智能位置感知等功能，为空间信息和非空间信息的关联挖掘奠定了基础。

第6章 时空信息云服务中心

时空大数据中心为时空大数据与云平台提供了数据资源，而时空信息云服务中心为时空大数据与云平台提供了功能资源，以高可用云服务的形式提供时空数据服务、时空分析服务、时空专题服务等，并对这些云服务进行分布式协调管理。

6.1 时空信息云服务中心概述

为有效支撑智慧城市的建设与运行，国家测绘地理信息局于 2012 年启动了智慧城市时空信息云平台建设试点工作，按照“城市主导、统筹规划，科技支撑，循序渐进，需求牵引，资源共享，多元投入、共建共享”的原则，通过开展时空数据建设、时空信息云平台开发、支撑环境完善和典型应用示范等试点工作，探索智慧城市时空信息云平台的建设模式、共享模式和服务模式，凝练工艺流程和标准规范，为全国数字城市地理空间框架升级转型，以及后续大规模的智慧城市时空信息云平台建设提供依据，为智慧城市建设奠定基础。

2014 年，国家发改委等八部门联合出台了《关于促进智慧城市健康发展的指导意见》（发改高技〔2014〕1770 号），并成立了智慧城市健康发展部际协调工作组，统筹顶层设计和加强相互协调，要求测绘地理信息需统筹城市地理空间及建（构）筑物数据库等资源，加快智慧城市公共信息平台和应用体系建设，而时空信息基础设施是支撑智慧城市建设的核心基础，也是国务院“三定方案”赋予测绘地理信息部门重要职责之一。2015 年，国家测绘地理信息局发布《关于推进数字城市向智慧城市转型升级有关工作的通知》（国测国发〔2015〕11 号），要求夯实数字城市地理空间框架成果，构建智慧城市时空信息基础设施，加快向智慧城市时空信息云平台的转型升级工作。同年，国家测绘地理信息局发布了《智慧城市时空信息云平台建设技术大纲》，要求全面推动智慧城市建设、保障我国新型城镇化战略实施。2017 年，《智慧城市时空大数据与云平台建设技术大纲》（2017 年版）出台了，大纲对 2015 年版进行了修订完善，对于推进各地智慧城市建设具有重要的指导作用。新版大纲明确指出，测绘地理信息部门在智慧城市建设中的主要任务是指导各地区开展智慧时空基础设施建设与应用，其建设内容包括时空基准、时空大数据、时空云平台，其中构建时空大数据与时空云平台是测绘地理信息部门在智慧城市建设中的核心任务。新版大纲突出了大数据，明确提出各地应着力丰富包括基础地理信息数据、公共专题数据、智能感知实时数据和空间规划数据在内的时空大数据，构建智慧城市建设所需的地上地下、室内室外、虚实一体化的时空数据资源。2020 年，将建成一批特色鲜明、智能化水平较高、服务于智慧城市的时空信息云平台。

时空信息云平台是支撑智慧城市建设的时空信息基础设施，依托物联网、云计算、大数据等技术，通过基础设施层（IaaS 层）、数据层（DaaS 层）、平台服务层（PaaS 层）、应用层（SaaS层），以及标准规范与政策机制和运行管理体系等的建设，形成智慧城市时空大数据中心与共享应用中心，为各类智慧应用提供支撑。

如第3章所述，时空信息云平台的关键要素包括时空云服务中心。时空信息云服务中心以地理信息共享平台为基本，将时空信息资源进行统一管理，并对外提供全面无缝集成、自动智能化的时空信息云服务，形成统一的时空信息资源应用、共享交换、开发服务的中心，实现城市不同部门异构系统间的资源共享和业务协同，促进部门间信息资源的互联、互通、共享与集成。

6.2 时空信息云服务分类

时空信息云服务是以直观表达的全覆盖精细的时空信息为基础，面向泛在应用环境按需提供地理信息、物联网节点定位、功能软件和开发接口的服务。时空信息云服务提供数据服务、处理服务、分析服务、扩展服务等。数据服务支持时空大数据库数据读取、查询检索等功能；处理服务提供实时数据处理服务；分析服务提供历史数据分析等服务。

所有时空信息云服务都基于统一的服务标准构建，保证了第三方能依据统一调用标准任意的调用，以便云服务的共享。时空云平台采用悬浮式柔性架构，以功能仓库与数据仓库分别管理功能服务与数据服务，以保证功能与数据能完全分离，从而保证了云服务的“飘移、聚合、重构”特性，时空信息云服务中心的功能模块组成如图6-1所示。

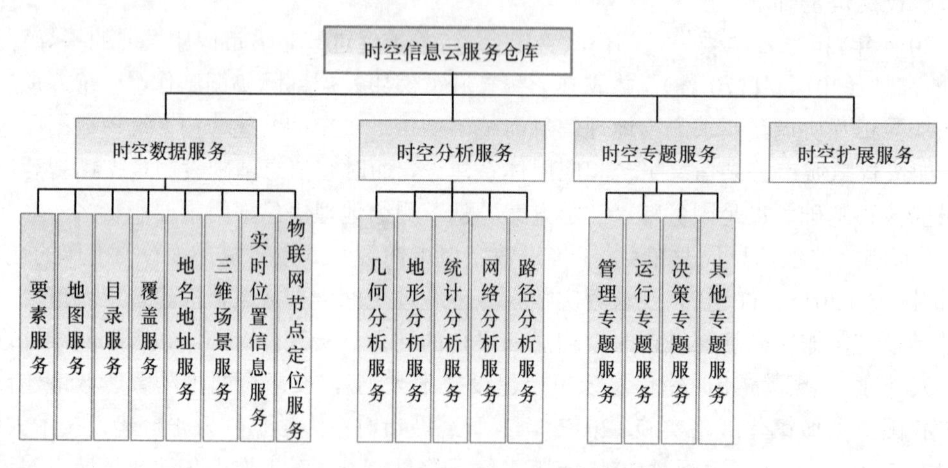

图6-1 时空信息云服务中心功能模块

6.2.1 时空数据服务

时空数据服务提供时空对象读取、索引、检索、流推送等服务，提供大数据引擎镜像服务，支持云端创建时空大数据环境。其中，针对大数据的数据类型，提供支持矢量、影像、三维、地名地址和其他新型产品的数据服务（目录服务、要素服务、地图服务、覆盖服务、地名地址服务、三维场景服务），以及实时位置信息服务与物联网节点定位服务。

1. 矢量、影像、三维、地名地址和其他新型产品数据服务

时空数据库中的矢量、影像、三维、地名地址和其他新型产品数据，按国家有关电

子地图相应标准股规范进行数据实体化、配图，根据需要进行切片，并以国际通用标准服务的形式发布，方便用户在泛在网络环境下对数据的快速获取和使用。平台提供的数据服务种类如表 6-1 所示。

表 6-1　数据服务种类

时空信息数据类型	服务提供方式
矢量数据	要素服务（web feature service，WFS） 地图服务（web map service，WMS） 目录服务（catalog service web，CSW）
影像数据	地图服务（web map service，WMS） 覆盖服务（web coverage service，WCW） 目录服务（catalog service web，CSW）
三维数据	地图服务（web map service，WMS） 三维场景服务（web three dimensions service，WTDS） 目录服务（catalog service web，CSW）
地名地址服务	地名地址服务（web feature gazetteer service，WFS-G） 目录服务（catalog service web，CSW）
新型产品数据	地图服务（web map service，WMS） 目录服务（catalog service web，CSW）

1）要素服务

要素服务是提供网络要素服务的描述信息和地理要素相关的基本服务，并支持相关公开格式标准的要素数据。它是 OGC 提出的一个在网络环境下实现地理要素互操作的服务标准。WFS 可以在支持 HTTP 协议的分布式计算平台上实现对地理要素的发现、查询、插入、更新、删除等操作。它的作用有两方面：一是实现了地理要素数据的网络发布；二是实现了异构地理信息系统之间的互操作。WFS 的功能包括 5 个操作：GetCapabilities、DescribeFeatureType、GetFeature、Transaction 和 LockFeature，其中 Transaction 和 LockFeature 为可选操作。

2）地图服务

地图服务是 OGC 网络服务标准中比较简单也是比较重要的服务之一。WMS 的主要功能就是根据客户端的请求，将地理信息以地图图像的形式返回给客户端。WMS 定义了 3 个操作：GetCapabilities、GetMap 和 GetFeatureInfo，其中 GetCapabilities 和 GetMap 是必须提供的，GetFeatureInfo 为可选的。

3）目录服务

目录服务包括地理信息数据、服务，以及其他相关资源的元数据采集、注册、汇集，在此基础上提供地理信息资源的查询、发现，以及对服务资源的聚合或组合。

目录服务是用来管理空间信息服务体系中所有服务的开放式目录组织结构。服务能够发现和管理各类地理空间数据元数据，将自身的信息注册在目录服务中，服务的应用者能够通过目录服务检索需要的服务注册信息，响应地理空间数据查询、显示和应用系统的请求，发送支持这些系统的服务元数据信息。应用系统根据这些元数据信息连接和定向到请求的服务完成服务请求。

该服务接口符合 OGC CSW 规范。以指定格式返回系统中的地理空间服务目录和元数据信息，允许用户对目录的更新、更改和删除，实现的接口主要有：GetCapablities、GetRecords、DescribeRecord、GetRecordbyId、Transaction。

4）覆盖服务

覆盖服务是面向空间影像的数据，它将包含地理位置值的地理空间数据作为覆盖（coverage）在网上进行交换。OGC 的 WCS 执行规范中定义了三种必须操作：GetCapabilities、GetCoverage 和 DescribeCoverageType。

5）地名地址服务 WFS-G

地理编码服务使用标准的 Web Service 方式构建基于地名地址库的地名数据的查询、定位和更新服务。地名地址服务以分块要素服务为基础，通过地名地址发布包的发布和部署，为服务客户提供地名地址定位和查询服务。

地理编码服务是在运行时通过查询请求给出搜索字符串时获取相关的一致的一个或多个要素位置。返回的要素位置采用 GML 编码表达。地名地址服务可以看成是分块要素服务的特例，即地名地址与要素位置相关联。

地名查询定位主要完成对地名、单位名的查询、浏览，分类识别、信息导航和空间信息定位。地名更新服务则是通过服务对地名地址数据库中的地名数据进行更新。

服务支持地名提供超链接、多媒体等丰富的用户显示数据。当用户需要地名地址的多媒体信息时，返回的是多媒体文件的 URL 地址，客户端根据 URL 地址到相应的 Web 服务器上得到多媒体文件信息，然后将其显示出来。

6）三维场景服务

三维场景服务的主要功能就是根据客户端的请求，将三维模型场景返回给客户端。三维场景服务目前缺少国家和国际标准，因此可采用软件提供的标准接口实现。

2. 实时位置信息服务

接入具备空间定位能力的传感网，获取实时位置信息，提供地理信息实时定位服务。

（1）利用城市 CORS 网的服务网络，提供可控和可授权的基于有线网络和无线网络的 GPS 网络差分服务和 GPS 数据后差分服务。

（2）将对地观测系统纳入云平台，提供准实时影像数据服务，以及基础地理信息的动态更新服务。

（3）提供实时位置信息与公开地图正确匹配服务。

3. 物联网节点定位服务

为准确定位实时信息发生地，拾取信息内容并与地理信息有机整合，辅助科学决策，提供服务及接口如下：

（1）物联网节点的位置服务；

（2）物联网节点的空间定位接口服务；

（3）针对不同传类型传感器，信息流拾取 API；

（4）针对监控视频、RFID 等传感设备获取的实时信息，解析分析 API。

6.2.2 时空分析服务

时空分析服务提供空间分析、时空统计、聚类、分类等基本分析服务。

时空分析服务采用 OGC 标准定义的 WPS（web processing service）实现。通过 WPS 服务，用户可以用指定的方法数据进行处理，如生成缓冲区，或进行叠置分析等。

例如，目前主流 GIS 平台数据服务支持的时空分析功能主要有几何分析服务、地形分析服务、统计分析服务、网络分析服务和路径分析服务等。

（1）几何分析服务：包括叠加分析、缓冲区分析、拓扑分析、邻域分析、数据提取等几何分析功能服务。

（2）地形分析服务：包括距离分析、密度分析、插值分析、表面分析、统计分析、地图代数与栅格计算、数据融合、分类与重分类等栅格分析功能服务。

（3）统计分析服务：包括基本统计量、相关性分析、系统聚类分析、主成分分析、空间回归分析、趋势面分析、空间拟合分析、空间内插等统计分析功能服务。

（4）网络分析服务：包括路径分析、地址匹配、资源分配、网络跟踪、地址编码与匹配、连通分析等网络分析功能服务。

（5）路径分析服务：实现从已知两个或两个以上地点中，最短、最快速、不走高速等方式计算出的最佳路线。在行进途中，能实现途经点及规避点的设置。

6.2.3 时空专题服务

云服务中心可以根据业务应用需求，集成该业务应用相关的专题信息云服务，形成专题服务，如管理专题服务、智慧城市运行专题服务、决策专题服务、其他专题服务等。

常见的专题服务如人民经济专题涉及人口数据、GDP 数据，云服务中心可以生成人民经济专题的数据目录，在同一个地图界面内展示人口数据及其在某时间段内的变化、GDP 数据及其在某时间段内的变化，为用户对数据的理解提供更直观的感受，辅助用户决策。

6.3 时空信息云服务定制

时空信息云服务中心以时空数据服务、时空分析服务、时空专题服务为核心，形成服务资源池，在此基础上根据用户的特定需求可以进一步提供专有云服务，形成定制云服务。云服务定制是将多个云服务单元按照服务集成规则聚合成一个复合云服务，复合云服务具备云服务单元的特性，可以自由地聚合、迁移、重构。定制的云服务通过云服务中心，为各种业务应用提供按需服务。

时空信息云服务中心将目前使用率比较高的定制云服务建立引擎，主要有地址匹配引擎、业务流建模引擎、知识化引擎三种。

6.3.1 地址匹配引擎

在电子地图的实际应用过程中，经常需要在已知地名、地址的情况下，找出其相应的位置，被称为地理编码。地理编码系统是数字城市重要的空间信息基础设施。地址匹配是实现地理编码系统的核心技术，直接决定地理编码的效率。地址匹配是指根据用户输入的包含地址信息的文字描述，按照一定的地址匹配策略，与地理编码库中的地址信息进行比对，从而获得对应的空间地理坐标，并定位到电子地图的相应空间位置的过程。

地名地址匹配引擎是国家智慧城市时空信息云平台建设大纲中的要求，同时也是时空大数据中地名地址为社会生活提供便捷服务的一个重要部分。基于时空信息云服务中心，能为各种应用系统提供在线的地名地址匹配服务，也可以为各种阶段性需要提供批量的单独地名地址匹配功能，能提供精确的地名地址双向匹配服务，也能提供不规范的、模糊地址的匹配服务，还能提供基于自然语言描述的语义解析和地名地址匹配服务。

地址匹配的目标是为任何输入的地址数据返回最准确的匹配结果。其过程通常包括地址标准化和数据库匹配。地址标准化是指街道地址匹配之前的数据处理，包括街道地址信息的标准化、纠正街道和地址名称的拼写形式等。数据库匹配是指将记录的地址属性与地理编码库中地理实体的地址属性进行匹配，然后将地理实体的坐标赋给匹配成功的记录。理想的地址匹配情况是用户提交的地址信息和地理编码库中的相应信息完全匹配，但实际上出现这种情况的概率很小，并且地名简称的广泛应用无疑增加了地址匹配的难度。因此，笔者及团队在分析研究各种模糊检索技术的基础上，基于 Lucene 设计了一种高效的地址匹配引擎，有效解决了地址匹配中的模糊检索问题。

地名地址快速匹配引擎是时空信息云平台建设的一个重要组成部分，是平台地理信息资源共享的基础，是实现社会信息资源互操作的需要。城市规划管理、城市智能交通、城市综合管网、城市地籍管理等各种城市地理信息系统的建设都将以地址编码为基础。为此，建立市地名地址库系统，形成地址匹配检索体系，集成到时空信息云平台中更好地为政府、企业、公众和社会各行业提供在线服务，为资源环境及社会经济的可持续发展提供测绘基础保障。

地址匹配引擎设计了批量地址匹配工具，来实现高效的地址匹配服务。

1. 批量地址匹配工具

地址匹配引擎提供一个功能精简的匹配工具，能够进行小规模的批量匹配工作，并且能够进行人工校验，以便确定地址匹配的正确性。

同时，可以对疑问结果启动人工干预流程。通过查看修改待匹配地址、匹配词素组合等方法，人工选定匹配结果等方式干预匹配结果。

2. 高效地址匹配服务

地址匹配引擎以 Web Service 或者相关城市地理共享平台约定的形式对于政府内网用户提供正向和逆向的地址匹配服务。其他的应用系统可以利用这些服务集成地址编码功能。

地址匹配结果匹配率高，地址匹配服务性能高，支持集群管理。

6.3.2 业务流建模引擎

在时空信息云服务中心中进行云服务定制时，利用业务流建模引擎即可快速、高效、可视化地完成云服务定制及业务定制。

业务流建模引擎是将业务流程中的工作，按照逻辑和规则以恰当的模型进行表示并对其实施计算，实现业务工作的自动化处理。

为了使云服务能更好地面向实际应用，需要建立相应的界面控制和过程控制子系统，以协助云服务的搭建聚合及应用开发。业务流建模引擎通过可视化的流程定制帮助用户在数据服务、分析服务和专题服务的基础上，开发定制业务系统。它使得可以在不修改云服务的前提下，通过修改过程模型来改进系统性能，提高数据及功能的重用率，发挥云服务中心的最大效能。

业务流建模引擎建立时空数据服务、物联网节点定位服务、开发接口和地图功能，根据用户提供的关键信息，实现自动或智能组装，按需提供服务。

按需自动组装时，应建立人机协同的调整环境，对其中不适宜的功能、数据和界面等内容进行数据增删、界面调整改进。

时空信息云服务中心业务流建模引擎包括流程定义的导入导出、工作流样例调用、工作流权限设置、工作流服务管理四个模块。

1. 流程定义的导入导出

工作流的过程定义部分包括对流程实体、控制类型等的管理。

2. 工作流样例调用

该模块可以提供基础工作流样例，能够根据业务的需要，进行调用配置。工作流建模中每一个节点都可以绑定一个功能组件。当流程驱动到当前节点时，系统将建模过程中节点预置的参数或样例传给绑定的组件，执行组件代码实现其相应功能。节点间的流程跳转通过连接节点的有向连接线上的条件来实现。一个流程就是一连串按照条件执行预置组件的过程，以此来实现程序的逻辑控制从而实现实际的业务流程。

3. 工作流权限设置

为适应各个业务环境下不同用户角色与权限设置，在设计工作流管理系统时，单独建立了一个开放式的机构管理模块，用来配置系统用户的机构、职务与特殊功能集。工作流节点的操作权限可以赋给机构（即机构内所有用户）、单个用户，或者某个职级的部分用户。不同级别之间的操作权限允许向下传递。对于用户机构、职务交错的特别操作允许以功能集的方式给特定用户赋权。

在工作流监控方面，流程设计过程中允许任意节点的热拔插，提供所见即所得的实时调试功能，并支持在节点和连接线上设置断点跟踪，而无需更改设置和频繁编译，为设计人员节省了大量的调试时间。

4. 工作流服务管理

工作流的应用包括工作流建模、工作流实例化和工作流运行三个阶段。工作流建模是通过可视化的建模工具完成业务或功能流程模型的建立；工作流实例化阶段为每个过程设定运行所需的参数，包括过程的流转对象、每个活动节点的属性等。工作流运行是在流程设计完成并通过测试后的运行阶段，在这个过程中主要是对过程的执行情况进行监控与跟踪。工作流引擎主要完成工作流建模和工作流实例化过程，并为用户进行灵活、方便的创建业务流程和功能流程提供了可视化界面，具体提供的服务如下。

1）按照业务流程定义驱动业务运行

工作流引擎提供强大的流程控制能力，提供按照业务流程定义驱动业务运行功能，业务运行可以包括能支持串行、并发、选择分支、汇聚等普通工作流模式，支持基于条件规则路由的静态工作流；同时也支持任意节点回退、撤销、子流程、窗口补证等多种复杂动态工作流。

2）多种流程实例控制管理

工作流引擎提供批办、协办、督办、沉淀、超期提示等多种流程实例控制管理功能。

3）流程模板版本管理、状态管理

为了适应业务流程的变化，工作流引擎提供强大的流程模板版本管理、状态管理功能，通过接口 1 实现流程模板 XPDL 格式的导入导出。

4）可视化功能和业务流程搭建

工作流引擎提供工作流可视化建模工具，通过功能组件的简单拖拽实现典型业务流程的搭建，从而为企业的业务系统运行、功能搭建提供一个灵活、可视化的界面，为用户更灵活的定义出企业的业务流程、业务功能、业务模型提供支撑。

6.3.3 知识化引擎

知识化引擎是通过提供不同层次能力的大数据分析工具，帮助用户完成对数据的深度挖掘，建立通用分析方法模型库、专题分析方法模型库、预测推演方法模型库三个模型库，进而更方便快捷地获取有价值的知识。

1. 通用分析方法模型库

建立蕴含统计分析、特征提取、变化发现等浅层分析方法，人工神经网络、向量机、逻辑分析等关联分析方法，深度学习、购物篮、贝叶斯分类等挖掘方法的模型库。

2. 专题分析方法模型库

以通用分析方法为原子工具，针对特定专题领域和特定主题，形成定制化、流程化的知识链。

3. 预测推演方法模型库

建立蕴含决策树、群集侦测、基因算法等预测推演方法的模型库。

6.4 分布式云服务协调管理

时空云服务中心管理的云服务存储在不同的云服务器结点上，多个服务器结点组成云集群。为了对各类功能服务进行高效管理，需要建立云服务集群管理平台（后文简称IGSS）。云服务集群管理平台是一种智能云化工具，依托云技术，将多个服务器结点的云服务进行云化、集群化管理，同时提供集群配置管理、集群状态监控等功能，对云集群服务进行合理调度，实现结点负载均衡和服务性能最大化。

云服务集群管理平台是时空信息云服务中心的核心技术支撑，平台建立了分布式云服务协调管理机制，利用合适的云服务调度策略及服务监控措施，实现云服务集群的智能化部署、云服务资源弹性调度和自动化管理。

云服务集群管理平台的技术要点在于负载均衡和服务调度，云服务中心使用 Nginx（也称 engine x，是一个高性能的 HTTP 和反向代理服务器，也是一个 IMAP/POP3/SMTP 服务器）内核调度实现服务的高效调度。

云服务集群管理平台结构分为如下四个层次，如图 6-2 所示。

（1）基础设施层（IGSS 结点）：即时空信息云服务结点，其结点存在形式包括物理结点和虚拟结点。虚拟结点采用云计算方案，根据云计算的技术方案，支持 OpenStack、华为云、Docker。

（2）数据层（IGSS 数据）：主要是几大类时空数据，包括基础地理数据、空间分析数据、瓦片数据、三维服务，这些数据为服务应用提供支撑。

（3）核心平台层（IGSS 调度与运维）：提供平台运维管理和服务调度。运维管理包括资源管理、资源监控、安全管理等，其中结点管理、数据管理、服务管理统称为资源管理。服务调度支持两种技术方案，分别为基于 Java 后台的 Http 服务调度和基于 Nginx 内核的服务调度。

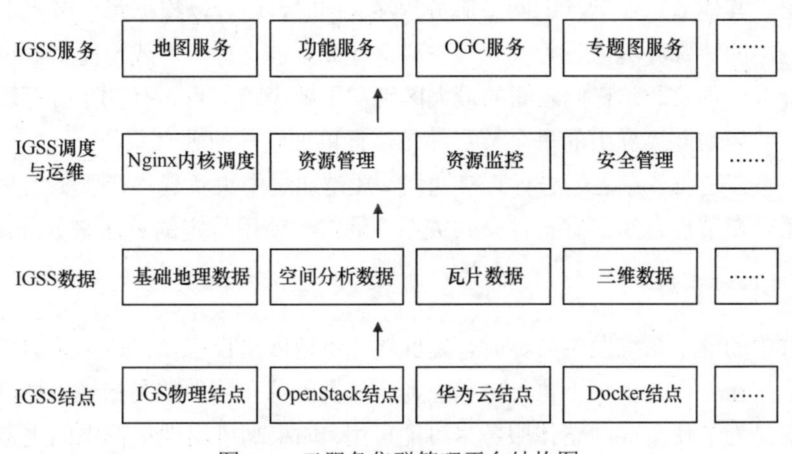

图 6-2 云服务集群管理平台结构图

（4）服务提供层（IGSS 服务）：为云应用提供服务，包括地图服务、功能服务、OGC 服务、专题图服务等。

云服务集群管理平台，通过集群部署工具实现智能化服务集群部署功能；通过弹性的资源调度策略实现资源动态分配与调整；通过基于智能算法和云服务资源组合模型的云工作流调度策略实现服务调度功能，涉及的主要技术方案包括在线工作流并行服务技术、基于原生 Http 调度和 Nginx 内核调度的智能化任务分配与并行调度，以及地图服务的并行优化；通过在线运维平台客户端提供多方位的服务监控管理功能。

6.4.1 智能化服务集群部署

集群是一组相互独立的、通过高速网络互联的计算机，它们构成了一个组，并以单一系统的模式加以管理。一个客户与集群相互作用时，集群像是一个独立的服务器。集群配置是用于提高可用性和可缩放性。集群（cluster）技术是一种较新的技术，通过集群技术，可以在付出较低成本的情况下获得在性能、可靠性、灵活性方面相对较高的收益，其任务调度则是集群系统中的核心技术。

集群可以分为以下三类。

1. 科学集群

科学集群是并行计算的基础。通常，科学集群涉及为集群开发的并行应用程序，以解决复杂的科学问题。科学集群对外就好像一个超级计算机，这种超级计算机内部由十至上万个独立处理器组成，并且在公共消息传递层上进行通信以运行并行应用程序。

2. 负载均衡集群

负载均衡集群为企业需求提供了更实用的系统。负载均衡集群使负载可以在计算机集群中尽可能平均地分摊处理。负载通常包括应用程序处理负载和网络流量负载。这样的系统非常适合向使用同一组应用程序的大量用户提供服务。每个节点都可以承担一定的处理负载，并且可以实现处理负载在节点之间的动态分配，以实现负载均衡。对于网络流量负载，当网络服务程序接受了高入网流量，以致无法迅速处理，这时，网络流量就会发送给在其他节点上运行的网络服务程序。同时，还可以根据每个节点上不同的可用资源或网络的特殊环境来进行优化。与科学计算集群一样，负载均衡集群也在多节点之间分发计算处理负载。它们之间的最大区别在于缺少跨节点运行的单并行程序。大多数情况下，负载均衡集群中的每个节点都是运行单独软件的独立系统。

但是，不管是在节点之间进行直接通信，还是通过中央负载均衡服务器来控制每个节点的负载，在节点之间都有一种公共关系。通常，使用特定的算法来分发该负载。

3. 高可用性集群

当集群中的一个系统发生故障时，集群软件迅速做出反应，将该系统的任务分配到集群中其他正在工作的系统上执行。考虑到计算机硬件和软件的易错性，高可用性集群的主要目的是为了使集群的整体服务尽可能可用。如果高可用性集群中的主节点发生了故障，那么这段时间内将由次节点代替它。次节点通常是主节点的镜像。当它代替主节点时，它可以完全接管其身份，因此使系统环境对于用户是一致的。

高可用性集群使服务器系统的运行速度和响应速度尽可能快。它们经常利用在多台机器上运行的冗余节点和服务，用来相互跟踪。如果某个节点失败，它的替补者将在几秒钟或更短时间内接管它的职责。因此，对于用户而言，集群永远不会停机。

在实际的使用中，集群的这三种类型相互交融，如高可用性集群也可以在其节点之间均衡用户负载。同样，也可以从要编写应用程序的集群中找到一个并行集群，它可以在节点之间执行负载均衡。从这个意义上讲，这种集群类别的划分是一个相对的概念，不是绝对的。

在时空信息云服务中心中，集群是一组经过配置以运行一小组专用服务子集的 GIS 服务器。包含两个或多个 GIS 服务器的站点可利用集群来执行特定的部署使用案例。一些服务器操作（如批量地理编码）非常占用 CPU 资源。通过集群服务器执行此类操作时，有助于释放站点中的其他计算机，使其余服务继续以最优性能运行。集群也可以用在硬件资源多种多样的情况下。例如，可以将旧的、速度慢的服务器放在自己的集群中以执行优先级低的作业。

时空信息云服务中心提供智能的集群部署工具，采用集群配置规则模板库，实现集群环境的一键式部署，使集群部署工作更简便。智能化服务集群部署步骤如图 6-3 所示。

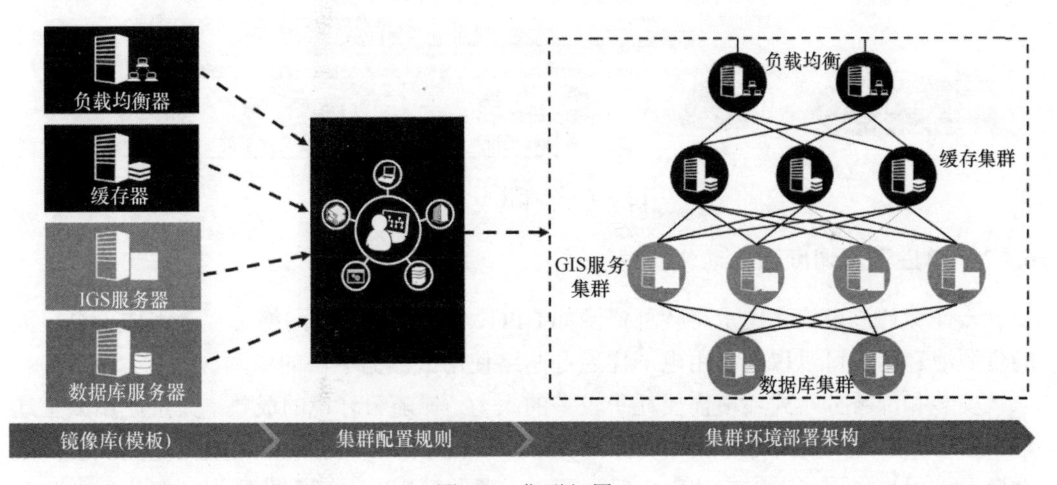

图 6-3　集群部署

时空信息云服务中心构建一系列服务器的镜像库，包括数据库服务器、云结点服务器、缓存器、负载均衡器，然后采用集群配置规则模板库，将不同类型的服务器进行部署为数据库集群、GIS 服务集群、缓存集群、负载均衡集群。

如图 6-4 所示，部署后的时空信息云平台集群共分为四类，从底层往上分别是数据库集群、GIS 服务集群、缓存集群、负载均衡集群。

（1）数据库集群：利用至少两台或者多台空间数据库服务器及非结构化的 NoSQL 数据库服务器，构成一个虚拟单一数据库逻辑映像，像单数据库系统那样，向云平台上层提供透明的时空大数据服务。同时，数据库集群具备数据分析、数据备份等数据库管理的功能。

（2）GIS 服务集群：将多个 GIS 服务组合成多个 GIS 服务集群，利用数据访问接口获取数据库集群的数据，向客户端提供透明的 GIS 服务。

（3）缓存集群：利用缓存机制对 GIS 服务集群部署高性能缓存集群。

（4）负载均衡集群：通过负载均衡策略建立 Web 服务集群，加强时空大数据处理能力、提高网络的灵活性和可用性。

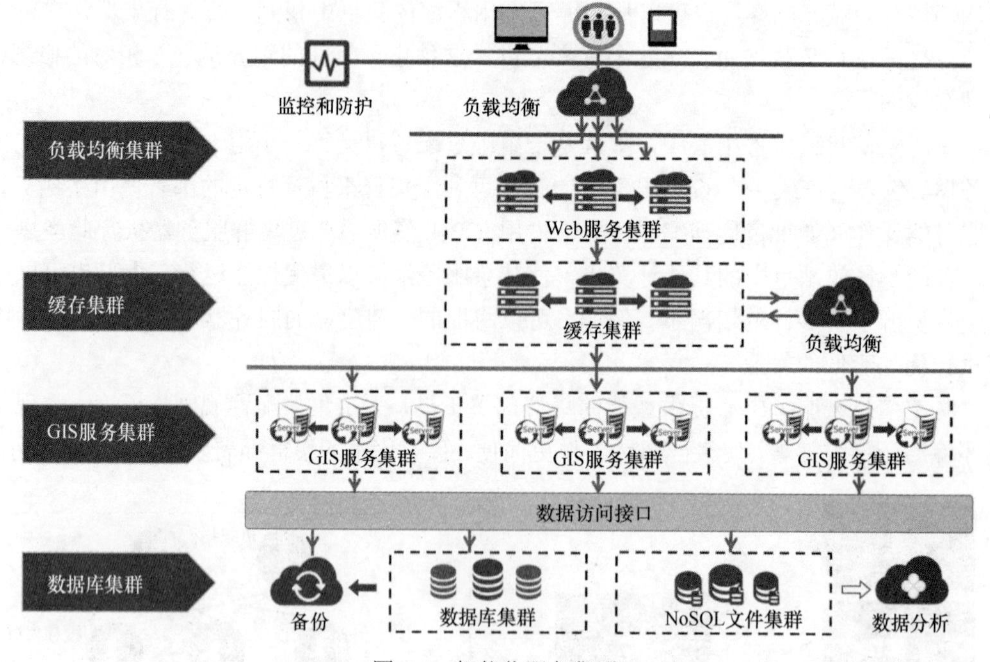

图 6-4 智能化服务集群

6.4.2 弹性资源调度和自动化管理

云计算通过虚拟化技术将各种资源如 CPU、内存、硬盘、网络带宽等组成一个巨大的资源池。用户可以像用水用电一样通过网络使用云数据中心的资源。

安装和部署分布式环境需要耗费较多的人力，伴随云环境的成熟，大量应用云上迁移。当用户急需大量的分布式环境做计算时，云服务中心能借助云环境快速提供计算集群资源供用户使用；当用户使用完后，不再需要此环境时，可立即释放计算集群的相关资源。弹性的环境部署和调度，为用户节省大量的部署和运维分布式环境的成本。

时空信息云平台提供弹性的资源调整策略，采用监控虚拟机节点的使用情况，实现虚拟机节点的自动调整，使资源调整工作更加灵活。

1. 资源平衡

云数据中心有着不同种类的资源，并且分类方式也因不同云管理者而不同，在此主要考虑云计算资源的 CPU、内存、硬盘、网络带宽这四种主要资源。这四种资源也是用户需要的基本资源类型。图 6-5 为各种资源映射为用户角度的资源。在 OpenStack 云平台中，通过向用户提供几种标准模板来创建虚拟机（江波，2015）。

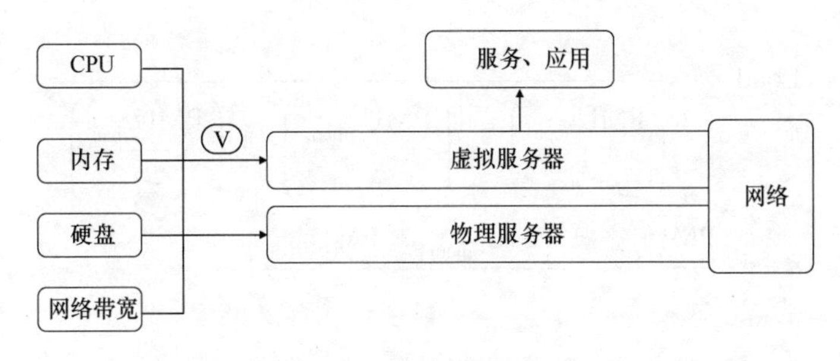

图 6-5　物理资源到虚拟资源映射

1）物理服务器与物理服务器集群

物理服务器是云数据中心的基础物理设备，在物理服务器上可以进行相应的云服务的部署（如虚拟机），物理服务器的处理能力、稳定性、安全性要求比较高。

物理服务器集群：包含多个物理服务器，利用网络连接管理，提供相应的存储。

2）虚拟服务器与虚拟服务器集群

虚拟服务器：在底层利用虚拟化技术将真实的物理资源虚拟成虚拟资源，而虚拟机都是由多个虚拟 CPU、硬盘、网卡等组成，虚拟资源的性能与真实物理主机的性能还是有一定的差距的，但是虚拟机资源能够很好地利用物理资源。

虚拟服务器集群：由虚拟网络连接而成的相互隔离的多个虚拟机所组成集群。

3）调度域

相关调度算法能够管理的范围。通常最大利用率、负载均衡、性能优化等调度算法都是一个调度域内部执行的。多个调度域之间执行不同的算法不会相互干扰。调度域的范围也是会被人为调整的。

下面分别介绍数据中心资源的属性。

1）物理服务器

物理服务器一般都具有较高的性能，之所以有云计算的需求，也就是因为大量的物理服务器闲置，需要将它们有效的利用。它们由处理器、硬盘、内存、系统总线等组成，不同服务器在处理能力、稳定性和安全性上有着比较大的区别，所以才会有对云计算的需求。

2）虚拟服务器

一般云服务提供商提供的服务器主要就是虚拟服务器，一些初创公司为了不耗费大量成本在基础设备上，会选择虚拟服务器进行开发，不需要担心维护等成本，但是虚拟服务器的性能也是用户担心的。一般来说，云提供商会为用户提供相应的模板。

因为每台服务器的物理资源不相类似，而且相应的分配的虚拟机类型也不相同，这也会导致不同物理机上剩余资源会有很大的变化，为了避免木桶效应，云平台应该尽量保持每个物理机的资源是均衡的，即本节前面所提到的资源 CPU、内存、硬盘、网络带宽这四个资源。由于目前硬盘价格比较便宜且比较容易增加，本书目前只考虑 CPU、内存、网络带宽这三个资源，将资源平衡定义为 3 维变量，如下面的公式所示：

$$\mathrm{Load}_j = \frac{3}{\left(\frac{\mathrm{PMU}_{j\mathrm{cpu}}}{u_j}\right)^2 + \left(\frac{\mathrm{PMU}_{j\mathrm{mem}}}{u_j}\right)^2 + \left(\frac{\mathrm{PMU}_{j\mathrm{ban}}}{u_j}\right)^2}$$

$$u_j = \frac{\mathrm{PMU}_{j\mathrm{cpu}} + \mathrm{PMU}_{j\mathrm{mem}} + \mathrm{PMU}_{j\mathrm{ban}}}{3}$$

$$f_j^s = \frac{1}{3\mathrm{Load}_j}$$

其中，$\mathrm{PMU}_{j\mathrm{cpu}}$，$\mathrm{PMU}_{j\mathrm{mem}}$，$\mathrm{PMU}_{j\mathrm{ban}}$ 分别为物理机 j 的 CPU、内存、网络带宽的利用率；u_j 为物理机 j 的 CPU、内存、网络带宽都能够资源的利用率的平均值；Load_j 为物理服务器 j 的资源的偏离程度。极端情况下，两个资源利用率为 0，则 Load_j 为最小值 1/3，如果资源平衡度非常理想的情况下，资源利用率都一致，则 f Load_j 为最大值 1。Load_j 的值越大表示的不同资源使用的程度越不相同。为了避免木桶效应，浪费资源，本节将资源平衡度作为考量之一。

2. 弹性资源调度策略

资源调度策略的核心是算法。云服务中心利用遗传算法的全局搜索性为蚁群算法提供初始信息分布，再利用改进后的蚁群算法寻求最优的放置方案，在一定的程度上可以提高搜索效率，通过融合这两种方法获取合理有效的算法。该资源调度的基本流程如图 6-6 所示。

资源调度算法主要包括输入与输出。

1）算法输入

（1）调度域内所有物理机的资源属性。

（2）需要创建的虚拟机实例的规格。

（3）调度域内所有物理机上部署的虚拟机的信息。

2）算法输出

虚拟机实例所在目标宿主机的主机名。

基于上述资源调度的算法，云服务中心的资源调度案例可模拟如下：在高峰状况下，多个用户同时访问 GIS 应用系统，云平台的资源调度步骤如图 6-7 所示。

（1）用户访问正常状况，通过 IGServer 1、IGServer 2 两个服务器结点进行访问，同时 Master 结点对这两个服务器结点进行实时资源监控。

（2）用户访问高峰状况，访问增加。

（3）资源监控检测到负载已经超过 80%。

（4）系统执行弹性资源自动调度，虚拟出一个新的服务器 IGServer 3，将负载过重的服务器 IGServer 2 上的数据等资源同步扩展到新的服务器。

（5）进行集群自适应，将部分计算任务分配到新虚拟出来的服务器。

（6）集群内服务器达到负载均衡，恢复正常。

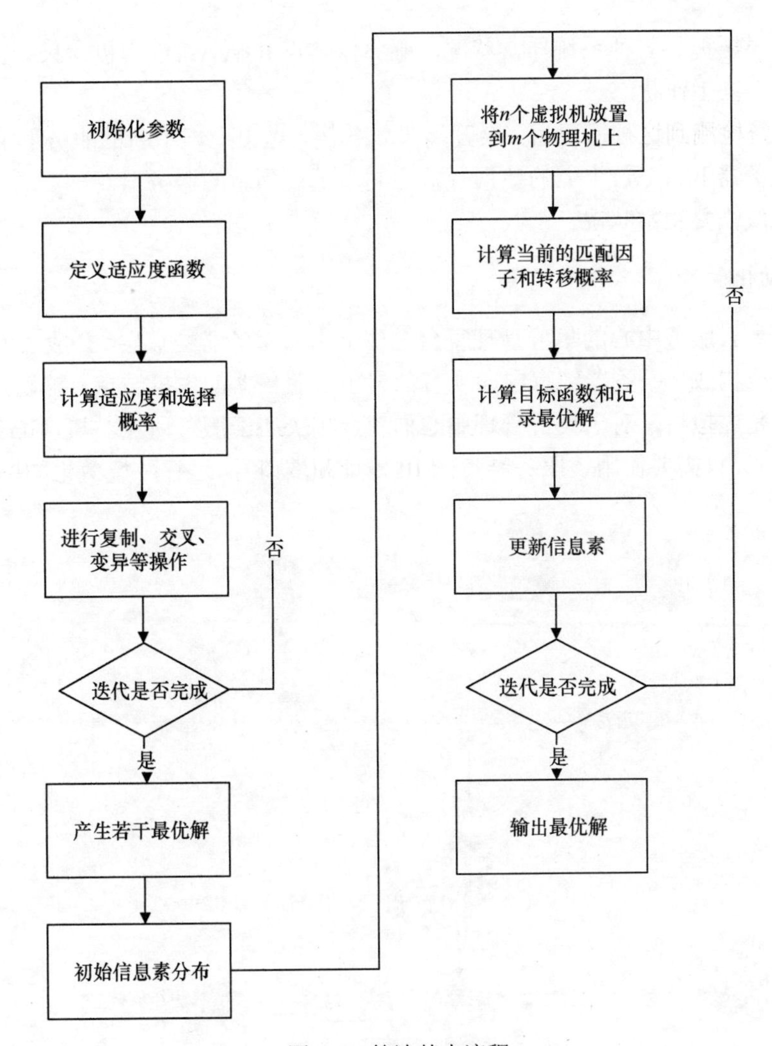

图 6-6　算法基本流程

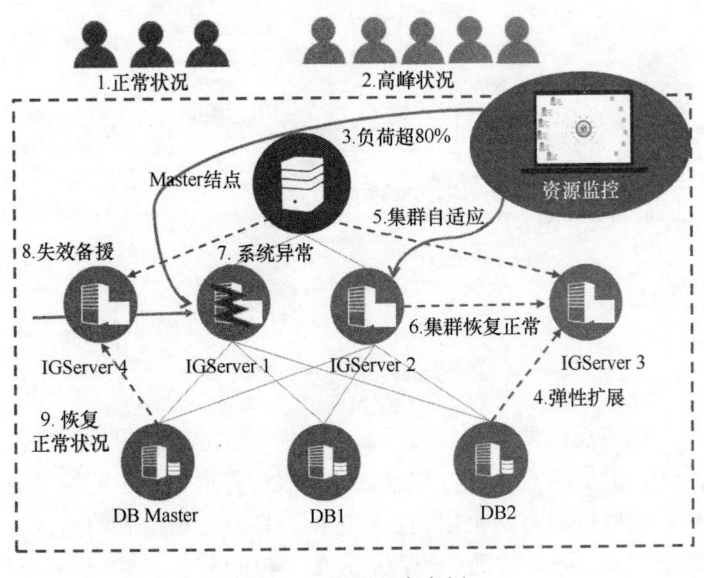

图 6-7　资源调度案例

（7）如果出现另一种系统异常状况，服务器结点 IGServer 1 宕机，只剩下服务器结点 IGServer 2 在工作状态。

（8）系统检测到这种情况后，会开展失效备援，虚拟出一个新的服务器 IGServer 4，将宕机的服务器 IGServer 1 上的数据等资源同步扩展到新的服务器。

（9）系统恢复正常状况。

3. 自动化管理

时空信息云服务中心的集群管理平台总体上由云服务器结点层、开放 API 层和前台管理界面三层构成。服务器结点层即现有部署了云服务器的主机结点，可以是真实的主机，也可以是虚拟机。对于集群管理中心而言，不关心云服务所在主机（IGS 结点）的具体存在形式，只需要使用该服务结点的 IP 地址和端口号。运行环境效果如图 6-8 所示。

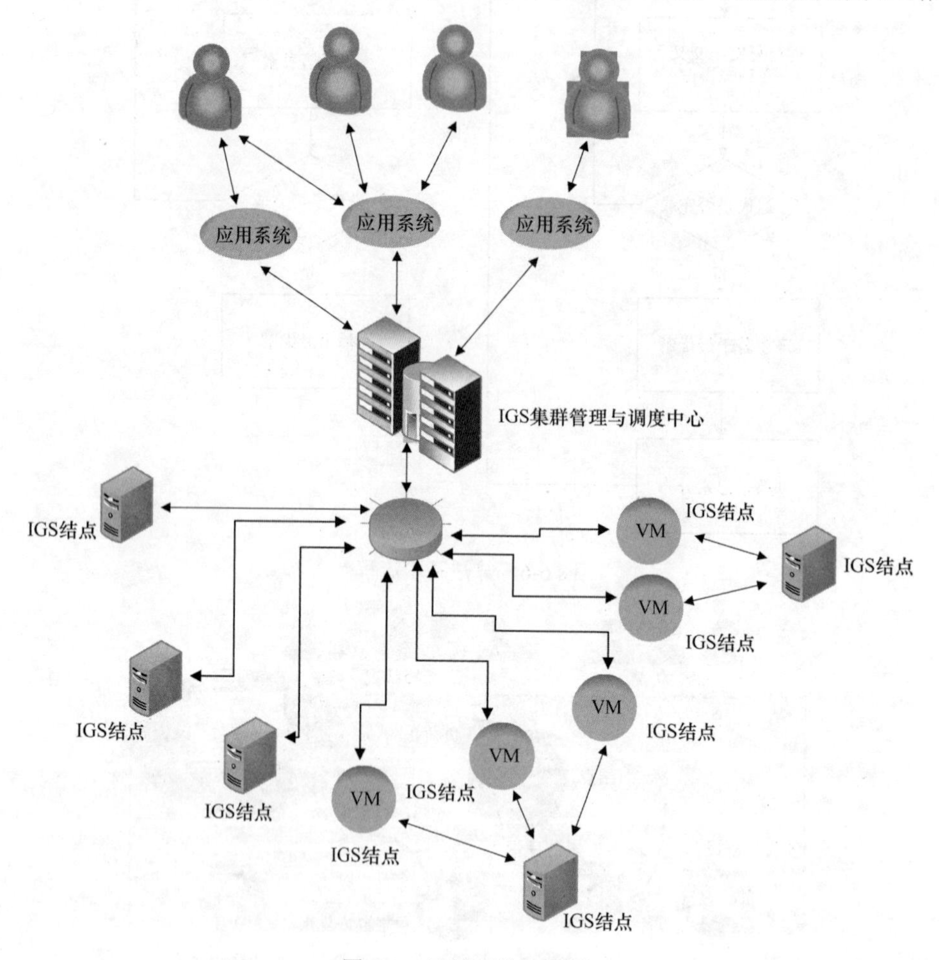

图 6-8　运行环境效果图

为了将云服务结点层的所有主机管理起来，集群管理中心提供开放的 API 接口，采用 REST 服务形式，提供结点管理、数据管理、服务管理、资源监控、数据服务和功能服务等服务接口。这些接口有两个用途：一方面，集群管理中心的前台界面可以通过调用结点管理、数据管理、服务管理和资源监控的 API 进行相应功能的手动操作；另一方面是为了第三方通过调用这些 API 实现结点的弹性管理、服务的动态发布和资源的动态监控预警。服务调度功能模块是集群管理中心的核心模块，该服务 API 提供给应用层调用，对来自客户端的请求根据某种调度策略进行结点分配和调度。

前台管理界面是为管理人员提供手动配置和管理集群管理平台的交互系统，在集群管理平台单独存在时是必须的。集群管理平台支持 OpenStack 和 Docker 虚拟结点，只需要调用集群管理平台的开放 API，实现虚拟结点的动态增删和数据的动态发布。

6.4.3 服务调度策略

调度问题是指映射并管理相互依赖的任务在分布资源中执行的过程。该过程能够提供合适的资源，保证工作流任务顺利完成并满足用户的特定需求。云计算环境下，工作流管理系统需要在其所属的可信域内按照用户的服务质量约束寻找合适的服务提供者来运行工作流任务，服务提供者需要在其所属的数据中心合理安排虚拟计算资源执行工作流任务。因此，可以将云工作流调度分为两个阶段的映射进行：第一阶段为工作流管理系统将可以并行执行的子工作流映射到相应的服务提供者；第二阶段为服务提供者将子工作流映射到相应的虚拟计算资源。

时空信息云服务中心的集群管理平台提供基于智能算法和云服务资源组合模型的云工作流调度策略。在这种策略中，第一阶段使用云服务资源选择模型为云工作流的执行选择合适的服务提供者；第二阶段使用智能算法将云工作流任务分配到虚拟计算资源上并进行优化。

服务调度功能模块是集群管理平台的核心模块，该服务 API 提供给应用层调用，对来自客户端的请求根据某种调度策略进行结点分配和调度。

1. 在线工作流并行服务技术

从云服务角度看，云工作流系统是隶属于特定的服务提供者，并接受云资源管理者的管理；从平台服务角度看，云工作流系统能够集成其他公有云服务，并且具有能够执行服务水平协议（SLA）和控制底层的云资源的能力，这些云资源包括自己数据中心的计算和存储资源。

一般来说，云工作流系统的功能及其在云计算环境的作用，促进了用户提交的工作流程应用的自动化，任务之间具有优先级关系。这种关系是根据图形的建模工具，如 DAG（有向无环图）和 Petri 网（Petri 网是对离散并行系统的数学表示，适合于描述异步的、并发的计算机系统模型），或者是基础编程语言的建模工具，如 XPDL（XML 过程定义语言）来定义的。对于只有少量任务的传统应用，资源管理者通常采用相对简单的元启发式的调度策略，如 FCFS（先到先得、额满即止），Min-Min（首先映射小的任务，并且映射到执行快的机器上）和 Max-Min（首先调度大任务，选择最早完成时间最大的任务映射到所对应的机器上），以满足运行时间或运行成本等服务质量（quality of service，QoS）约束。云工作流应用的任务是由云工作流系统管理的，云工作流系统是运行在数据中心的共享虚拟机上，因而需要更为复杂的调度策略，以满足 QoS 约束及工作流任务之间的优先关系。随着云计算环境中过程自动化需求的增加，特别是大规模分布式协作的云电子商务及云电子科学应用需求的增加，对云工作流调度策略的研究已成为非常重要的问题。同时，云工作流调度策略的研究不仅仅对云工作流系统有着重要的作用，对云计算环境中一般的作业调度也有着重要意义。

工作流调度也是经典的 NP 完全问题，即多项式复杂程度的非确定性问题（non-deterministic polynomial），许多启发式算法被提出并用来求解工作流调度问题。在主流分布式环境中，工作流调度的主要算法可被划分为两类，即基于尽力服务的调度和基于 QoS 约束的调度。在传统的社区计算模式中，资源在系统用户之间是免费共享的，因此基于尽力服务的调度策略只适用于最小化执行时间而不考虑运行成本。云计算环境采用面向市场的计算模式，基于 QoS 约束的调度策略适用于优化受 QoS 约束的多目标优化调度问题，如在成本约束下的完工时间最小化或者在时间约束下的成本最小化。许多启发式算法，如最小化执行时间、最小化完成时间、Min-Min、Max-Min 等，被用作为基于尽力服务调度的候选策略。一些元启发式算法，如遗传算法、蚁群优化和粒子群优化被设计用来优化基于 QoS 约束的调度问题，并表现出令人满意的成果。元启发式算法采用的是逐渐寻优的过程，通过设置合适的参数，算法可以达到既有一定的搜索广度也有一定的搜索深度，已经被广泛用于复杂问题的优化求解。

在云工作流系统的基于 QoS 约束的调度策略中采用元启发式算法是必要且可行的。近年来，许多文献采用遗传算法来解决大型复杂的调度问题，并证明了该算法在许多分布式动态资源环境中的高效性，如并行处理器系统和网格工作流系统。蚁群优化是模拟蚂蚁在野外觅食行为的元启发优化算法，也已被采纳来解决大型复杂的调度问题，在很多问题中都被证明是相当有效的。粒子群优化是一种相对较新的搜索算法，也是随机搜索算法的一种，它也采用群体智能模式，在搜索空间上逐步建立解决优化问题的解决方案。近年来，粒子群算法已用于解决调度问题，如网格计算、服务流和流水作业在许多不同的应用场景。

至目前为止，对云计算环境任务调度和云工作流任务调度的研究还处于起步阶段。笔者系统地分析了云工作流任务调度问题，并提出了切实可行的解决方案，即原生 Http 调度和基于 Nginx 内核调度，下节将对这两种调度策略进行详细解释。

时空信息云服务中心基于原生 Http 调度和基于 Nginx 内核调度，实现了在线工作流并行服务。图 6-9 是在线工作流并行服务示例，以选址为例：首先列出所有需要满足的条件，将所有条件进行空间分析计算，将空间计算任务分配到对应的计算节点上，计算节点分别并行完成计算，然后按比例进行叠加分析，根据叠加分析结果选出最适宜的位置。

2. 智能化的任务分配和并行调度

时空信息云服务中心的服务调度支持两种核心：原生 Http 调度和基于 Nginx 内核调度。调度需要支持可扩展的调度策略，默认使用轮询调度方法。任务调度模块是集群平台的内部功能模块，需要根据结点管理模块存储的结点信息列表、各个结点的服务状态，由负载均衡调度策略选择最优的结点处理当前任务。集群任务调度流程示意图如图 6-10 所示。

轮询调度方法有两个特点：①在任务调度过程中，对候选结点的选择不再是单方面考虑所有的结点，而要同时考虑数据的分布情况，需要结合数据分布来对结点进行筛选；②在

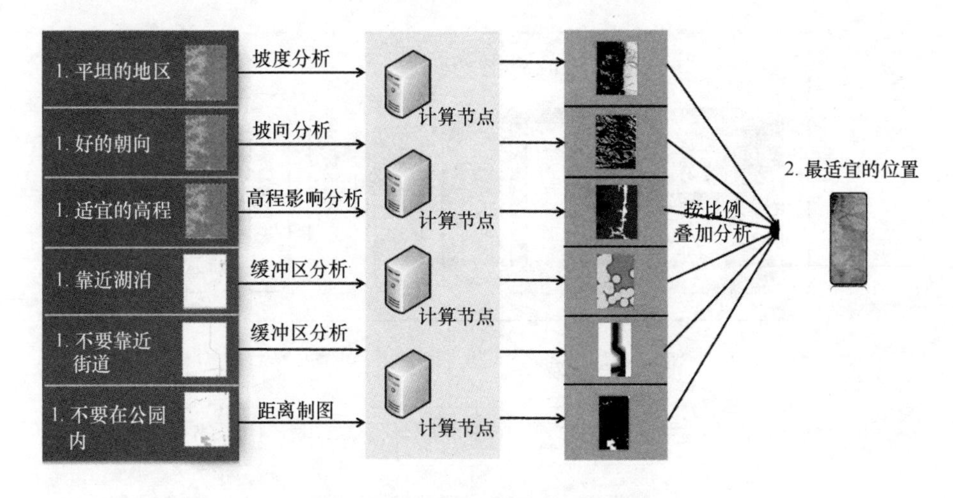

图 6-9　在线工作流并行服务示例

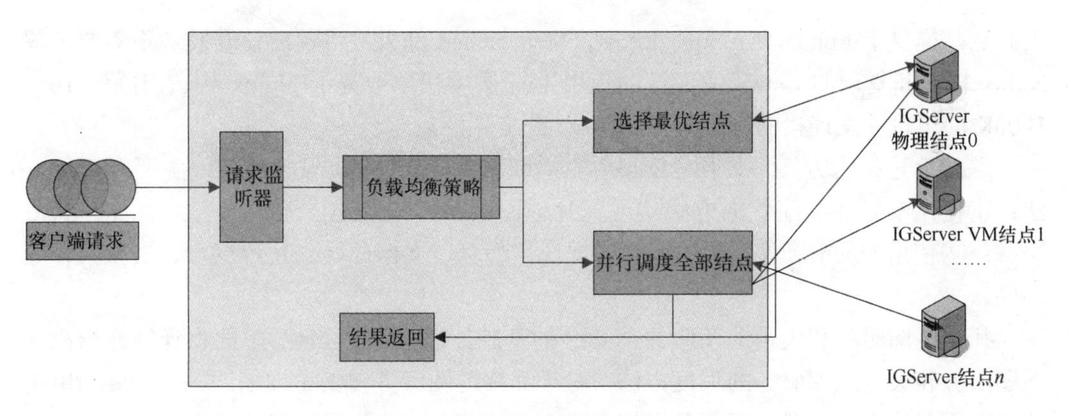

图 6-10　集群任务调度流程示意图

结点分配时需要考虑部分任务的并行优化问题。因此，对于矢量地图服务这类耗时任务，需要考虑将所有可用候选结点利用起来，将任务进行划分，分配到各个结点上并行执行，提高实时可视化的效率。

云服务中心的集群服务使用 Nginx 引擎，实现多结点高性能的分布式服务调度。IGSS 集群管理平台在现有的结点管理、数据管理、服务管理、流程管理等模块基础上，内置 Nginx 引擎作为其负载调度核心，系统结构如图 6-11 所示。

Nginx 引擎模块主要包括基础配置、负载策略、代理列表、发布管理与服务调度、缓存控制。核心是服务调度，替代使用 Java 服务对请求进行派发并返回。相比这种方式，采用 Nginx 模块进行服务调度，性能有较大的提升。

采用集成 Nginx 方案，通过实时加载配置来实现分布式服务调度，在对服务进行发布、删除及节点变更操作时，通过修改 Nginx 配置文件，Nginx 动态读取配置，实现毫秒级的配置重载。

为实现内存缓存、文档分块、瓦片聚合等功能，采用普通修改配置文件的方法无法实现，需要借助 Openresty 平台来对 Nginx 进行扩展开发。Openresty 也称为“ngx_Openresty”，是一个基于 Nginx 核心和 LuaJIT（采用 C 语言写的 Lua 代码的解释器）的可伸缩的 Web 平台：它集成了 Nginx 系统库和常用的三方模块。LuaJIT 是其最

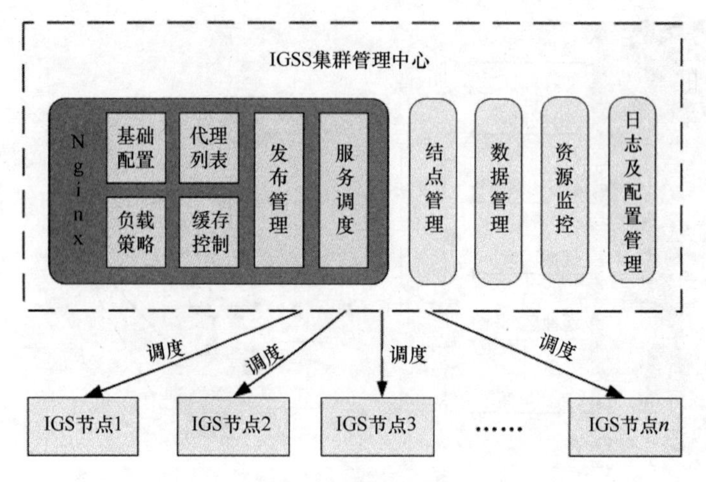

图 6-11　IGSS 集群调度结构图

大亮点，提供了 Lua 库+MySql、Redis、Memcached 等大量组件，使开发者不需要了解 Nginx 核心和复杂的 C++模块，就能使用 Lua 脚本快捷地基于 Nginx 构造出胜任 10～1000K 的单机并发连接的高性能 Web 应用系统。

综合上述技术方案，使用 Nginx 内核实现 IGSS 分布式服务调度，主要有两种方法：①使用实时加载配置的方式实现瓦片地图服务、矢量地图服务、三维服务、OGC 服务；②使用 Openresty 扩展的方式实现内存缓存、文档分块、瓦片聚合、矢量聚合等功能。

瓦片地图服务和矢量地图服务是 GIS 的基础数据服务，因此，下面将详细介绍瓦片地图服务和矢量地图服务的调度方法。对于瓦片地图服务和矢量地图服务，需要利用集群管理平台结点层的多个云服务器结点进行并行优化。其并行优化的基本策略是多用户请求时，对请求进行负载均衡，减轻单个结点的负载压力。

（1）对于瓦片地图服务，一般使用轮询调度法。当其服务支持多个结点时，服务器在接收到客户端瓦片服务请求后，会根据请求的级数行列号计算对应的瓦片索引号，并对索引以取余的方式来确定该请求在哪个结点上执行，如图 6-12 所示。

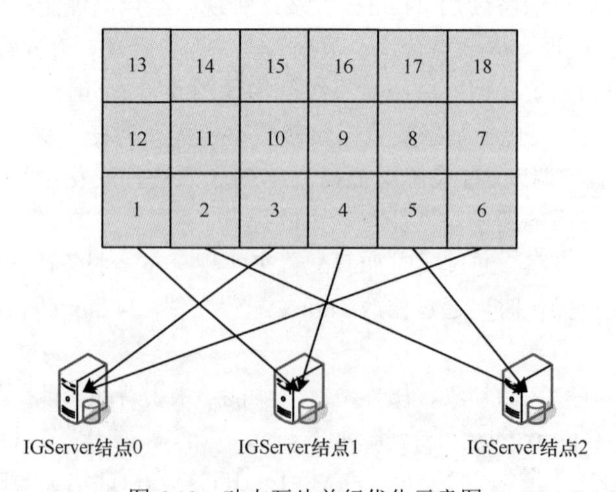

图 6-12　动态瓦片并行优化示意图

轮询调度法只是使用 IGSS 内部原生 Http 调度策略之一，如果调度核心使用 Nginx，则采用 Nginx 的负载均衡策略。

（2）对于矢量地图服务，采用将实际可视化范围进行实时划分的方法，将地图图像请求分解后分配到集群中所有已发布该数据的结点上，最大化的利用所有云服务器结点为每个客户端服务。注意这里需要考虑，在对矢量请求拆分后在各个结点请求结束时，需要对其进行合并，该过程会执行矢量分块绘制操作，可能会比较耗时。因此在选择矢量分块绘制时，需要考虑数据量。如果数据量小，本身一个结点和多个结点分块请求的时间相当，这时使用分块并没有加快请求速度。多结点的意义在于负载均衡，即多用户请求时，减轻单个结点的压力。矢量地图服务的并行优化示意图见图 6-13。

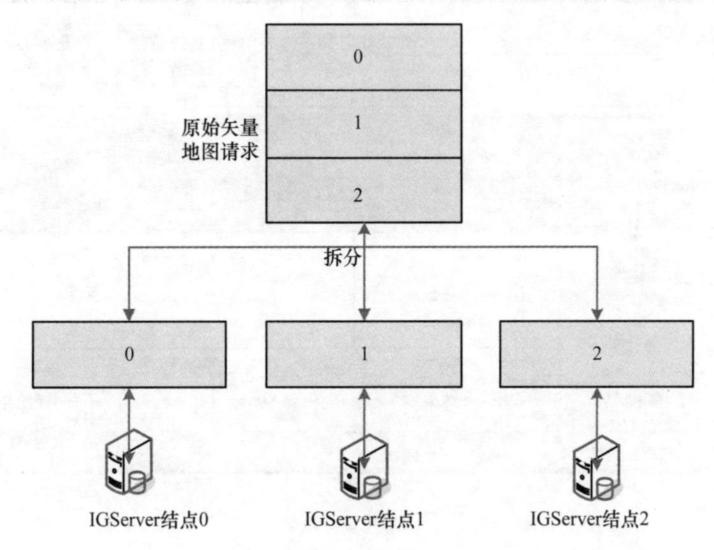

图 6-13　矢量地图服务的并行优化示意图

3. 高性能空间分析

在线工作流并行服务技术及智能化的任务分配和并行调度，为云环境下海量数据的高性能空间分析的实现提供了技术支撑。云平台的 IGSS 集群管理服务器集成了分布式空间分析工具，充分利用云平台多个结点的性能，使用 IGSS 空间分析任务调度器，将耗时计算量大的空间分析任务进行细粒度的划分，并行地在多个云平台结点上执行空间分析子任务，待所有任务执行完成，最终将各个子任务的结果进行合并汇总，生成空间分析的结果返回给用户。高性能空间分析工具的框架如图 6-14 所示。

高性能空间分析工具主要参考 Map-Reduce 的设计思路，对大任务进行拆分，并行在多个计算结点上执行，最终控制结点合并所有子任务的执行结果。其中，IGSS 集成了智能任务调度系统、任务执行状态监测系统和任务故障转移系统。

智能任务调度系统：在对空间分析子任务进行调度时，智能任务调度系统会综合考虑结点的可靠性和性能等指标，以及集群整体利用率，保证空间分析可靠、并最快得到分析结果。

任务执行状态监测系统：空间分析往往是耗时性的计算任务，任务执行状态监测系统会实时地监测任务执行的状态、进度和结果，避免出现某个结点无响应、网络中断等

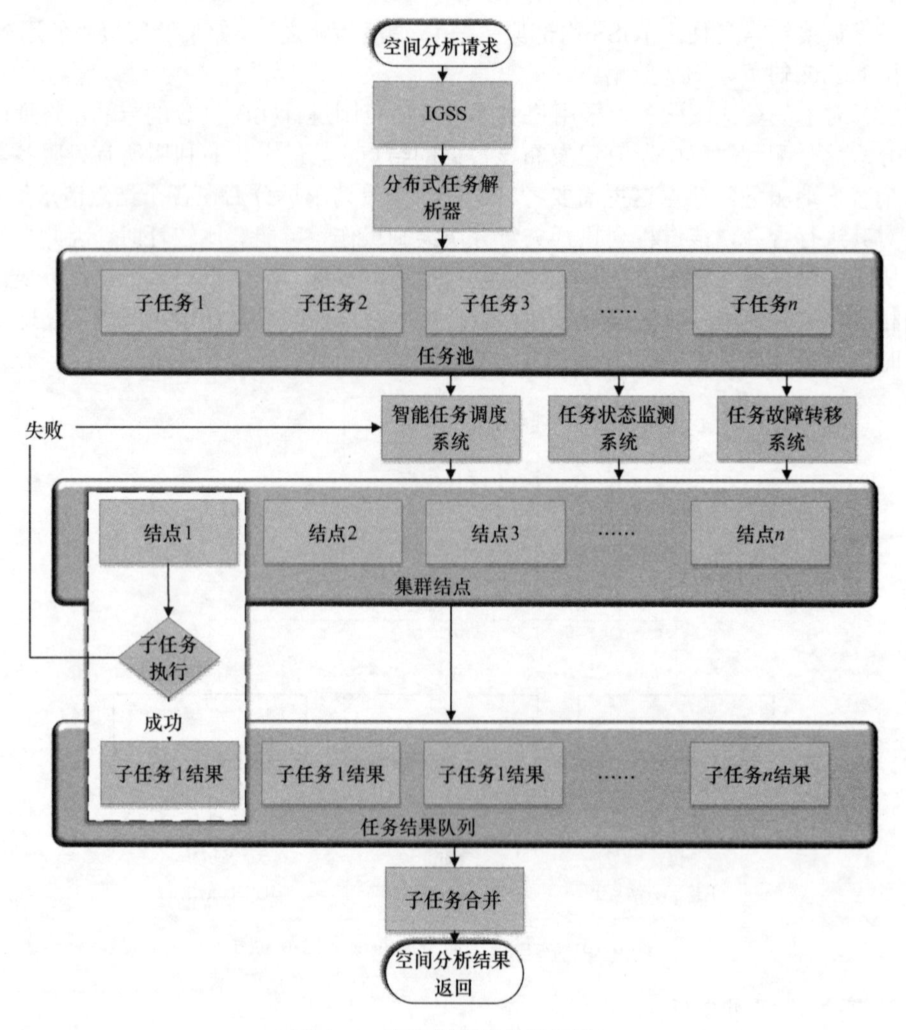

图 6-14　高性能空间分析框架

异常导致空间分析失败。

任务故障转移系统：高性能空间分析工具是分布式工具，子任务执行过程中结点出现故障等情况不可避免，任务故障转移系统在子任务出现故障时自动智能地对任务进行重新分配。

高性能空间分析流程主要包括三个步骤，即任务拆分、任务执行和任务合并。

（1）任务拆分：如图 6-14 所示，IGSS 接收到用户空间分析请求，IGSS 根据空间分析类型的元数据信息，对空间分析请求进行任务解析，得到若干个空间分析的子任务，并将所有子任务加入到该请求的任务池中。

（2）任务执行：IGSS 根据当前空间分析的元数据信息，得到可执行任务的 IGS 结点列表，并根据智能任务调度系统，选取最优的结点从任务池中选取子任务并在该结点上执行；同时任务状态监测系统开始监控任务的执行状态，记录结点执行任务的效率与性能，并作为下次任务调度的参考依据；任务监测中如果任务出现故障，任务故障转移系统会记录当前任务执行失败的信息，并将失败的任务重新放入任务池，待智能任务调度系统重新分配任务。

（3）任务合并：待任务池中的所有子任务执行完成后，需要对所有任务进行合并，合并任务也需要在 IGS 结点上执行，合并流程与步骤（2）执行方式相同。

6.4.4 服务监控

服务监控，为管理人员提供服务状态、结点个数和异常情况的监控，全方位掌控服务的运行的情况。服务监控用例见图 6-15。

（1）状态：主要用于描述服务的运行状态，状态信息包括：正常、异常、未使用。

（2）结点个数：管理员能在管理页面的图表中查看服务资源使用结点个数的实时变化情况。

（3）异常监控：为管理人员提供资源信息报警的功能，能够对发生异常的信息进行报警。

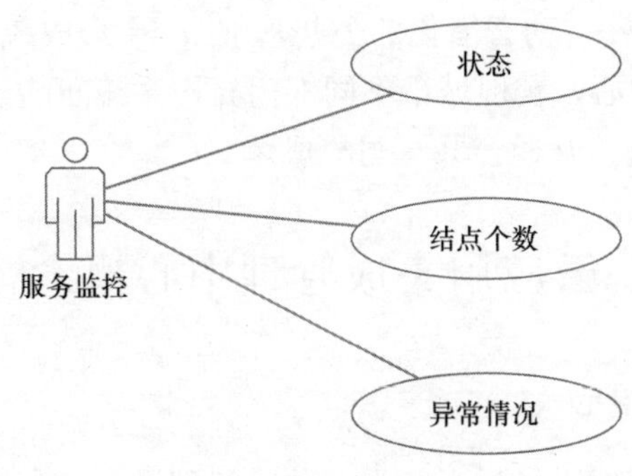

图 6-15　服务监控用例

第 7 章　时空云应用集成管理中心

云应用集成管理中心通过对各种软件、硬件、数据资源的集中管理，利用虚拟化和池化的技术，实现业务场景应用的在线定制、在线使用和集成管理。将 GIS 平台与基础设施云平台进行整合，实现云的计算能力空间化；将 GIS 服务资源池智能化、自动化管理，实现弹性的资源管理和云服务；将 GIS 服务集群化，通过分布式空间服务框架，实现 GIS 服务高性能基础设施云平台、云应用集成管理平台。

云应用集成管理中心以地理信息共享平台为基础，将时空信息资源进行统一管理，并对外提供全面无缝集成、自动智能化的公共基础服务，形成统一的时空信息资源应用、共享交换、开发服务的中心，实现城市不同部门异构系统间的资源共享和业务协同，促进部门间信息资源的互联、互通、共享与集成。

7.1　云应用集成管理中心概念模型

7.1.1　云应用集成管理中心

云应用集成管理中心建设目标：基于一种云基础设施平台，将软件（包含工具和应用）动态地部署到公有云环境和私有云环境下，为最终用户提供在线云工具和在线云服务。实现此目标需要建设以下内容：基础设施云平台、云应用集成管理平台、Portal 应用展示平台，如图 7-1 所示。

基础设施云平台为软件提供安装、部署、运行的载体。通过虚拟化技术提供可扩展的主机、网络、存储等资源，实现在线部署和服务模式。云应用集成管理平台是连接基础设施云平台和应用展示平台的桥梁，提供应用部署、应用管理、上线配置的底层支持。行业 Portal 应用展示平台是一个综合性的门户，集在线工具和在线服务于一体，为用户提供了一个共享与协同的平台，构建一个一站式的行业解决方案。云应用集成管理平台将各种软件进行自动安装、部署和运行，在此基础上提供用户管理、部署管理，以及集成方案管理和产品管理。

云应用集成管理中心包括行业 Portal 展示平台和云应用集成管理平台，见图 7-2。

7.1.2　云应用集成管理中心体系架构

云应用集成管理中心可以构建时空信息云平台产品，其架构包含系统管理端、租户管理端和门户端，是一个多级管理系统，每一级系统针对的对象不一样，所提供的功能和服务不一样，如图 7-3 所示。

系统管理端：系统管理端进行全局资源配置，可以从基础设施层配置资源，创建和管理多租户及给租户分配资源。对基础设施资源按照租户的需求进行分配，并对租户进行配额管理和监控。

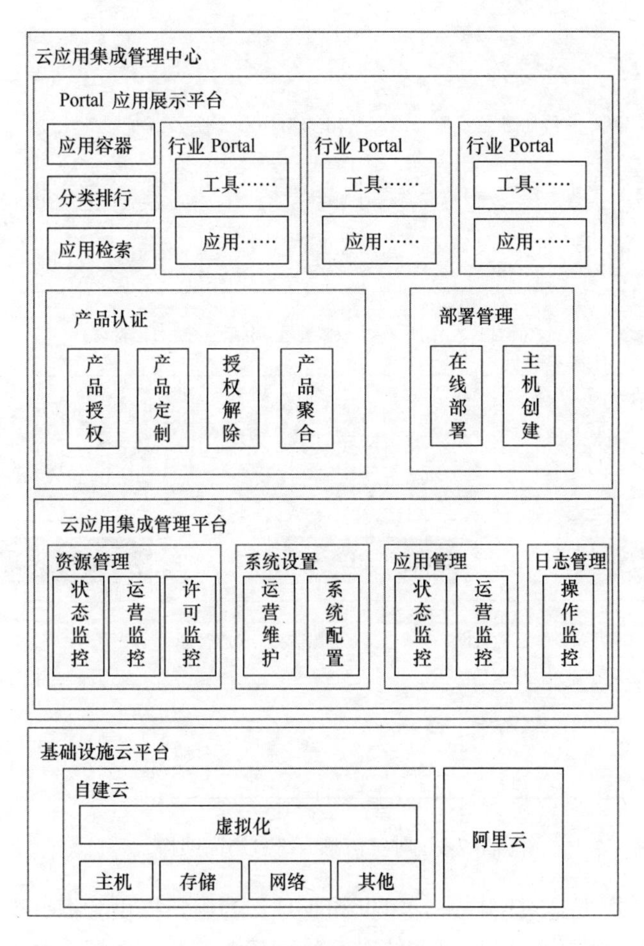

图 7-1　系统模型图

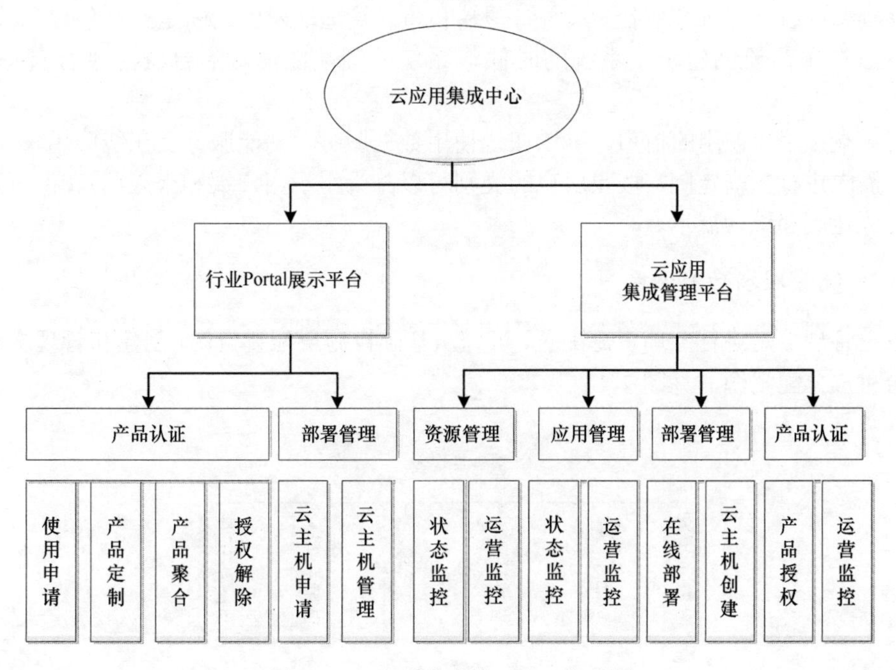

图 7-2　云应用集成管理中心集成图

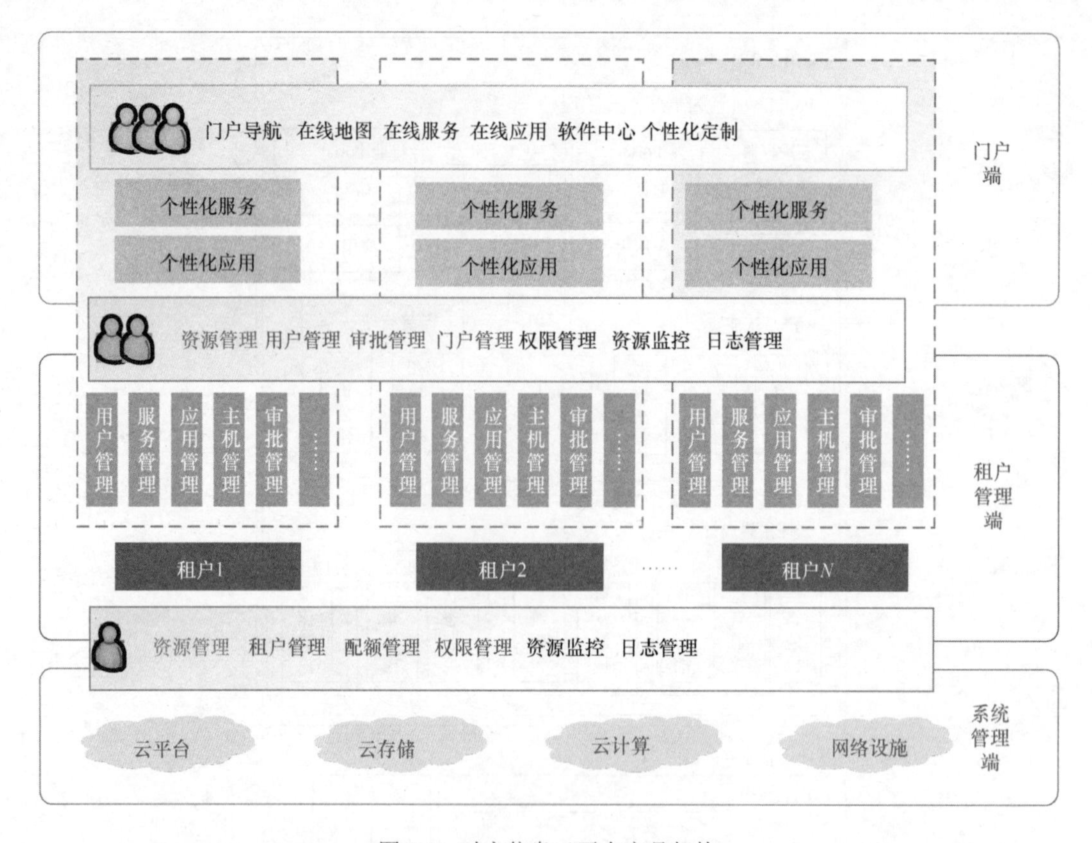

图 7-3　时空信息云平台产品架构

租户管理端：主要是对用户进行审批和管理，为用户提供数据、模型和应用的相关服务。按照系统管理端分配的租户系统进行物理资源、数据资源、服务资源、软件资源和硬件资源的统一管理和监控。系统管理端和租户管理端两者之间是一种包含和被包含的关系，在不需要创建租户系统的时候，系统管理端能够对后台资源进行管理和运维监控。

门户端：用户使用的窗口，可以在线使用数据服务、功能服务及在线应用，并提供个性化需求进行按需定制，按照用户的类别可以分为组织门户端和个人门户端，可以进行个性化定制和综合展示。

1. 系统管理端功能体系

系统管理端是进行全局资源配置，可以从基础设施层配置资源，创建和管理多租户，以及给租户分配资源，见图 7-4。

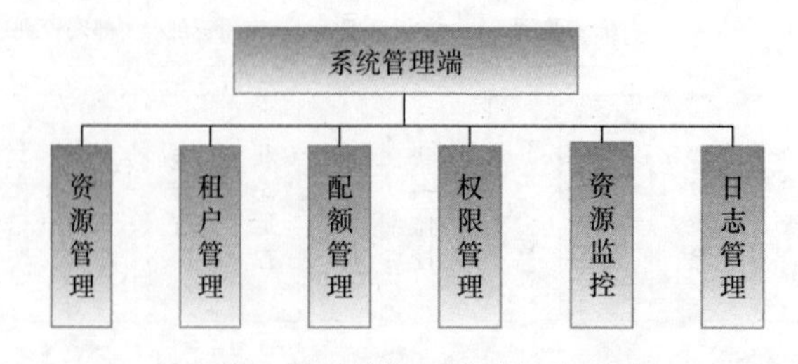

图 7-4　系统管理端功能体系

资源管理：侧重于资源池管理功能，主要为系统管理人员提供资源池的配置和管理功能，让管理人员能够根据单位的组织架构、实际应用等情况，合理的对资源池进行资源规划。还包含对数据资源、服务资源、软件资源和应用资源的概况管理。

租户管理：租户管理能为使用云服务的每个组织提供独立的资源空间，并实现了对租户使用云资源服务的权限进行管理。管理员通过权限管理，实现了对租户的资源分配，包括云主机、存储资源等。

配额管理：系统管理人员可以根据租户的实际需求和整体的资源规划，为租户分配一定的资源配额（即 GIS 结点个数），并对配额进行管理。

权限管理：权限管理是对新建租户分配角色，完成相应功能。

资源监控：资源监控是针对云服务节点提供多方位、多粒度的实时监控，负责为系统管理人员和租户管理人员提供资源服务的相关监控信息，管理员可以从多个角度来监控和管理各项内容，从而保证平台资源的合理化使用，以及各用户能够从云平台中获取到与其需求相符合的服务。

日志管理：日志管理模块用于实现平台日志的存储、提取和信息挖掘，完成相应日志的收集、分析及管理功能。

2. 租户管理端功能体系

租户管理端主要是对用户进行审批和管理，为用户提供数据、模型和应用的相关服务，见图 7-5。

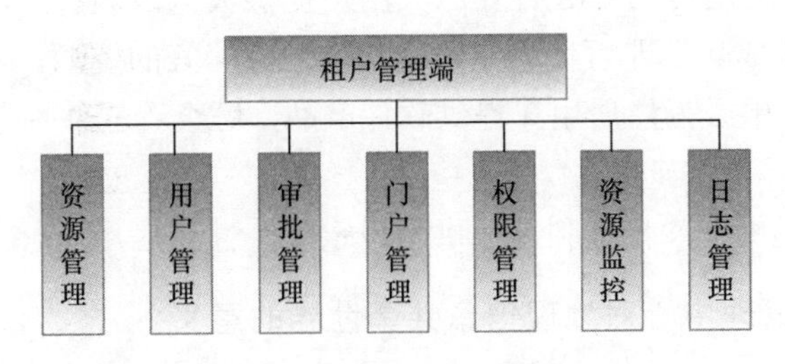

图 7-5　租户管理端功能体系

资源管理：主要为系统管理人员提供资源池的配置和管理功能，让管理人员能够根据单位的组织架构、实际应用等情况，合理的对资源池进行资源规划。还包含对数据资源、服务资源、软件资源和应用资源的概况管理。

用户管理：租户管理员可以新建一个其他角色，也可以审批用户的注册申请，并为其分配权限，租户管理员可监控用户的基本信息及状态并进行相应的管理操作。

审批管理：审批管理主要是在租户管理端由租户管理员执行，包含对用户审核、在线应用审核及云主机审核。

门户管理：提供对门户的管理功能，主要包括对各模块的添加、删除，以及个性化定制，为用户提供一站式服务。

权限管理：权限管理是对新建租户分配角色，完成相应功能。

资源监控：资源监控是针对云服务节点提供多方位、多粒度的实时监控，负责为系统管理人员和租户管理人员提供资源服务的相关监控信息，管理员可以从多个角度来监控和管理各项内容，从而保证云平台资源的合理化使用，以及各用户能够从云平台中获取到与其需求相符合的服务。

日志管理：日志管理模块用于实现平台日志的存储、提取和信息挖掘，完成相应日志的收集、分析及管理功能。

3. 门户端功能体系

门户端是用户使用的窗口，可以在线使用数据服务、功能服务及在线应用，并提出个性化需求进行按需定制，见图 7-6。

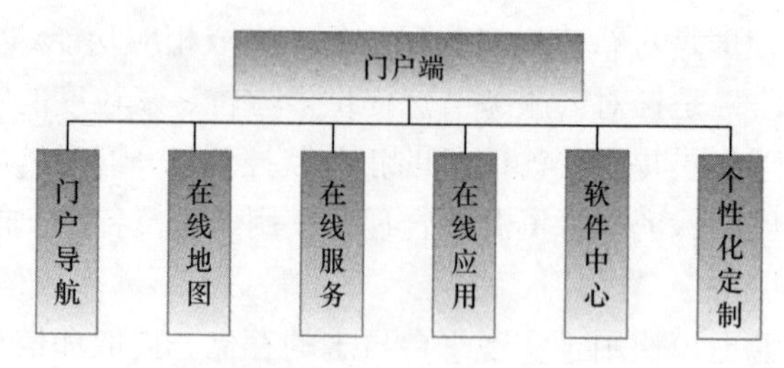

图 7-6　门户端功能体系

门户导航：基于统一的页面，提供时空信息云平台各系统的一站式导航。

在线地图：提供资源目录、地图浏览、地图检索功能，综合展示地图数据。

在线服务：提供服务资源的展示和相关操作。

在线应用：在线应用可为 GIS 行业广大用户提供大量云服务资源，可在时空信息云平台注册用户，注册成功后即可使用在线应用里已部署好的资源。

软件中心：软件中心为注册用户提供软件产品，可查看软件并迁移到云主机上进行一键部署和在线使用。

个性化定制：提供个性化定制模板供用户定制个性化应用。

7.1.3　云应用集成管理中心对地理信息共享世界的意义

云应用集成管理中心的出现，充当了共享经济平台的角色。灵活多样的工作协同方式一改过去工作和生活条框，人们可以借助云应用集成管理中心来构建自己关注的圈子，每一个都是产销者。这个圈子囊括各种角色的人、各种需求的应用、各种可使用的资源，是一个开放、融合、智能的生态环境，每一个人都将可以在这个无限的、充满想象的、可不断扩展的生态圈中自由享有自己关注的信息、服务，构建属于自己的关注圈子甚至完整的行业生态圈，见图 7-7。

（1）人力 H（产销者）：面向全球，允许产销者以 PC、智能手机、手持设备、各类监控设备等各种终端设备为载体，将自己的需求、工具、产品、解决方案等接入 I 层共享经济平台，同时从共享经济平台上获取所需资源，见图 7-8。

（2）共享经济平台（智力 I）：①建立不同时空陌生人间黏性的场所，提供地理空间信息服务从需求、生产、交付、服务到集成的 C2C 环境；②在支持超大规模、虚拟化硬件架构的基础上，构建的面向互联网的地理信息数据、服务和资源管理的体系框架；③全球的产销者均可以提供覆盖地理空间信息产销的各个层面的，小至微内核、大至组件插件的各种粒度的地理空间信息元素，通过共享经济平台实现面向互联网的地理空间信息不断纵生、飘移、聚合、重构，形成各种各样的地理空间信息应用，共享给全球所有用户，从传统的 B2C 更多的转到 C2C 提供服务。

（3）物力 R（资源层）：计算机、存储器、数据库、网络设施等软硬件资源、产销者提供的各类内容资源等，该层是支持共享经济平台的基础，使得用户可以在任意位置、使用各种终端通过共享经济平台获取这些资源。

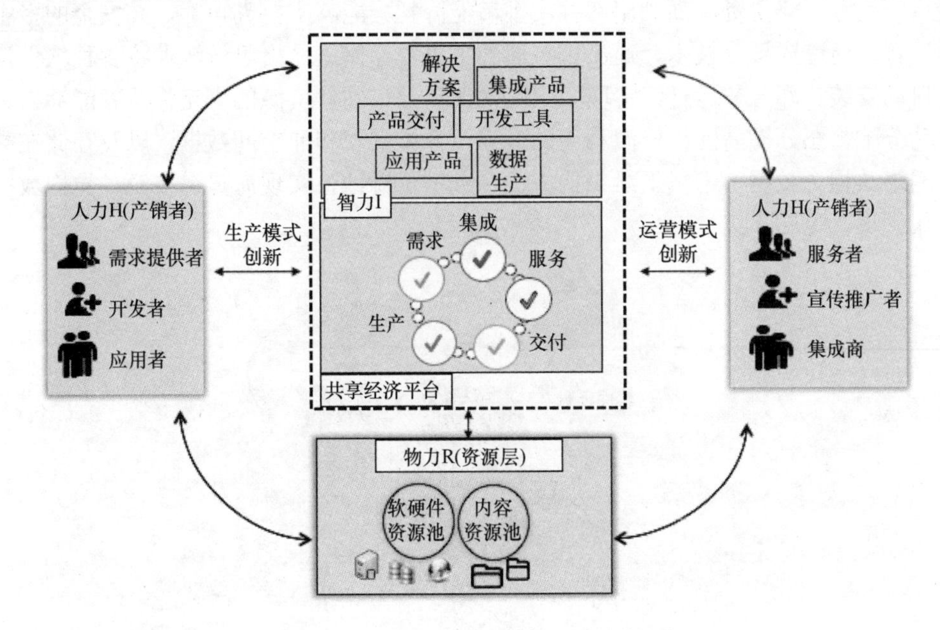

图 7-7　人力、物力、智力共享架构图

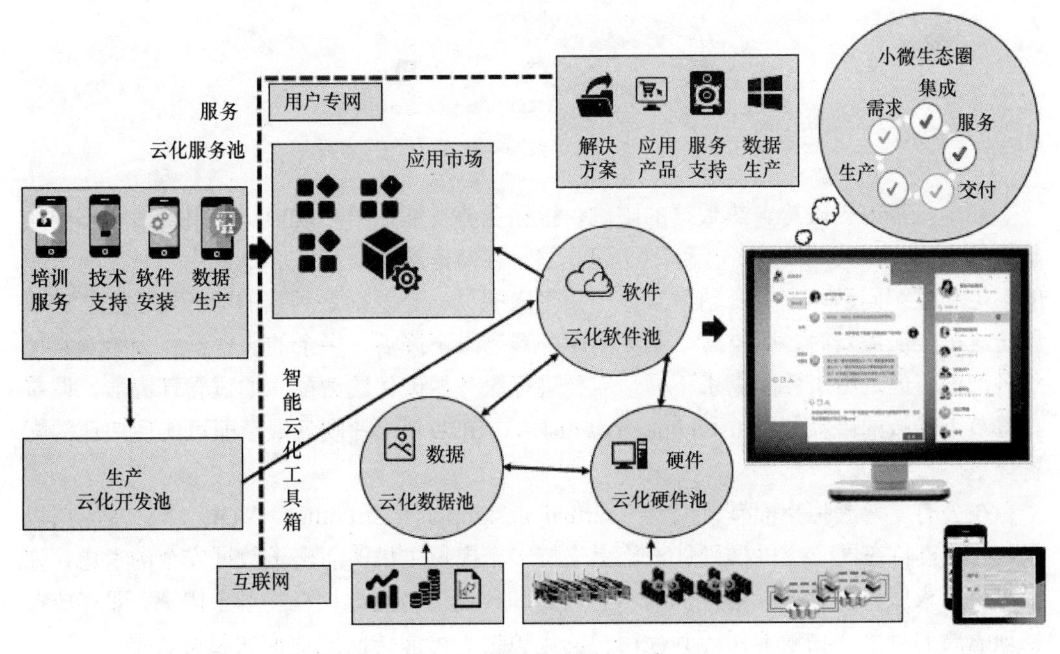

图 7-8　智能化应用与开发

7.2　云应用集成管理中心特点

7.2.1　资源大集中管理

云应用集成管理中心利用虚拟化技术，将计算机、存储器、数据库、网络设施等软硬件设备组织起来，虚拟化成一个个资源云池，对上层提供虚拟化服务，能够按需动态敏捷调配资源，获得资源高利用率并实现节能降耗，能够支持高可靠、高安全的多主体协同运行。通过虚拟化技术，提供可扩展的主机、存储、网络等资源，将各种软件资源进行自动安装、部署和运行，实现了应用软件资源与硬件资源的绑定，两者能够自适应的自动分配，充分提高硬件资源利用的效率，各类空间和非空间数据，以及存储在数据库的网络数据源数据，逻辑上组织构成一个数据资源池，实现海量、多源、异构数据的一体化管理，见图 7-9。

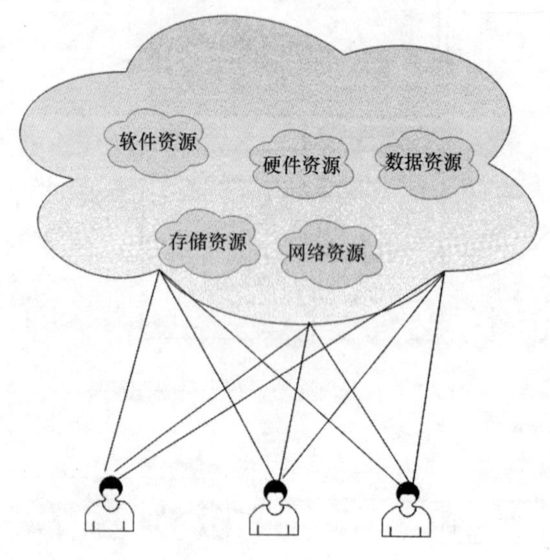

图 7-9　资源一体化

在单机柜内打破冷、热数据的限制，根据业务发展、用户规模、使用习惯动态的调整冷热分布，在大规模业务集群中实现计算、存储资源的灵活扩容或减少，避免了资源的不足和过剩问题。业务变动给数据中心带来的另一个困扰是频繁的服务器改配。在使用传统机架服务器时，如果一个业务的服务器需求下降后，多余的服务器将会给到其他业务部门，但是由于性能需求不同，需要进行服务器硬件的改配。通过管理界面，调整计算节点挂接的磁盘簇（just a bunch of disks，JBOD）或者硬盘数量即可实现快速的配置变更。

在公有云，虚拟桌面基础架构（virtual desktop infrastructure，VDI）等许多应用场景，需要支持在同一个机群硬件设施上支持多个虚拟主机，而出于数据安全的考虑，许多客户要求服务提供方保证他们的私有数据和其他访客的数据在物理上隔离，即存放在物理隔离的盘上，物理上保障其他用户的虚拟机不可能访问到他们的私有数据。

时空信息云平台与多种基础设施管理平台对接，支持资源集中化、集约化管理模式，实现硬件资源的池化管理，将计算资源、存储资源及数据服务、功能服务等进行融合，形成可共享的资源池，按需提供相应的服务及二次开发接口等资源，并且能够自动组合；与多种基础设施管理平台对接，支持资源集中化、集约化管理模式，实现硬件资源的池化管理；云软件中心，支持资源发现和调度，实现软件资源集中管理，见图 7-10；云端文件中心，支持强大的用户访问权限和分组能力，实现数据资源集中管理；统一用户资源中心，支持应用单点登录，用户信息同步更新，实现用户资源集中管理。

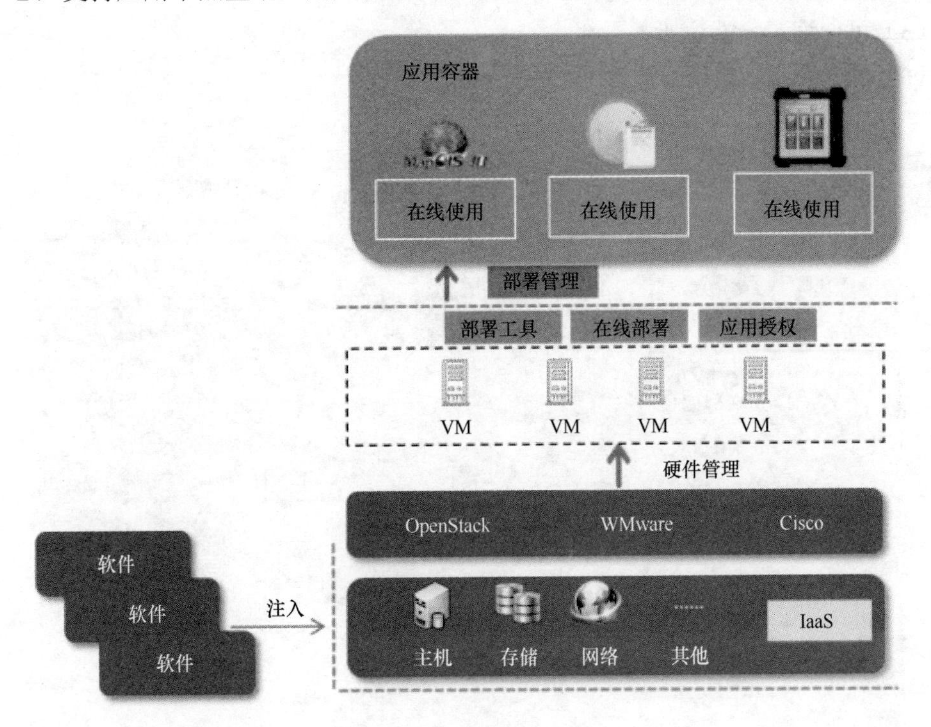

图 7-10　应用软件一键部署

7.2.2　应用软件池化技术

采用应用软件池化技术将计算机、存储器、数据库、网络设施、软件等软硬件资源生成对应的资源池，如图 7-11 所示。

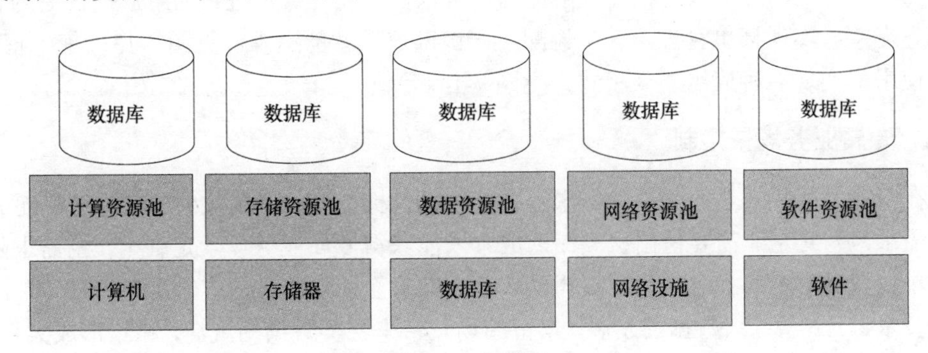

图 7-11　资源池

资源全面池化：计算虚拟化向存储虚拟化和网络虚拟化发展，基于软件定义网络（software defined network，SDN）技术为实现基于业务需求的可编程、高度弹性和动态、大规模的虚拟化网络提供了技术支撑，数据中心存储资源的统一虚拟化后构成统一的资源池，包括服务器内存储资源、直连存储阵列、异构的各类存储系统，如网络连接存储（network attached storage，NAS）、存储区域网格（storage area network，SAN）和统一存储等，见图 7-12，资源全面池化具有以下优点。

（1）可扩展：松耦合架构。

（2）可聚合：相互协同与感知。

（3）可伸缩：云端注册与更新。

（4）高安全：多重安全机制。

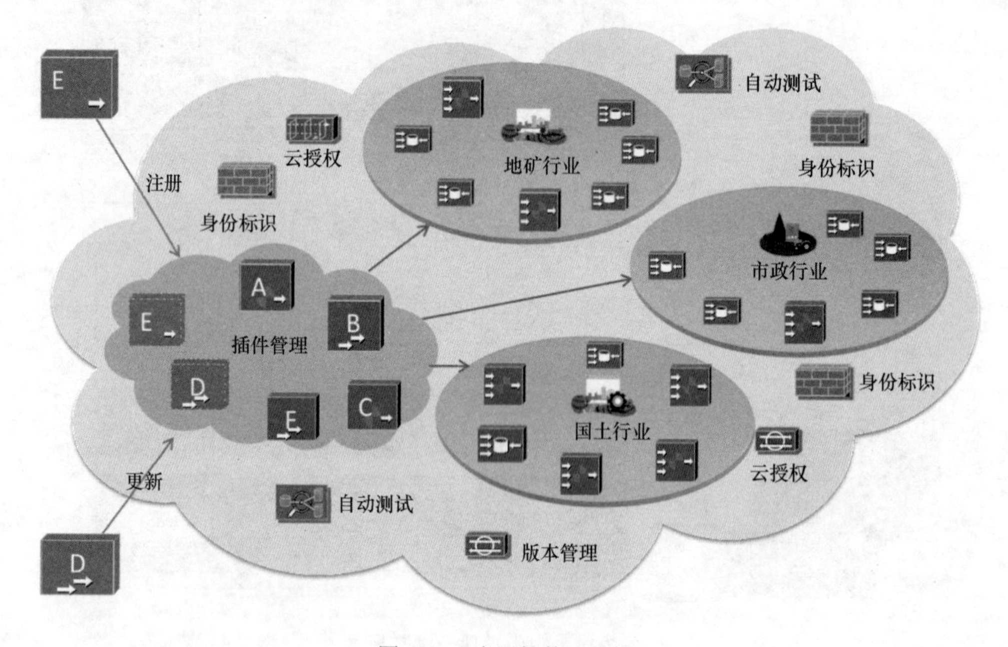

图 7-12　应用软件池化图

7.2.3　智能化的云应用集成

在服务的过程中，具备统计和学习能力；应逐步建立丰富的资源特征库和需求知识库，应具有一定的自然语言描述理解能力，可以自定义业务流程，为用户提供更为智能的服务支持。实现订单管理，动态调配；一键部署，智能运维，见图 7-13；集中管理，云端使用，实现多种应用访问模式，见图 7-14。

7.2.4　专属业务场景定制

在工业时代里，企业个性化需求是被忽视的，标准化、批量化的生产无法满足企业这一需求，为此企业需要付出极高昂的成本才能获得专属业务场景定制，一旦需求随着时间事件变动，专属业务场景需要再次定制。许多企业对“私人定制”望而却步。随着网络技术、云计算、大数据的发展，丰富的场景带来各类数据的沉淀，积累形成大数据。场景定制有了大数据的依托，使得企业逐步认识到量身定制是企业未来发展的趋势。与综合性大平台相比，场景定制的核心优势在于可以以极低的成本满足海量用户的碎片化需求。在多元化需求、网络化采购成为大小企业市场攻坚克难的一部分后，一些使

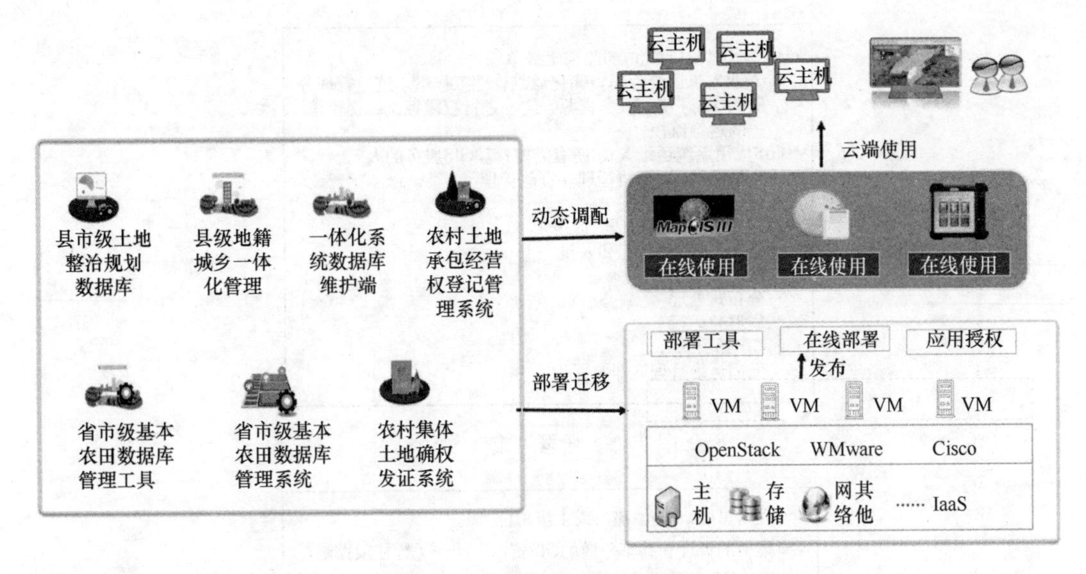

图 7-13　应用一键部署示意图

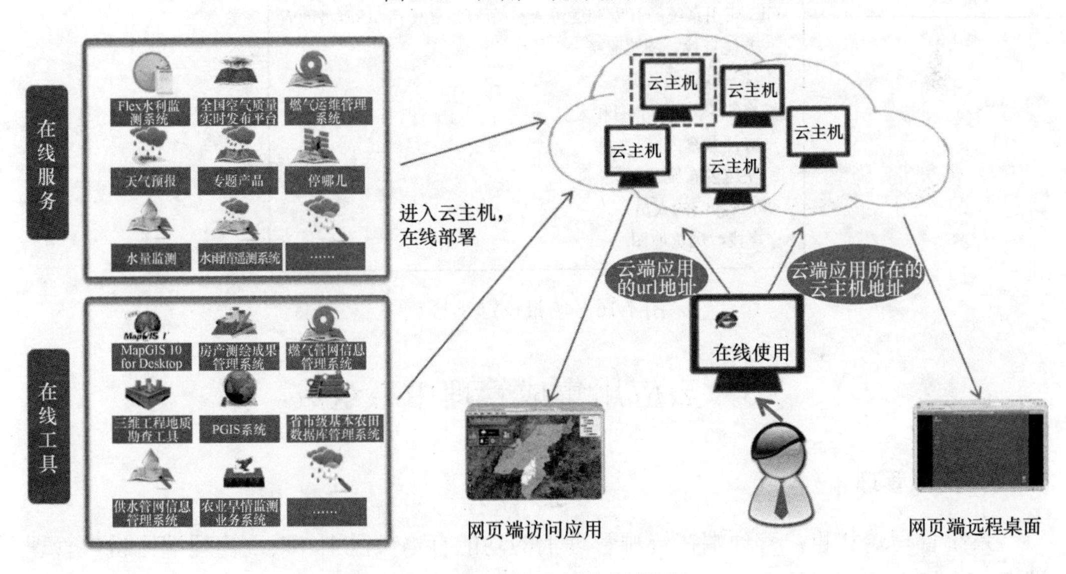

图 7-14　多种应用访问模式

用频繁但需求各异的业务场景慢慢渗透进企业事务中，随着移动互联网更多的渗入，通过云平台对接业务场景定制的需求和可能性也必然大大延展。

时空信息云平台结合 T-C-V 软件架构，提供全业务、全流程的时空基础设施建设与应用服务。多用户个性化定制主要保证业务流程定制、服务定制和数据定制等。业务流程定制主要是对租户的功能需求进行建模和验证，为用户定制出业务流程模型。对接云基础设施，搭建统一时空基准的时空大数据中心，遵循相关的标准与规范，以统一的服务门户提供时空云服务，通过聚合、重构、迁移提供按需定制与个性化使用的定制服务，满足各级政府、企业用户和社会大众的多级定制、自由聚合需求，实现城市管理、城市服务、城市运营能力在多端定制、在线应用方面的全面提升，见图 7-15、图 7-16。

· 地理信息归口单位/部门或上级单位
  · 专业人员运维管理，简化运维管理工作量，统一管理分散的GIS环境、服务资源、统一进行权限控制、提供统一的运维监控
· GIS应用系统运维人员/所有需要管理GIS服务的人
  · 可视化的GIS环境管理和资源管理
  · 统一的运维监控
  · 接入第三方应用或者服务
· 拥有GIS数据的部门和人员
  · 快速发布服务
  · 分布式处理
  · 集群化运行
· 弱GIS部门的人员
  · 无需运维管理，即拿即用

图 7-15　场景设定（一）

· 地理信息归口单位/部门或上级单位
  · 集中的管理和共享分散的GIS资源、统一进行权限控制、提供统一的服务访问出口
· GIS 应用系统的开发和运维人员/所有需要使用GIS服务的人
  · 方便查找、浏览服务
  · 统一的访问入口
· 拥有GIS数据的部门和人员
  · 方便共享内容
  · 快速发布服务
· 弱GIS部门的人员
  · 查找、浏览地图

图 7-16　场景设定（二）

7.3　云应用集成管理中心组成

7.3.1　资源管理

系统管理端和租户管理端在资源管理上的功能有略微区别，系统管理端比租户管理端多一个针对基础设施资源的管理功能，如图 7-17 所示。

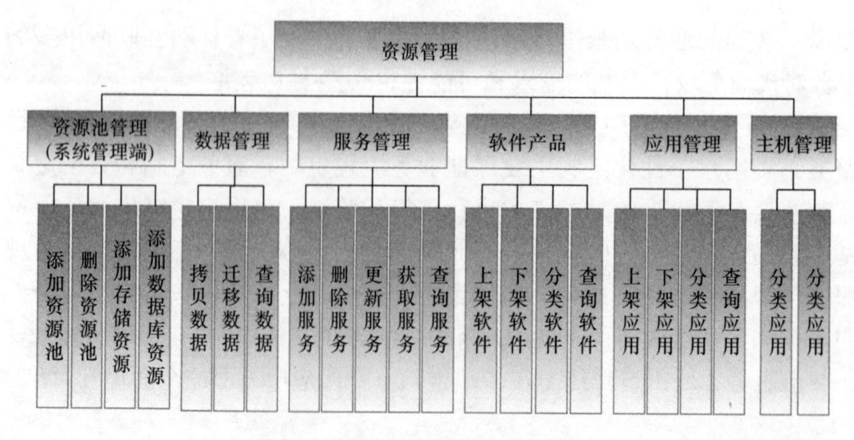

图 7-17　资源管理模块功能体系

1. 资源池管理

资源池管理功能，为系统管理端管理人员提供资源池的配置和管理功能，让管理人员能够根据单位的组织架构、实际应用等情况，合理地对资源池进行资源规划，如图 7-18 所示。

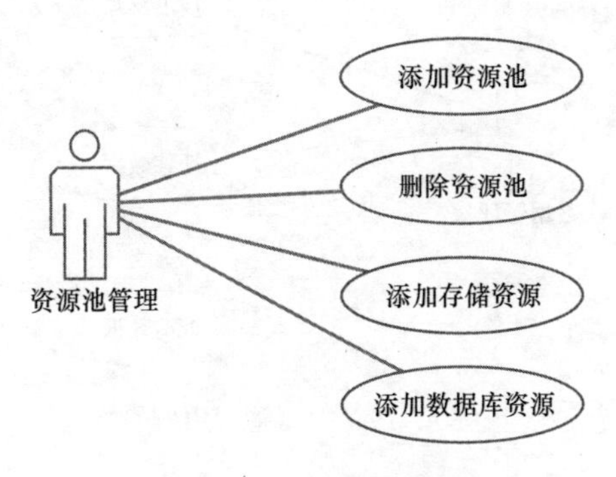

图 7-18　资源池管理用例

1）添加资源池

通过添加资源池，能够将管理人员在基础设施云环境中事先规划好的特定量的计算资源、存储资源结合在一起，初始化为资源池，专门为运行提供基础设施资源。添加资源池成功后，资源池会自动隶属于某个资源池组，通过资源池组来实现云环境中的多租户隔离。

2）删除资源池

可以将所添加或者创建的资源池删除。

3）添加存储资源

存储资源是公共存储目录。

4）添加数据库资源

为用户规划空间数据源、公共存储资源。

2. 数据管理

为了满足各种不同类型的现实业务需求，需要对多类型混合式数据资源进行管理。包含各类空间和非空间数据，矢量地图数据、遥感影像数据、地图瓦片数据，数据来源包括本地地理数据库和地图文档数据，以及存储在 Oracle、Sqlserver、MySQL、DB2 等类型数据库的网络数据源数据。

数据资源统一使用网络地址来获取，云管理中心并不耗费自身存储设备，通过对数据资源位置的记录和映射，实现即需即取，达到海量多源数据的快速、简单的一体化管理，如图 7-19 所示。

1）拷贝数据

GIS 云服务集群管理平台管理的数据资源链接或映射，并不直接存储数据，在发布数据时，需要从数据源地址中将数据拷贝至目标云节点。同时，由于增加了多节点的管理，同一数据可发布至多个节点，需要将文件进行复制，各云服务节点自动附加地理数据库，对地图文档和瓦片进行自动发布。

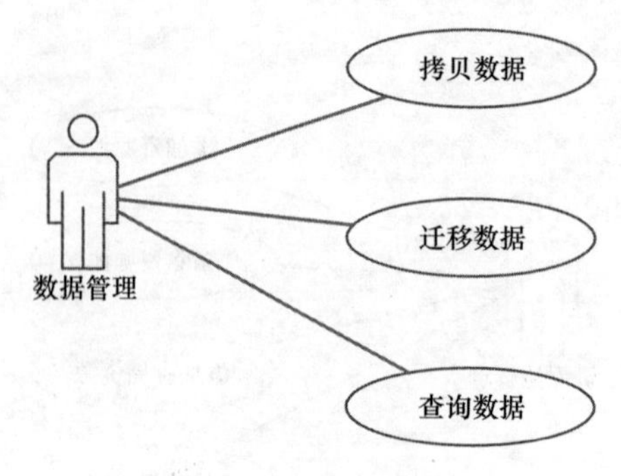

图 7-19 数据管理用例

2）迁移数据

在云服务节点管理中我们支持对节点规模的动态调整，即在整个运营过程中，可随时增加或减少云服务节点资源，因此要求节点上的数据和服务也能够同步的迁移。用户新增了云节点资源后，提供管理界面让其选择将现有的服务同步到新节点上。同步的流程中，首先需对数据进行拷贝，然后根据数据发布时的相关配置信息，同步的发布相应的服务。有了数据和服务的同步，才真正实现集群调度的实时性和多样性。

3）查询数据

对管理的数据资源进行全面的查询，按照数据名称、数据类别进行筛选和查找。提供对数据的增加、删除、查询操作，以及批量操作。

3. 服务管理

对管理的数据资源进行全面的查询，按照数据名称、数据类别进行筛选和查找。提供对服务的增加、删除、查询操作，以及批量操作，如图 7-20 所示。

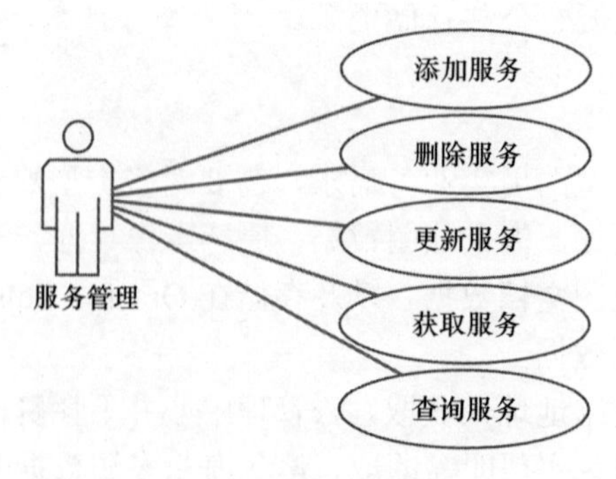

图 7-20 服务管理用例

1）添加服务

可发布多种服务，包括：矢量地图服务、瓦片地图服务、要素服务、三维服务。提供的服务接口如下。

（1）表述性状态传递（representational state transfer，REST）服务。基于 REST 的架构以资源形式提供 GIS 功能接口，包含目录服务、制图服务、数据服务、工作流服务等。

（2）简单对象访问协议（simple object access protocol，SOAP）服务。基于 SOAP 服务直接在浏览器客户端上构建应用，如目录服务、制图服务、数据服务、工作流服务等。

（3）Web 地图服务（web map server，WMS）、Web 要素服务（web feature server，WFS）和 Web 地理覆盖服务（web coverage server，WCS）等。

提供统一的数据发布管理页面，用户在发布数据时可选择所要添加的服务。并且，对于云节点上已有的服务，可以进行识别，允许将已有服务添加至 GIS 云服务集群管理平台统一管理。所有添加的服务以列表的形式进行统一化管理。

2）删除服务

对服务的删除有两种模式：一种是将服务从 GIS 云服务集群管理平台中移除，移除后的服务不再参与 GIS 云服务集群管理平台的任务调度，但服务实体并没有删除，仍然在云节点中独立存在；另一种是彻底删除模式，既将服务从云节点服务器上删除。

3）更新服务

GIS 云服务集群管理平台与其他几大中心之间可互通信息，能实现服务的实时检测，当服务版本有更新时，可自动从云交易中心获取最新的版本，实现自动化的服务更新。

4）获取服务

提供获取服务功能的方法，供用户调用。方便了解服务所提供的功能，以及参数和返回值等信息。

5）查询服务

提供服务查询接口和方法，返回服务的元信息，用于对服务的检索。

4. 软件管理

软件管理指对管理中心的所有软件进行管理，主要功能有上架软件、下架软件、分类软件、查询软件，如图 7-21 所示。

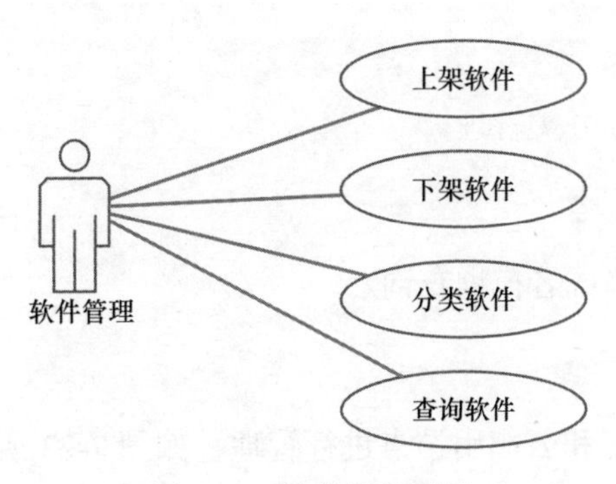

图 7-21　软件管理用例

1）上架软件

对需要上架的软件进行上架管理。

2）下架软件

对需要下架的软件进行下架处理。

3）分类软件

将软件按照类别进行分类管理。

4）查询软件

按照关键字进行精确或者模糊查询。

5. 应用管理

应用管理指针对管理中心各类应用进行管理，主要功能有上架应用、下架应用、分类应用、查询应用，如图 7-22 所示。

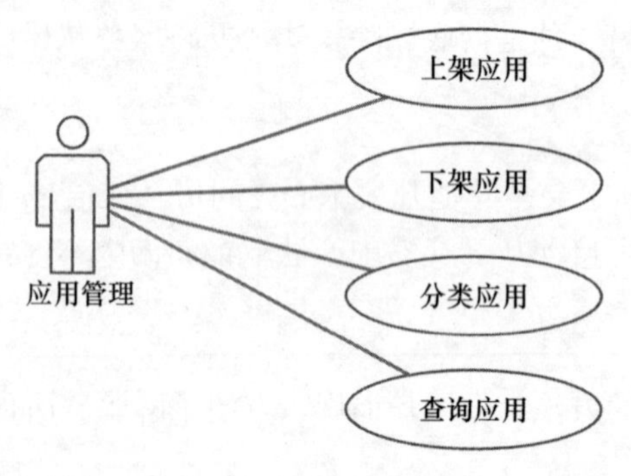

图 7-22　应用管理用例

1）上架应用

对需要上架的应用进行上架管理。

2）下架应用

对需要下架的应用进行下架处理。

3）分类应用

将应用按照类别进行分类管理。

4）查询应用

按照关键字进行精确或者模糊查询。

6. 主机管理

主要对 IGS 集群结点和云应用结点进行管理，如图 7-23 所示。

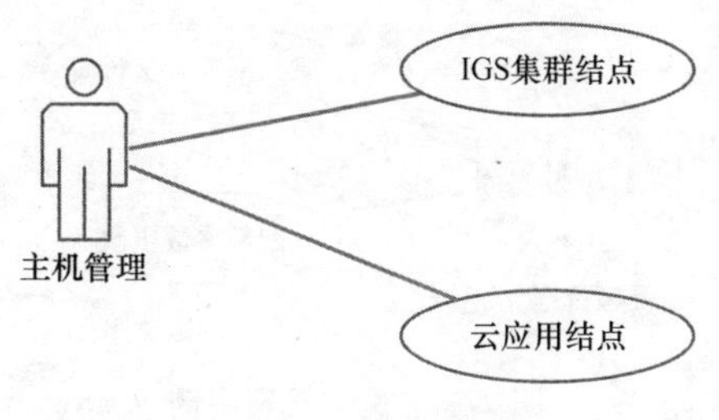

图 7-23　主机管理用例

1）IGS 集群结点

提供 IGS 集群节点管理功能，Server 节点的参数包括服务器名、服务器描述、服务器地址（主机名或 IP 地址）、协议、端口、用户数量等。通过服务器节点管理，实现如下功能。

查询：根据节点的名称或 IP 地址搜索，高级搜索可根据节点状态和配置进行搜索。

管理：查看节点服务器详细信息，包括配置详情、资源详情、日志、服务列表。

修改：修改节点 IP、服务器名称或端口信息。

移除：移除此节点。

2）云应用结点

提供对云应用中所有的主机进行管理，能够对云应用结点进行动态调整。

云服务节点是现有的部署了 IGServer 服务的主机节点，它可以是真实的主机，也可以是虚拟机或云服务器，为实践应用提供基础设施资源。

云管理中心提供节点的弹性管理，通过节点的 IP 地址和 IGServer 服务端口，实现新增节点、修改节点、删除节点、搜索节点功能。前端管理系统中提供相应的功能展示界面可调整节点的位置和数量，根据应用的大小、实际的软硬件资源、实时的用户访问量，来动态调整节点的规模。节点调整信息将会反射到集群调度指挥中，对性能和效率的调节达到立竿见影的效果。

同时节点管理提供 REST 服务 API，方便第三方调用，以及和第三方进行集成，通过调用 API 后台自动实现节点的弹性伸缩。

平台提供友好的管理界面，管理结点的详细信息，可对集群中的结点进行添加、修改、检索查询，对结点服务可进行启动、停止、重启操作。

7.3.2　配额管理

系统管理端管理人员可以根据租户的实际需求和整体的资源规划，为租户分配一定的资源配额（即 GIS 结点个数），并对配额进行管理。具体的，配额使每一个租户系统都有一个配额限制，当租户系统的结点等于最大值时，将无法再继续增结点；当结点等于最小值，无法再继续删除节点。管理员可设定预设的配额配置参数，也可在具体的管理页面重新修改和设定某一个租户的配额。配额管理具体包括：默认配额参数设置、配额参数更改，如图 7-24 所示。

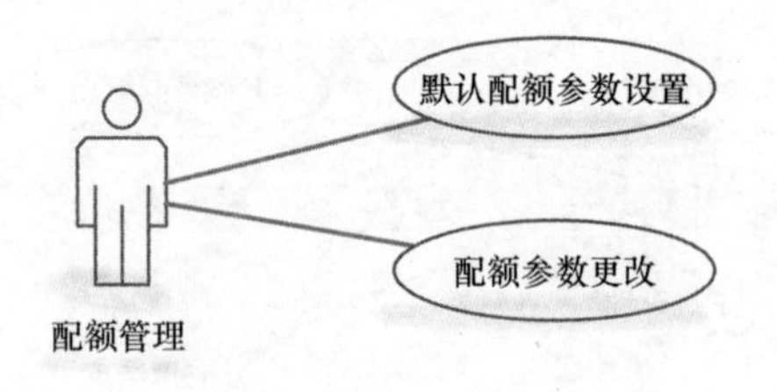

图 7-24　配额管理用例

1. 默认配额参数设置

系统管理员可在默认参数设置页面设置租户系统的基本参数。这些参数就是每一个租户的默认配额参数，具体包括：结点最大数、结点最小数、租户拥有结点最大数。

结点最大数：一个租户系统所能拥有的最大结点个数。如果租户的结点个数已经达到结点最大数，则该租户系统将不能再增加结点。

结点最小数：一个租户系统所能拥有的最小结点个数。如果租户的结点个数已经变为结点最小数，则该租户系统将不会再减少结点。

租户拥有结点最大数：一个用户所能申请的租户系统的最大个数，如果租户拥有的结点个数已达最大数，则该用户不能再申请新的结点。

2. 配额参数更改

管理员可在云端管理系统中为租户更改租户系统的配额，以满足租户的实际需求。由更改结果的影响范围划分，可分为：更改默认租户系统配额和更改租户系统配额。

更改默认租户系统配额：管理员可在系统管理页面中设置某一个租户的默认配额参数，更改之后该租户的配额参数将变为最新的配额参数。具体内容包括：最大结点个数、最小结点个数。

更改租户系统配额：管理员可在系统管理页面设置某一个租户系统的配额参数，更改之后该租户的结点数将随之改变。具体内容包括：最大结点个数、最小结点个数。

7.3.3　租户管理

云应用集成管理中心采用租户隔离机制，分为系统管理端和租户管理端两级管理系统，通过这两级管理系统，能够让管理员全面掌握、管理、监控时空信息云平台的使用情况，如图 7-25 所示。

系统管理端面向系统管理员，提供资源管理、租户管理、权限管理、资源监控、日志管理等模块，实现基础设施资源的分配和租户的管理。

租户管理端面向租户管理员，提供资源管理、用户管理、门户管理、权限管理、资源监控和日志管理等功能。

系统管理端和租户管理端在功能上在一定程度上是相同的，当不需要采用租户隔离机制的时候，不需要创建租户管理端，则由系统管理端胜任整个时空信息云平台的运维管理功能。

租户管理能为使用云服务的每个组织提供独立的资源空间，并实现了对租户使用云资源服务的权限管理。管理员通过权限管理，实现了对租户的资源分配，包括云主机、存储资源等。租户隔离模块包含：常规管理和资源使用权限管理，如图 7-26 所示。

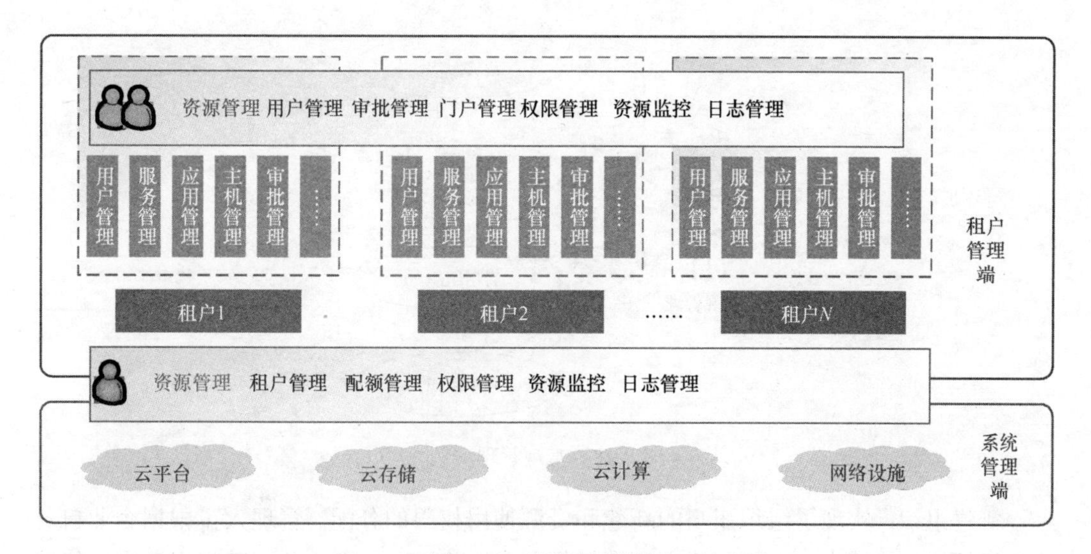

图 7-25 租户隔离机制

图 7-26 租户管理用例

1. 常规管理

常规管理包括角色和用户管理。角色分为两类：租户和系统管理员。用户分为三类：系统管理员用户、租户管理员和租户用户。租户是一种角色，角色不止包括租户，还包括租户管理员。系统管理员不属于租户，用于管理租户，如图 7-27 所示。

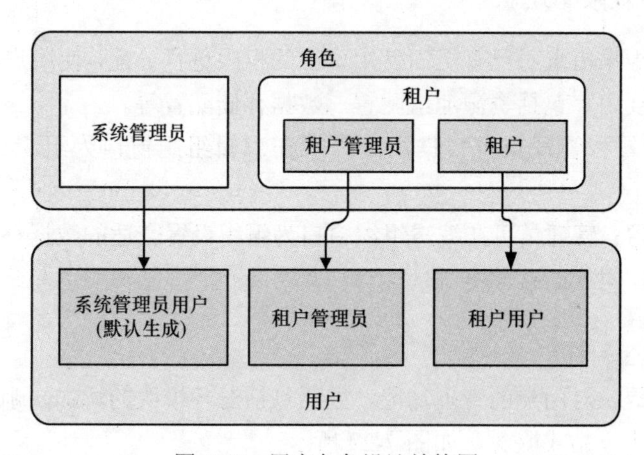

图 7-27 用户角色设计结构图

常规管理用于对租户进行基本的管理操作，管理员可根据用户所属组织的基本情况在这里设定相应的组织，方便用户的归属和管理。主要功能包括：新建组织、移除组织、启用组织和停用组织，如图 7-28 所示。

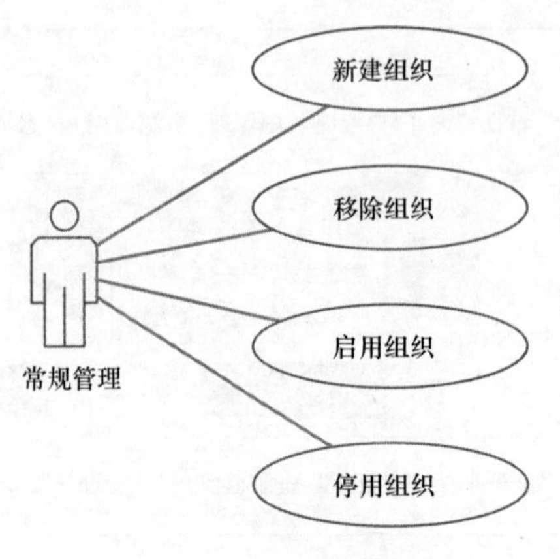

图 7-28　常规管理用例

新建组织：实现了组织账户的新建和资源使用权限的分配。管理人员根据企业自身的部门架构，能够为每个部门建立一个组织账户，并为组织账户分配其权限范围内能够使用的数据存储资源。

移除组织：实现了组织账户的删除和资源使用权限的回收。管理员可以对不需要或长期停用的组织账户进行整理、移除，移除后系统将会自动回收之前分配给账户的资源使用权限。

启用组织：实现了对停用组织账户的系统操作权限和资源服务的使用权限进行重新分配。只有处于停用状态的组织，才可以使用该功能。

停用组织：实现了限制组织账户登录系统、使用资源服务的权限。管理员可以对暂时无用户使用的组织账户进行停用操作。组织账户停用后，会将组织所占用的资源进行暂时的回收，因此在组织被停用之前，需要保证组织中的所有用户，都没有处于运行状态的云 GIS 站点。

2. 资源使用权限管理

管理员能够根据需求对已有组织使用资源的权限进行分配，使用户能够获得满足其需求的资源。主要内容包括资源池组配置、数据存储配置等。

资源池组配置：管理员可根据用户需求在编辑组织窗口为组织设置相应的资源池组。

数据存储配置：管理员可在编辑组织窗口为组织设置合适的数据存储地址，设定之后用户就可以使用对应的存储资源。

7.3.4　门户管理

租户管理端提供对门户的管理功能，主要包括对各模块的添加、删除，以及个性化定制，为用户提供一站式服务，如图 7-29 所示。

模块添加：管理员可根据用户需求在门户窗口添加展示的模块。

模块删除：管理员可根据用户需求在门户窗口移除不需要展示的模块。

自定义模块：管理员可以根据用户的需求自定义模块。

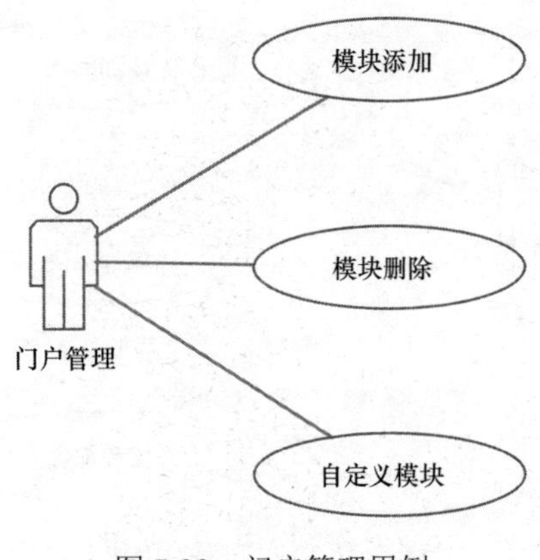

图 7-29 门户管理用例

7.3.5 目录管理

租户管理端对系统所涉及的行政区划、专题、部门等目录信息进行管理。系统支持目录内容、目录展示方式的自定义服务；对服务目录，系统采用基于元数据的服务目录管理模式，直接根据元数据定义服务目录，元数据更新后，服务目录也会自动更新，如图 7-30 所示。

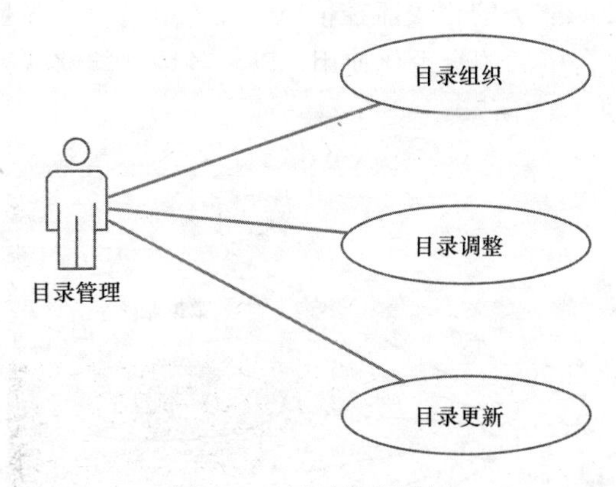

图 7-30 目录管理用例

目录组织：按照行政区划、专题、部门等专题信息进行组织形成目录树。

目录调整：可以对目录内容和目录展示方式进行调整。

目录更新：当所管理的目录数据的元数据更新后，目录也会随之更新。

7.3.6 流程管理

租户管理端提供流程管理功能，可注册和删除定制的工作流程服务。提供服务扩展机制，允许第三方服务的注册，如图 7-31 所示。

1）添加流程

系统流程是基于数据中心提供的解决方案来搭建，实现自己特有的业务逻辑的流程。

2）添加模板

添加模板可添加.NET 和 Java 两种版本的流程库。

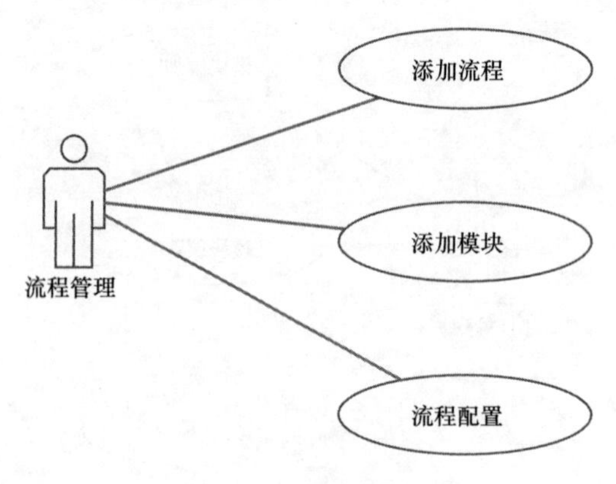

图 7-31　流程管理用例

3）流程配置

流程配置可对流程进行配置，形成新的流程。

7.3.7　资源监控

资源监控是针对云服务节点提供多方位、多粒度的实时监控，负责为系统管理人员和租户管理人员提供资源服务的相关监控信息，管理员可以从多个角度来监控和管理各项内容，从而保证云平台资源的合理化使用，以及各用户能够从云平台中获取到与其需求相符合的服务，如图 7-32 所示。

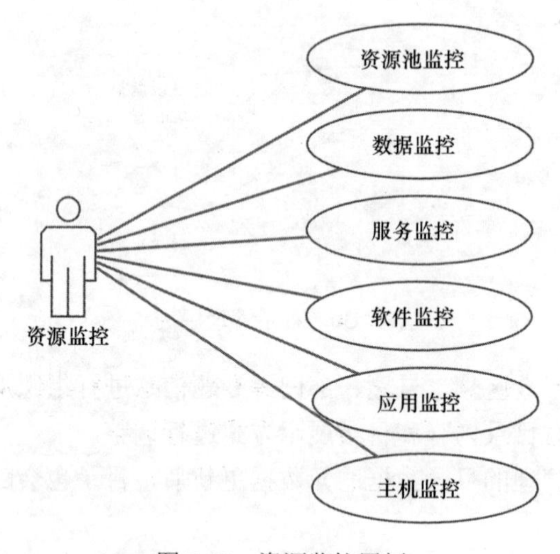

图 7-32　资源监控用例

1. 资源池监控

资源池监控，为系统管理端管理人员提供资源池状态、使用量、异常情况的监控，全方位掌控资源池的情况，如图 7-33 所示。

状态：主要用于描述资源池的运行状态，状态信息包括正常、异常、未使用。

使用量：管理员能在管理页面的图表中查看资源池使用量的实时变化情况。

异常监控：为管理人员提供资源信息报警的功能，能够对发生异常的信息进行报警。

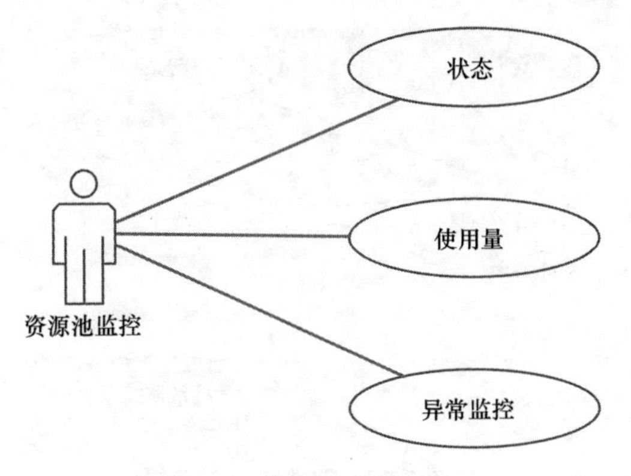

图 7-33 资源池监控用例

2. 服务监控

服务监控，为管理人员提供服务状态、结点个数和异常情况的监控，全方位掌控服务运行的情况，如图 7-34 所示。

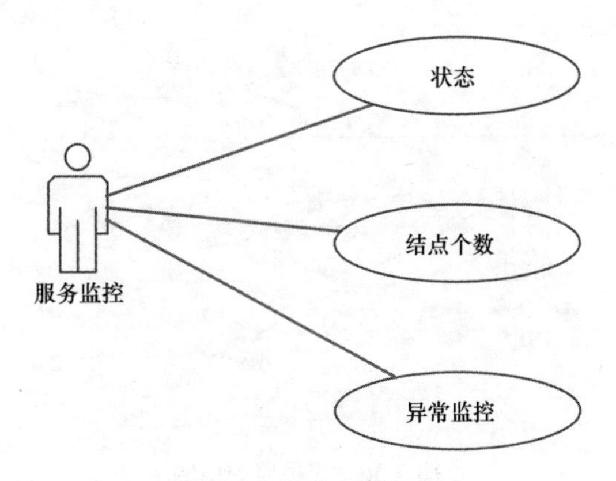

图 7-34 服务监控用例

状态：主要用于描述服务的运行状态，状态信息包括正常、异常、未使用。

结点个数：管理员能在管理页面的图表中查看服务资源使用结点个数的实时变化情况。

异常监控：为管理人员提供资源信息报警的功能，能够对发生异常的信息进行报警。

3. 软件监控

软件监控，为管理人员提供软件状态、结点个数和异常情况的监控，全方位掌控软件运行的情况，如图 7-35 所示。

状态：主要用于描述软件的运行状态，状态信息包括正常、异常、未使用。

结点个数：管理员能在管理页面的图表中查看软件资源部署云主机结点的实时变化情况。

异常监控：为管理人员提供软件资源信息报警的功能，能够对发生异常的信息进行报警。

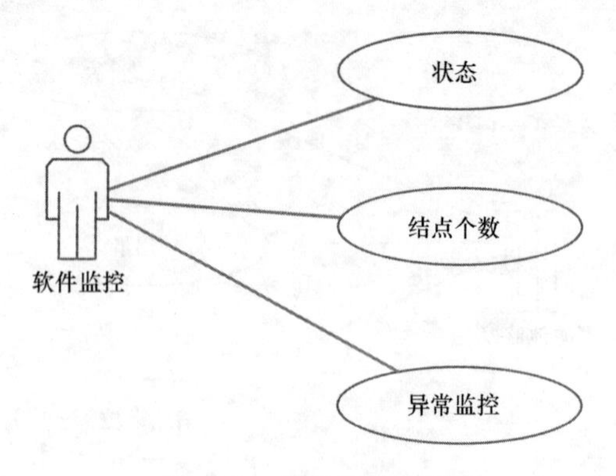

图 7-35　软件监控用例

4. 应用监控

应用监控，为管理人员提供应用状态、结点个数和异常情况的监控，全方位掌控应用运行的情况，如图 7-36 所示。

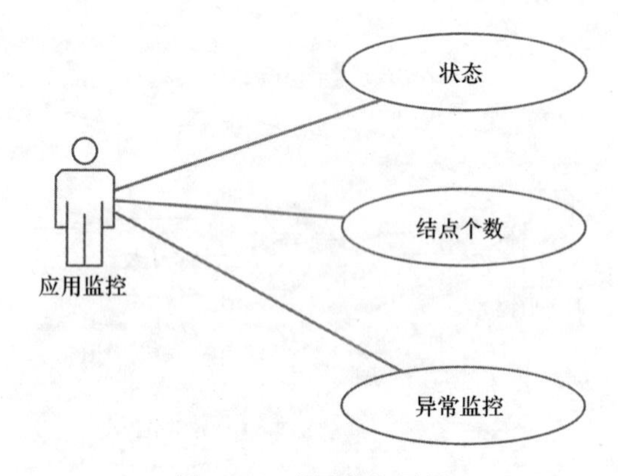

图 7-36　应用监控用例

状态：主要用于描述应用的运行状态，状态信息包括正常、异常、未使用。

结点个数：管理员能在管理页面的图表中查看应用结点的实时变化情况。

异常监控：为管理人员提供应用资源信息报警的功能，能够对发生异常的信息进行报警。

5. 主机监控

主机监控主要对 IGS 集群结点和云应用结点进行管理，如图 7-37 所示。

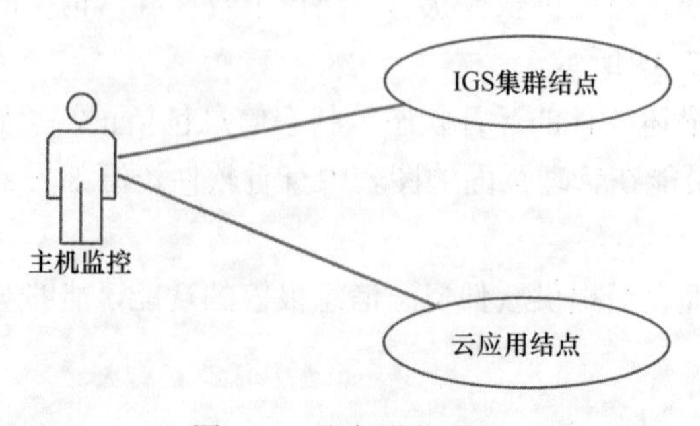

图 7-37　主机监控用例

1）IGS 集群结点

提供 IGS 集群节点监控功能，包含对集群结点的状态的启动/停止/重启。

2）云应用结点

提供对云应用中所有的主机监控功能，对结点服务可进行启动、停止、重启操作。

7.3.8 审核管理

审核管理主要是在租户管理端由租户管理员执行，包含对用户审核、在线应用审核及云主机审核，如图 7-38 所示。

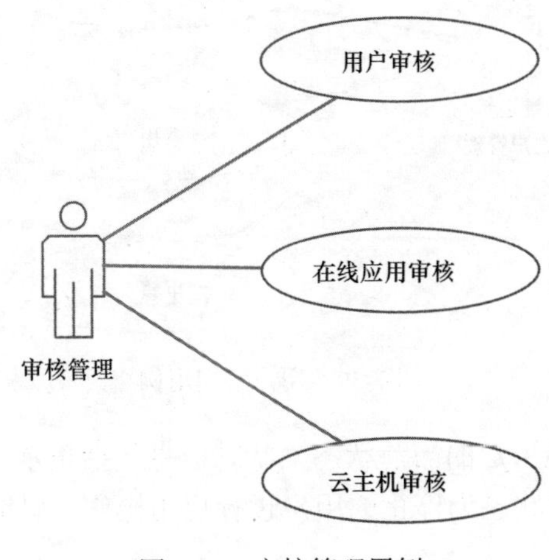

图 7-38 审核管理用例

1. 用户审核

当有新用户注册时，租户管理员需要进行配置和审核，选择新注册的用户，可以进行配置。

最大结点个数：配置该用户每个站点的最大结点个数。

最小结点个数：配置该用户每个站点的最小结点个数。

虚拟机配置：为用户分配可用的虚拟机配置。

模板类型：为用户分配可用的模板类型。

描述：输入该用户的描述信息。

2. 在线应用审核

审核管理需要租户管理员身份登录，对在线应用的申请使用执行过程审核和结果反馈。审核结果包括通过/不通过。审核不通过时需要填写原因，方便申请者可以及时查看。

3. 云主机审核

审核管理需要租户管理员身份登录，对云主机的申请执行过程审核和结果反馈。审核结果包括通过/不通过。审核不通过时需要填写原因，方便申请者可以及时查看。

7.3.9 用户管理

租户管理端租户管理员可以新建一个其他角色，也可以审批用户的注册申请，并为其分配权限，租户管理员可监控用户的基本信息及状态并进行相应的管理操作，主要内容包括：状态、启用、禁用、审核，如图 7-39 所示。

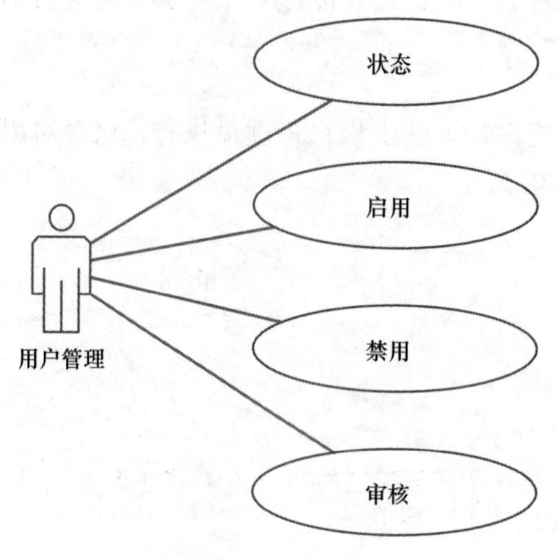

图 7-39　用户管理用例

状态：主要用于描述用户的当前状态，状态信息包括正常、停止、待审核。

启用：管理员可以对状态为停止的用户进行启用操作，启用之后，用户就能正常使用云平台中的资源。

禁用：管理员可以对状态为正常的用户进行禁用操作，禁用之后，用户将不能使用云平台中的资源。

审核：对于平台的新注册用户进行审核管理，未通过审核的用户不能使用云平台的资源。

7.3.10 权限管理

权限管理主要是根据用户的不同，分为前台用户和后台用户，前后台用户都需要赋予角色。所有数据资源，包括主机、数据、服务、软件、应用，通过角色来区分资源所属的租户，在设计数据库表结构时实现。用户对应的操作通过权限来实现，如图 7-40 所示。

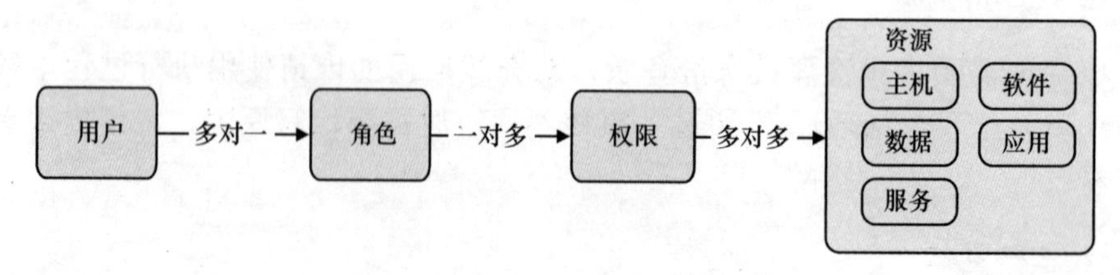

图 7-40　用户权限系统实现图

各角色权限如表 7-1 所示。

表 7-1　角色权限表

	系统管理员	租户管理员	租户
登录后台	√	√	×
登录门户	×	×	√
主机管理，资源管理，流程管理，审核管理	可以看所有，不能改	√	×
资源监控	可以看所有	可以看当前租户	×
用户管理	√（系统管理员用户不可编辑）	对当前租户内的用户可增可删	×
角色权限管理	√（包括创建新租户）	×	×
门户设置（租户设置）	×	√	×
其他设置（公共设置）	√	×	×

7.3.11　日志管理

日志管理模块用于实现平台日志的存储、提取和信息挖掘，完成相应日志的收集、分析及管理功能。管理员能够根据日志的类型，以及具体日志信息的内容进行查询。日志信息可划分为：监控日志、警告日志、错误日志，如图 7-41 所示。

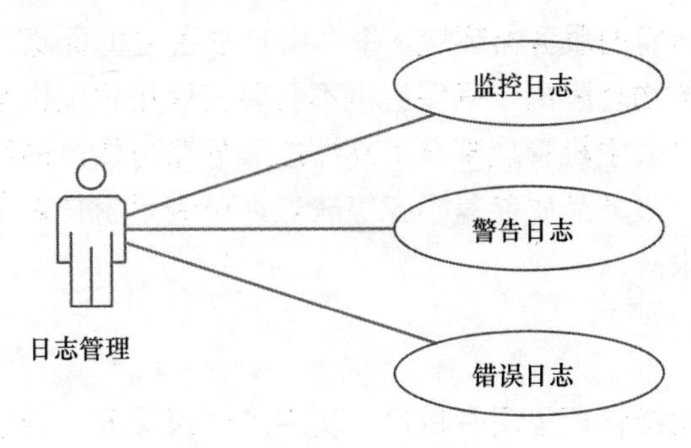

图 7-41　日志管理用例

监控日志：用于记录用户所有的功能操作，包括注册登录、租户管理、资源统计分析等。同时会纪录功能的执行情况，包括用户信息、时间信息、任务状态信息、资源状态信息等。

警告日志：记录了平台在执行用户的功能操作过程中，由于某些未知的系统原因造成的功能执行失败，且任务能够自动重新执行并能够被平台修复的信息。

错误日志：用于记录平台在执行用户的功能操作的过程中，由于某些未知的系统原因造成的功能执行失败，且任务不能够被平台修复的信息。

7.3.12　主机管理

云计算主机是云计算在基础设施应用上的重要组成部分，位于云计算产业链金字塔底层，整合了互联网应用三大核心要素：计算、存储、网络，面向用户提供公用化的互联网基础设施服务，如图 7-42 所示。

云服务器服务是提供给用户的弹性云端计算服务，以快速满足公司产品上线、开发测试等对 IT 基础设施的需求。通过云服务器服务，用户可以快速地完成对云服务资源的申请，实现应用的快速部署。

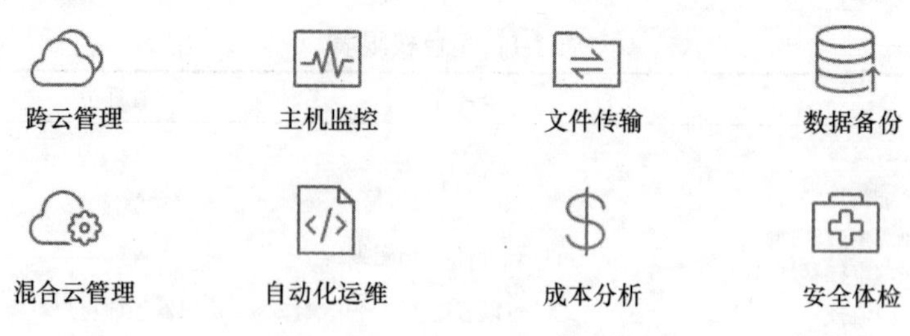

图 7-42 主机管理功能图

云计算主机是一种类似虚拟专用服务器（virtual private server，VPS）主机的虚拟化技术，VPS 是采用虚拟软件 VZ 或 VM 在一台主机上虚拟出多个类似独立主机的部分，每个部分都可以做单独的操作系统，管理方法同主机一样。而云主机是在一组集群主机上虚拟出多个类似独立主机的部分，集群中每个主机上都有云主机的一个镜像，从而大大提高了虚拟主机的安全稳定性，除非所有的集群内主机全部出现问题，云主机才会无法访问。

云主机是整合了计算、存储与网络资源的 IT 基础设施能力租用服务，能提供基于云计算模式的按需使用和按需付费能力的服务器租用服务。客户可以通过 Web 界面的自助服务平台，部署所需的服务器环境。每个用户独占主机资源，不同用户之间不会面临资源的抢占；良好的物理隔离，确保主机不会因其他用户主机故障而相互影响。

云应用集成管理中心主机管理整合了高性能服务器与优质网络带宽，有效解决了传统主机租用价格偏高、服务品质参差不齐等缺点，可满足用户对主机租用服务低成本，高可靠，易管理的需求。

7.3.13 运维管理

时空信息云平台运维管理采用多租户，实现“分级管理、分别维护”的建设模式，适用于构建行业云 GIS 共享平台，解决云 GIS 运维管理等问题。时空信息云平台的运维管理区别于传统的 IT 运维管理，体现在两个方面：一是除了平台本身各软件系统的日常运行管理，也纳入了平台运行硬件环境的性能监控管和管理，不仅能一体化、可视化的监控硬件的 CPU、内存、存储性能，还能根据计算资源的使用情况进行弹性分配和调整；二是基于时空信息云平台搭建的各种应用系统，也可以托管，应用系统的开发、升级都可以热部署，所见即所得，即部署即使用，不影响业务的正常运行。一体化的云端服务为用户提供最好的体验。

云服务运维管理系统分为结点管理、服务管理、软件管理三个模块，每个模块的功能如下所述。

1. 结点管理

用于部署 GIS 环境及集群环境，包括：

（1）服务节点管理；

（2）服务集群构建；

（3）应用主机管理；

（4）结点监控。

2. 服务管理

多租户服务定制能满足租户不断变化的个性化服务需求，是实现灵活的 SaaS 多租户软件体系的核心技术之一。平台通过服务定制为租户定制最合适的业务流程和优化的服务组合。软件即服务是一种软件交付模式，它的一个典型特征是单实例多租赁，即多个租户共享服务提供商的一个应用实例，不同租户的数据、服务在物理上共享，而在逻辑上完全隔离。对每个租户来说，这个实例像是只为自己服务。多租户架构是 SaaS 的核心优势之一。SaaS 平台中有海量的服务，且租户的需求千差万别，每个租户都期望拥有适合自己的租户应用，这使服务定制成为租户应用的一个重要方面。

多租户个性化定制主要有业务流程定制、服务定制和数据定制等。业务流程定制主要是对租户的功能需求进行建模和验证，为租户定制出业务流程模型。服务定制主要分析和研究租户的非功能需求，根据租户定制的业务流程和 QoS 属性，进行服务的选择、组合和优化，为租户定制合适的服务。数据定制主要为租户定制所需的数据，包括多个租户共享数据和租户自己私有的扩展数据。目前，多租户服务定制的研究多侧重于服务的选择、组合和优化。服务选择和组合优化的研究已经有不少研究成果，其主要思路是通过各种算法或模型使服务组合整体的 QoS 达到最优。

租户需求包含两个方面：租户功能需求和租户非功能需求。SaaS 平台中有大量的功能相同，而非功能属性不同的不同服务提供商提供的 Web 服务。

用于 GIS 服务发布、服务监控等，包括：

（1）数据管理；

（2）服务发布；

（3）服务管理；

（4）服务监控；

（5）流程服务。

3. 软件管理

用于 GIS 软件管理及部署，包括：

（1）桌面软件管理；

（2）Web 软件管理；

（3）软件部署：①运营维护，可进行平台 logo、名称等设置，应用分类设置；②系统设置，主要进行其他相关系统的地址设置；③操作监控。

对系统的操作日志进行管理。监控点纳入配置管理流程进行统一管控、统一事件管理、统一告警管理，有效屏蔽误报、漏报和重复告警。定期回顾监控结果，分析系统故障情况、后续业务高峰期可能导致的系统压力等，更新监控点、监控策略，持续提升系统可用性。实现结点的弹性管理、服务的动态发布和资源的动态监控预警。服务调度功能模块是集群管理中心的核心模块，该服务 API 提供给应用层调用，对来自客户端的请求根据某种调度策略进行结点分配和调度。

日志管理模块用于实现平台日志的存储、提取和信息挖掘，完成相应日志的收集、分析及管理功能。

第 8 章　全空间一张图实践

时空大数据与云平台的研究提供了充足的理论基础与完善的技术支撑，在此基础上，武汉中地数码科技有限公司依托优秀的国产地理信息系统 MapGIS，研发并实现了全空间一张图系统，将省市县等多级数据按照统一的标准和格式构建大数据中心，在物理上进行分级分权限的分布式部署，优化大数据存储结构，实现数据充分共享，并成功地应用于国土等多个行业。全空间一张图的实践从技术层面验证了时空大数据与云平台的可行性，并为后续更广泛的应用提供行业支撑。本章将详细阐述全空间一张图的建设要点及其价值。

8.1　全空间一张图建设目标

8.1.1　全空间一张图建设背景

“一张图”最初缘于城市规划。城市规划早期的数据均采用纸质地图存储，导致一系列的问题，如纸质地图受图幅大小的限制，一旦成形，则不可伸缩；图纸不透明，不可多张叠加；每张纸质图幅按某一比例尺/坐标系制作，比例尺/坐标系固定，不能按需修改。这些问题造成了一系列的规划矛盾，如“一女多嫁”，一块地批给了多个开发商；用地碎片问题，地块间存在大量的碎片化无主地，造成了大量的资源浪费；规划冲突也越来越明显，房屋建到规划道路上，刚建好或还未建设好的基础设施与最新规划冲突，不得不推倒重来。这些问题都是一张图必须要解决的问题。

2009 年徐绍史部长首次提出了“一张图”，一张图正式进入公众视野。同年，一张图应用于国土行业。2012 年国土一张图在全国蓬勃发展。在武汉中地数码科技有限公司，一张图先从国土行业萌芽、成长、壮大，逐渐推广到了市政、地矿、公安、气象、地灾、水利等全行业。现在，行业一张图已然成为趋势。

行业一张图在如火如涂的发展中，虽解决了不可叠加、不可伸缩、一女多嫁、用地碎片、规划冲突等问题，但随着新技术的涌入、应用场景的丰富，有些问题又日渐突显出来。一张图的建设模式是采用信息共享、共享与协同模式，都是以单一行业的标准建设，缺少整体的行业一张图框架，各行业各自为政，重复建设，可利用性极低；按传统信息系统建设思路做信息集成，实现数据水平拼接（突破图幅限制）、垂直叠加（专题空间集成），距离行业间信息共享、业务协同相去甚远；缺少全空间一体化思维，绝大多数仍在传统二维空间数据上做文章；缺少与先进云计算、大数据技术整合观，面对全空间、多来源大数据束手无策。基于这样的一个建设现状，全空间一张图应运而生。

8.1.2　全空间一张图定位

全空间一张图以地理信息技术、云计算技术、大数据技术、互联网技术、数据库技术为支撑，采用笔者提出的新一代基于云环境的T-C-V软件架构，依据智慧城市建设技术大纲，以基础设施资源、数据资源、应用与服务的大集中与资源复用为基础，以向省市县各级行业用户与社会公众提供云应用与服务为核心，构建全空间一张图整体框架，为各行业应用提供产品及技术支撑。

全空间一张图是以全空间为基础，实现时间维+事件（事物）维+立体空间维的完美统一，实现地理信息时间、空间、事件维度的无缝拼接。全空间一张图将原有单一应用转变为一体化应用，实现云端一体化、PaaS与SaaS一体化、开发与集成一体化，最终实现所有资源可管理、可扩展、可持续。

全空间一张图不仅仅将地上的、地表的、地下的三维数据集中起来，更重要的是按照用户需要的角度进行展示，可以按照传统的图形+属性+统计的方式展示，也可以以多屏对比展示基础的、专业的、二维的、三维的数据，当然也可以用户自定义的形式提供更丰富的服务内容。

全空间一张图通过一组服务器、一个大数据中心、一个云服务中心、一个集成管理中心，在系列标准规范的驱动下，实现一张图的平台化、标准化、云化。打破传统一张图烟囱式部署、各自为政的局面。行业一张图只需要关注自己行业插件开发，直接对接全空间一张图提供的大数据服务、云服务即可通过聚合、重构方式实现行业一张图系统，避免重复建设问题，共享开发资源、应用资源，提高生产效率。

全空间一张图的目标是实现行业一张图从强GIS到弱GIS的转变，空间信息资源沉降到平台，集中建设，统一服务，最终实现行业信息资源跨领域的整合，让一张图能更好地服务于社会大众。

8.2 全空间一张图整体框架

全空间一张图是基于时空大数据与云平台的一个“易于扩展，高效复用”的应用框架，主要包括大数据中心、云服务中心、云应用集成中心三大部分。全空间一张图整体框架如图8-1所示。

1. 全空间一张图大数据中心

在云平台大数据中心的基础上，“全空间一张图”具备了进一步对大数据进行分析、处理、挖掘的能力，从而形成全空间一张图自身的大数据中心。全空间一张图大数据中心通过一套目录驱动标准，解决不同GIS行业业务系统对数据组织和管理的定制化需求，解决不同行业多源、异构数据的集成统一管理问题，它提供了二三维数据的统一管理，提供二维视图与三维视图。

2. 全空间一张图云服务中心

全空间一张图在云服务中心基础上延伸了功能服务，包括切换底图、专题服务、图层管理、卷帘、二三维联动、分屏展示、时相对比、要素查询、标注、测量、清除、导出图片、全屏显示等功能。其中专题服务根据应用功能划分为：人民经济专题、建设用地专题、三维智慧城市专题，并对省市县三级数据提供高效的统计分析服务。

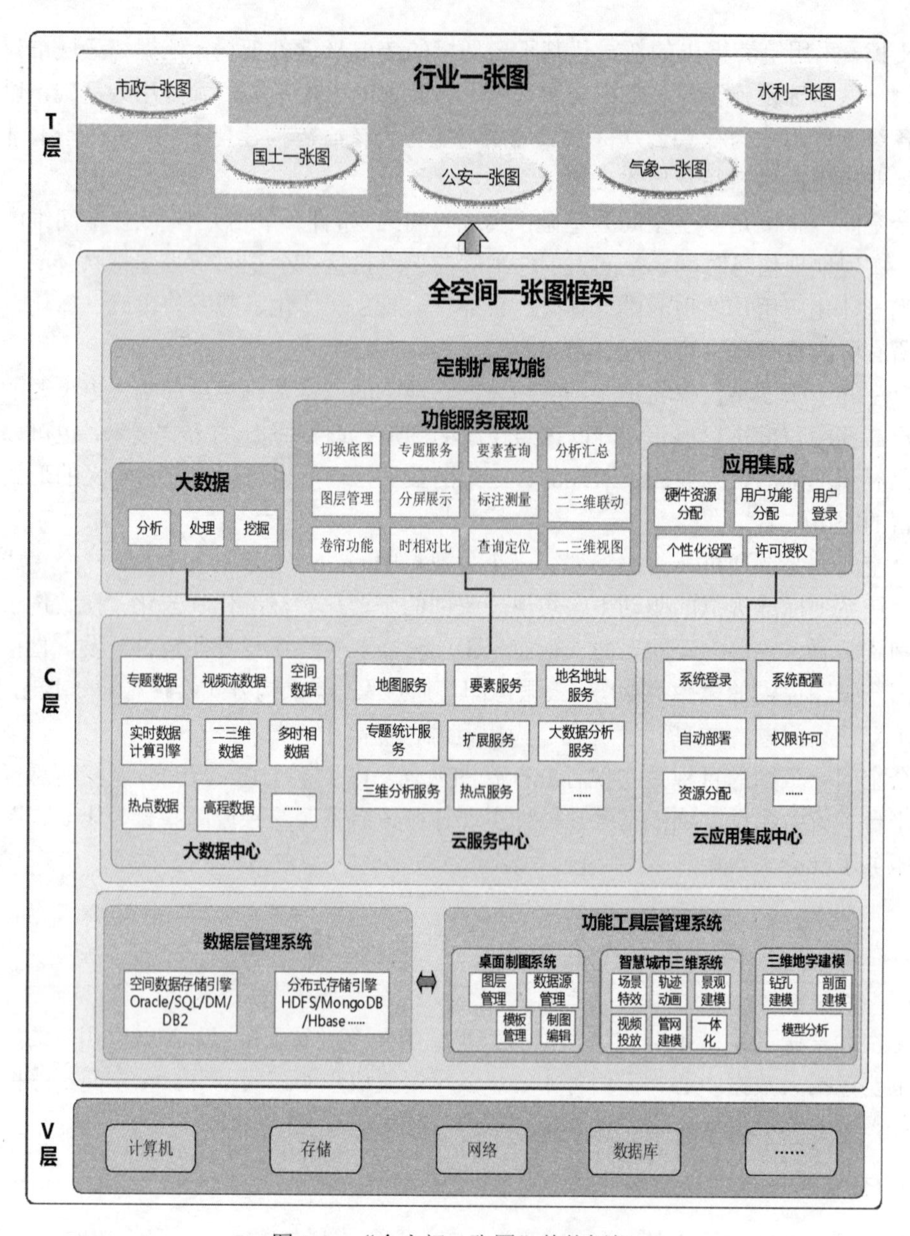

图 8-1 “全空间一张图”整体框架

3. 全空间一张图集成管理中心

云应用集成中心则为全空间一张图提供了硬件资源分配、用户登录、许可授权、用户功能分配、个性化设置等性能，同时，全空间一张图支持各行业定制扩展。

全空间一张图的特点之一是应用服务模板化，即通过服务模板化，当不同的数据接入时，根据目录驱动标准+模板规则，就能生成想要的服务成果。例如，如果进行大数据分析，国土行业的数据换成市政行业的，只要业务数据符合全空间一张图的应用服务模板规则，就可以生成市政的数据分析一张图，不用再进行二次开发。所以，本框架依托于一组服务器、一套数据管理平台、一套驱动、一套业务规则、一套应用框架，在系列标准规范的驱动下，实现全空间一张图的平台化、标准化、云化，打破传统一张图烟囱式部署、各自为政的局面。各行业只需要关注自己行业的插件开发，直接通过对接全空间一张图提供的云服务、功能插件，即可通过聚合、重构方式实现行业一张图系统，避免重复建设问题。

全空间一张图专注于汇集行业数据驱动规则、保证灵活数据配置；制定标准规范、保证信息可用；提供服务扩展、保证服务覆盖；规划运营维护、保证绿色云端。它致力于全空间一体化思维，可提供全空间一体化的服务，实现空中、地上、地表、地下多维时空信息的全共享。涵盖并逐渐推广到了市政、地矿、公安、气象、地灾、水利等各个行业进行重复建设，可复用性极高，实现了行业间信息共享、业务协同。

8.3 全空间一张图大数据中心建设

8.3.1 概述

全空间一张图大数据中心数据库的落脚点在时空数据，因此其大数据中心数据库管理的主体仍是地理时空数据、业务数据与空间数据关联。如前面章节所述，地理实体有三个基本特征，即空间特征、时间特征、属性特征，全空间一张图大数据中心数据库可以按照空间维度、时间维度、专题维度（同一类属性是一个专题，如描述土地使用类型的相关属性为土地利用专题）等三个维度进行组织。空间维度从宏观到微观包括行政区划、功能区或园区、网格或方案、空间坐标等；专题维度根据属性（几何特征）的不同进行划分，如地形图专题、土地利用专题、土地规划专题、建设用地专题等，专题必须跟空间进行结合才能形成空间数据，有些专题是基于宏观的空间数据；时间维度是用来描述地理专题的过去、现在和未来，时间从粗略到精细包括年、月、日、小时、分钟、秒等。

全空间一张图大数据中心数据按空间、时间和属性三个维度划分后，应考虑空间和业务如何关联、现状与历史如何关联，以及二维与三维如何关联。尤其是要考虑如何将描述同一空间尺度的各类业务属性进行整合，如基于房屋的登记数据、基于房屋的企业经营数据、基于房屋的产权信息，这三类数据如何整合、展现在统一空间上，并能关联分析各类属性的关系。地理实体空间与业务属性的关联，以统一、灵活接口的方式实现空间与业务关联。

8.3.2 大数据中心整体框架

全空间一张图大数据中心的整体框架如图 8-2 所示。

全空间一张图大数据中心基于时空大数据中心建设，可以对各个行业的多源异构时空数据进行分布式存储及管理，并针对各个行业的特点进行专业的时空大数据挖掘分析，以全空间一体化的方式进行一张图呈现，最终实现时空大数据的全空间一张图应用。

全空间一张图大数据中心基于虚拟化的软硬件存储设备，建设了全空间一张图大数据库，存储多源异构数据及实时数据，以 Rest 服务的方式提供时空对象的分布式存储和管理功能，同时提供空间与非空间数据之间关联的存储。全空间一张图管理的多源数据包括文化教育、市政建设、医疗卫生、交通压力、通信网络、政务审批、计划执行、文档数据、人口、经济、行政区划、行业空间数据、行业文档数据、行业关系数据、框架

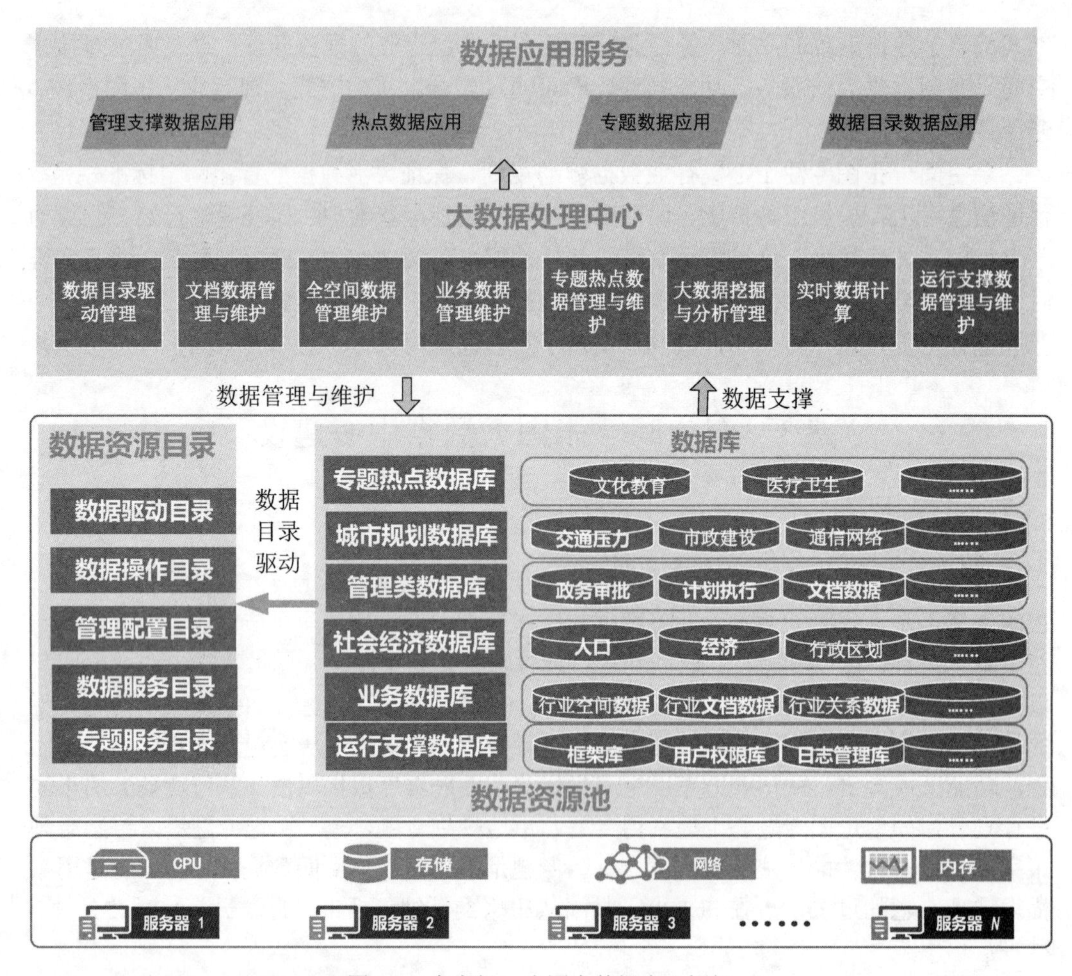

图 8-2　全空间一张图大数据中心框架

库、用户权限库、日志管理库等，大数据中心利用时空对象驱动从多源数据中读取或存储时空对象，将这些结构化与非结构化的时空对象映射为时空大数据集，将数据对象本身序列化存储到各种分布式存储系统中，以提供分布式计算。

笔者将这种时空大数据集 GeoRDD 分为文档对象数据集、时态对象数据集、关联对象数据集等几种格式，并根据不同的数据集类型，建立对应的数据集索引，为后续大数据查询、分析等操作提供基础。

一组不同或相同的时空大数据集及大数据集模式组成全空间一张图大数据库，根据数据类型及应用的需求，全空间一张图大数据库主要分为专题热点数据库、城市规划数据库、管理类数据库、社会经济数据库、业务数据库、运行支撑数据库等专题大数据库。

全空间一张图大数据中心提供数据目录驱动器，将专题大数据库的数据资源生成数据目录进行存储管理，将关系型数据库、非关系型数据库及文件系统的内容统一为资源目录，进行数据可视化展示。数据资源目录主要包括数据驱动目录、数据操作目录、管理配置目录、数据服务目录、专题服务目录等。

在全空间一张图大数据库之上建设大数据处理中心，对大数据库的数据进行处理、挖掘、分析、管理、维护，同时对外提供适应不同行业的数据应用云服务。大数据处理中心在分布式计算框架中，开发了空间几何计算引擎、实时数据处理引擎、数据挖掘分析引擎等工具，提供数据目录驱动管理、文档数据管理与维护、全空间数据管理维护、业务数据管理维护、专题热点数据管理与维护、大数据挖掘与分析管理、管理类数据管理与维护、运行支撑数据管理与维护等功能，同时支持大数据计算等任务的弹性调度。

经过大数据处理中心对时空大数据的处理、挖掘、分析，可以形成面向多行业多专题的可以自由定制、迁移、聚合、重构的数据应用云服务，主要包括管理支持数据应用、热点数据应用、专题数据应用、数据目录数据应用等。

接下来介绍大数据中心的主要功能。

8.3.3 ETL 工具

ETL 提取转换工具使用抽取、转换等技术手段，将各个数据库的原始数据转换为 Hadoop 可识别可读写的数据块，准备数据文件，将数据加载至 HDFS。

全空间一张图中最典型的 ETL 工具是 MapGIS Conversion tools for Hadoop，这个工具可以读取 MapGIS 格式的空间数据，然后转换为 Hadoop 可以识别的数据块，进行后续操作。MapGIS Conversion tools for Hadoop 可以分别将 MapGIS 的点要素、线要素、区要素数据导成文本数据，见图 8-3、图 8-4。

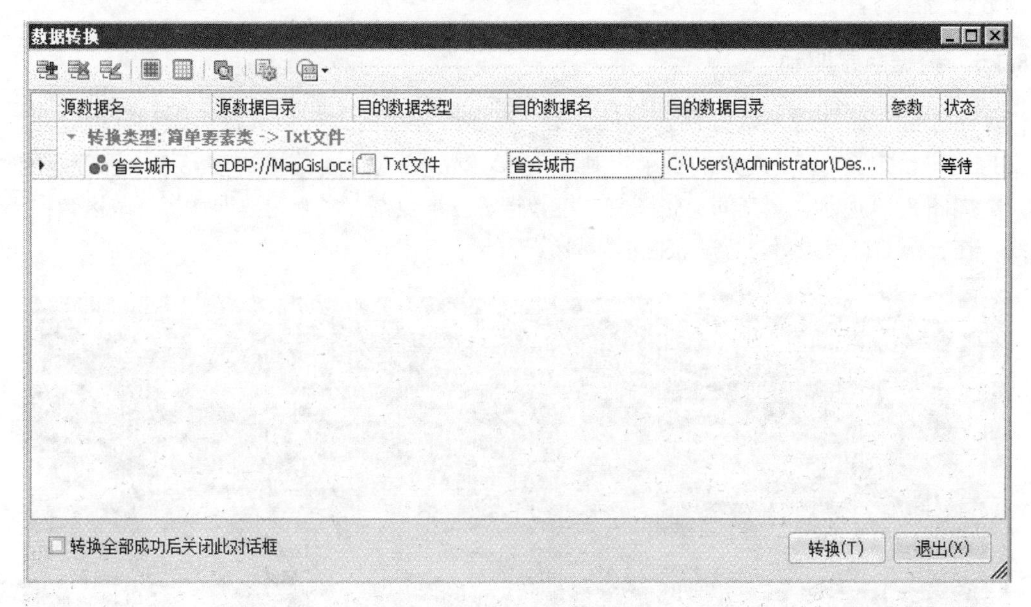

图 8-3　点要素导成文本

8.3.4 数据服务发布

大数据库管理的数据可以分为空间数据和非空间数据两大类，大数据中心提供通用的数据访问接口，将数据封装成服务，以服务的形式进行组织和发布，供上层调用，提供分析服务、查询服务、数据挖掘应用等功能服务。

大数据中心将空间数据发布为符合 OGC 规范的标准 Web 服务，发布的标准 Web 服务包括地图服务 WMS、矢量服务 WFS、栅格服务 WCS，这三种基础服务可以实现

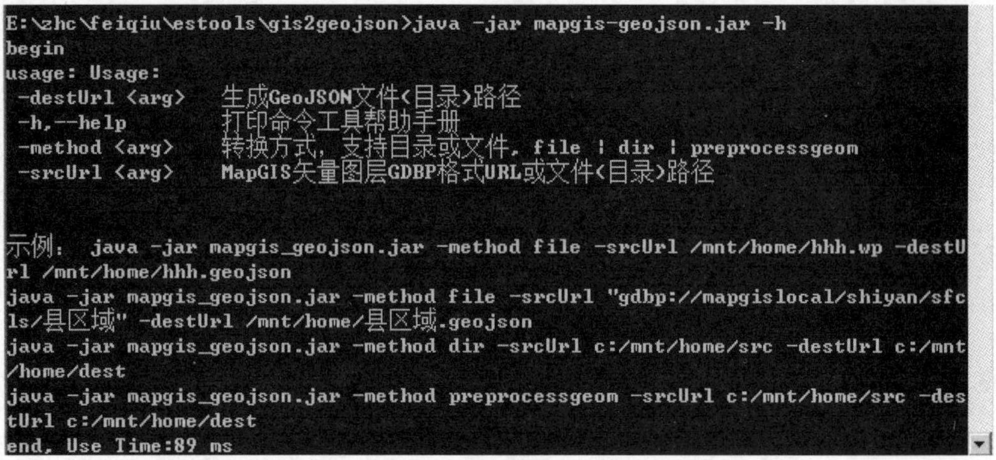

```
E:\zhc\feiqiu\estools\gis2geojson>java -jar mapgis-geojson.jar -h
begin
usage: Usage:
 -destUrl <arg>    生成GeoJSON文件(目录)路径
 -h,--help         打印命令工具帮助手册
 -method <arg>     转换方式, 支持目录或文件, file | dir | preprocessgeom
 -srcUrl <arg>     MapGIS矢量图层GDBP格式URL或文件(目录)路径


示例:  java -jar mapgis_geojson.jar -method file -srcUrl /mnt/home/hhh.wp -destU
rl /mnt/home/hhh.geojson
java -jar mapgis_geojson.jar -method file -srcUrl "gdbp://mapgislocal/shiyan/sfc
ls/县区域" -destUrl /mnt/home/县区域.geojson
java -jar mapgis_geojson.jar -method dir -srcUrl c:/mnt/home/src -destUrl c:/mnt
/home/dest
java -jar mapgis_geojson.jar -method preprocessgeom -srcUrl c:/mnt/home/src -des
tUrl c:/mnt/home/dest
end, Use Time:89 ms
```

图 8-4　区、线要素导成 GeoJSON 文本

空间数据的相互操作，可以跨平台、跨语言、跨硬件运行，并被任何语言编写的程序调用。数据发布服务后台见图 8-5，地图服务展示见图 8-6、图 8-7。

大数据中心将非空间数据发布为数据服务，提供可视化服务、文档浏览、检索、挖掘分析等服务，见图 8-8、图 8-9。

8.3.5　数据目录驱动

全空间一张图遵循数据目录驱动标准，将多源异构的大数据进行组织和管理，同时支持用户自定义，满足用户的目录定制化需求，解决不同行业数据的集成统一管理问题。

如图 8-10 所示，全空间一张图将二维数据、三维数据、多专题数据、多行政区数据都统一在一个数据目录里进行一张图展示及管理。

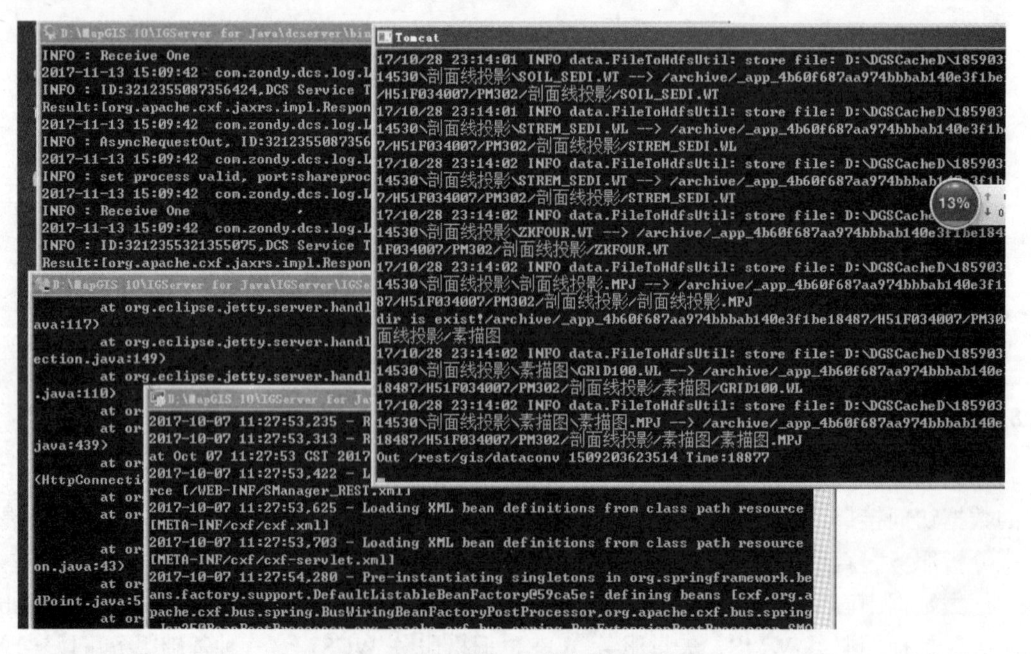

图 8-5　大数据中心数据发布服务后台

图 8-6　地图服务（一）

图 8-7　地图服务（二）

图 8-8　大数据中心文档浏览

8.3.6　实时数据计算

在深圳城市基础信息大数据一张图项目中，将深圳市的全书人口实时移动数据进行实时可视化展示，可以得到全市人口出行轨迹模拟等，并进一步进行道路压力分析。

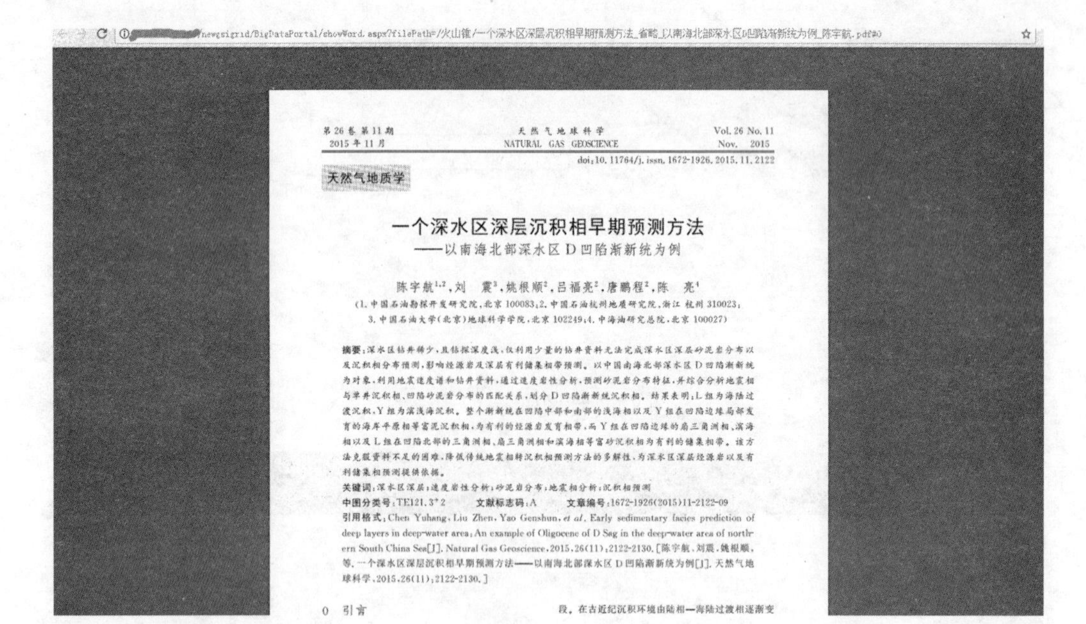
第26卷 第11期 天然气地球科学 Vol. 26 No. 11
2015年11月 NATURAL GAS GEOSCIENCE Nov. 2015
doi:10.11764/j.issn.1672-1926.2015.11.2122

天然气地质学

一个深水区深层沉积相早期预测方法
——以南海北部深水区D凹陷渐新统为例

陈宇航[1,2],刘　震[3],姚根顺[2],吕福亮[2],唐鹏程[2],陈　亮[4]
(1.中国石油勘探开发研究院,北京 100083;2.中国石油杭州地质研究院,浙江 杭州 310023;
3.中国石油大学(北京)地球科学学院,北京 102249;4.中海油研究总院,北京 100027)

摘要:深水区钻井稀少,且钻探深度浅,仅利用少量的钻井资料无法完成深水区深层砂泥岩分布以及沉积相分布预测,影响烃源岩及深层有利储集相带预测。以中国南海北部深水区D凹陷渐新统为对象,利用地震速度谱和钻井资料,通过速度岩性分析,预测砂泥岩分布特征,并综合分析地震相与单井沉积相、凹陷砂泥岩分布的匹配关系,划分D凹陷渐新统沉积相。结果表明:L组为海陆过渡沉积,Y组为滨浅海沉积。整个渐新统在凹陷中部和南部的浅海相以及Y组在凹陷边缘局部发育的海岸平原相等富泥沉积相,为有利的烃源岩发育相带,而Y组在凹陷边缘的扇三角洲相、滨海相以及L组在凹陷北部的三角洲相、扇三角洲相和滨海相等富砂沉积相为有利的储集相带。该方法克服资料不足的困难,降低传统地震相转沉积相预测方法的多解性,为深水区深层烃源岩以及有利储集相预测提供依据。

关键词:深水区深层;速度岩性分析;砂泥岩分布;地震相分析;沉积相预测
中图分类号:TE121.3⁺2　文献标志码:A　文章编号:1672-1926(2015)11-2122-09
引用格式:Chen Yuhang,Liu Zhen,Yao Genshun,*et al*. Early sedimentary facies prediction of deep layers in deep-water area:An example of Oligocene of D Sag in the deep-water area of northern South China Sea[J]. Natural Gas Geoscience,2015,26(11):2122-2130.[陈宇航,刘震,姚根顺,等.一个深水区深层沉积相早期预测方法——以南海北部深水区D凹陷渐新统为例[J].天然气地球科学,2015,26(11):2122-2130.]

0 引言　　段。在古近纪沉积环境由陆相—海陆过渡相逐渐变

图 8-9　大数据中心 PDF 文档读取

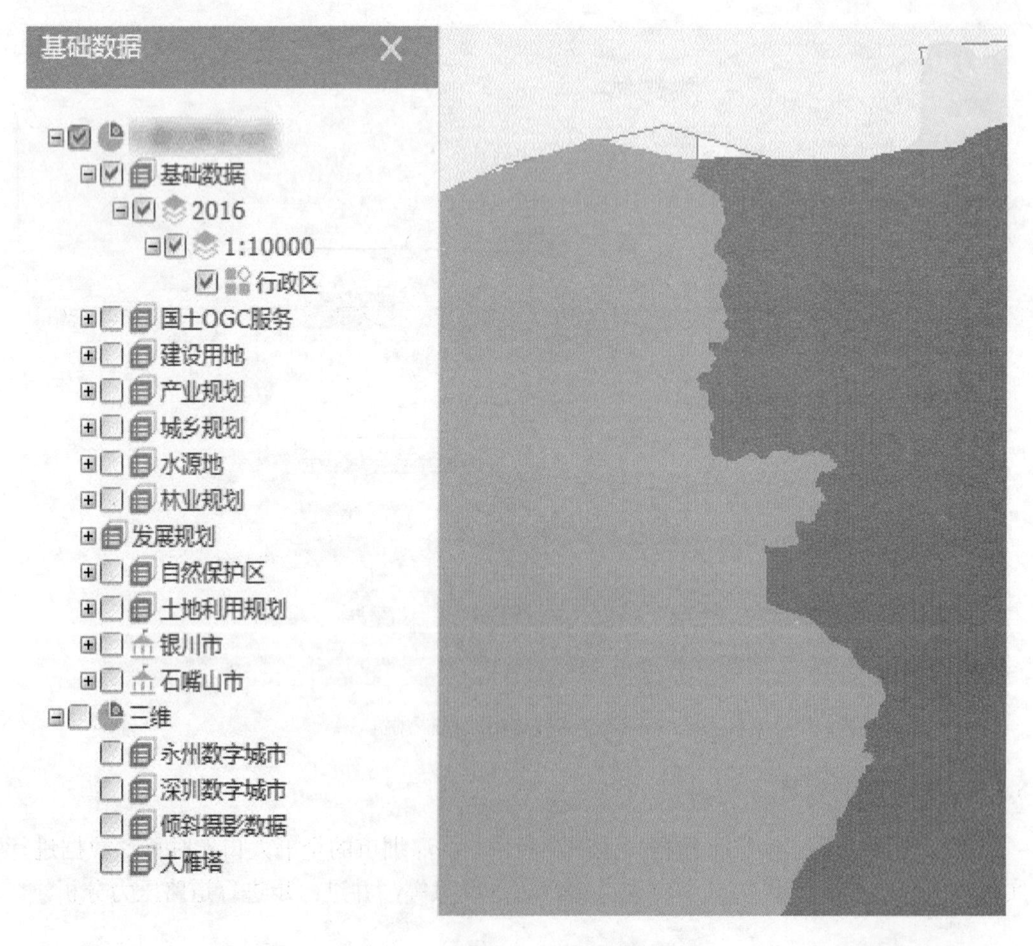

图 8-10　全空间一张图数据目录

8.3.7 大数据可视化

全空间一张图可以从多个方面对多源数据进行挖掘及分析，对大数据库的多源数据及实时接入数据进行高效的动态可视化展示，在抽象的数据与用户之间建立桥梁，协助用户更形象地理解并利用数据资源。

全空间一张图更重要的是综合更多类型的数据，从而能够进行大数据的辅助决策，在多个应用领域，能够基于地理空间数据，融合业务数据、实时数据等，生成新的决策信息，使决策所需信息更加全面、直观、准确和高效，提升管理者的决策能力。

全空间一张图不仅仅将地上的、地表的、地下的三维数据集中起来，更重要的是按照用户需要的角度进行展示，可以按照传统的图形+属性+统计的方式展示，也可以以多屏对比展示基础的、专业的、二维的、三维的数据，当然也可以用户自定义的形式提供更丰富的服务内容，如图 8-11 所示。

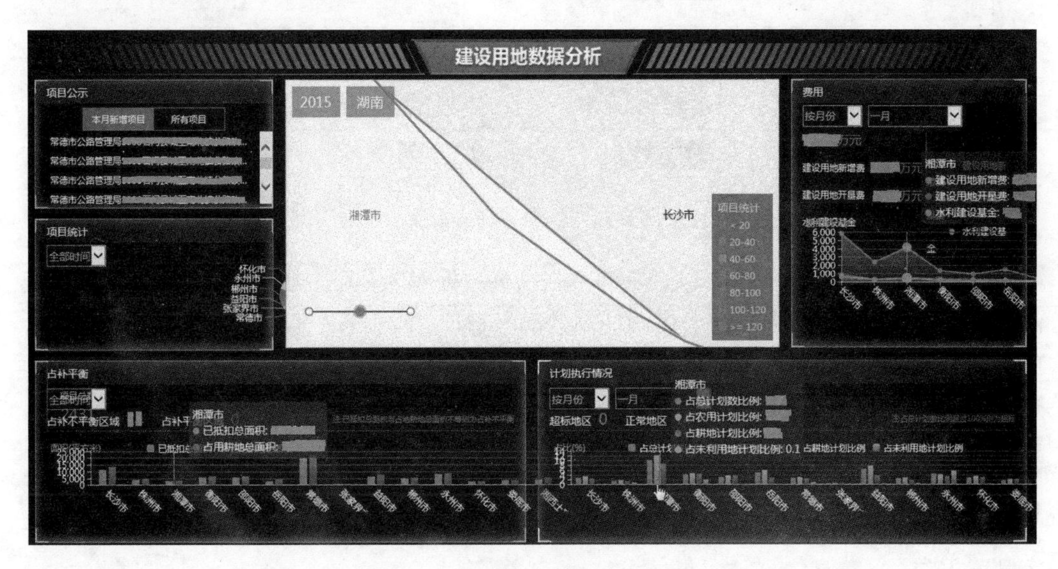

图 8-11　大数据分析及可视化展示

8.4 全空间一张图云服务中心建设

8.4.1 概述

全空间一张图云服务中心主要对应用资源、数据资源、功能服务资源、业务流程资源进行集中式管理，通过自动化的部署、运维和管理，实现更高效地使用云服务资源；对计算服务资源进行集群化管理，通过分布式的调度管理模式，实现高性能高并发的云服务，并且针对不同用户进行不同级别的权限管理及资源审批，实现服务资源的高效管理。

8.4.2 云服务中心整体框架

全空间一张图云服务中心框架如图 8-12 所示。

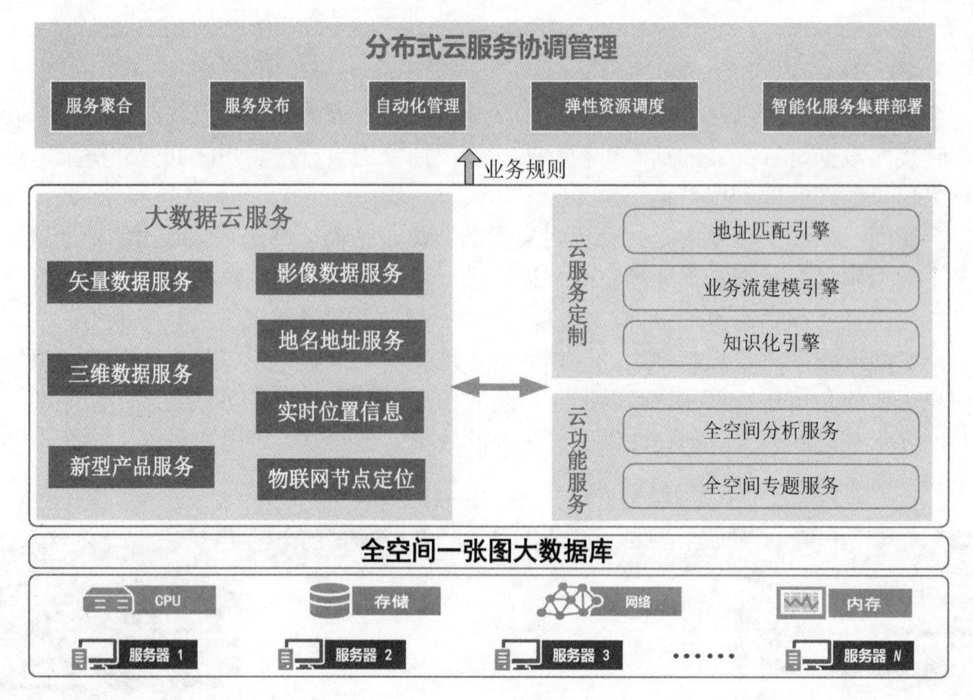

图 8-12　云服务中心框架

全空间一张图云服务中心以全空间一张图大数据库为基础，构建于虚拟化的软硬件资源之上，提供对多种数据及服务资源的高效动态管理。云服务中心将现有大数据中心、云服务中心、一张图等系统中的基础云服务、专业分析云服务、定制云服务，以及业务流程进行升级云化后构成服务资源池，并由分布式云服务协调管理模块统一管理与调度。

1. 全空间一张图云服务类型

全空间一张图云服务中心管理的服务主要包括大数据云服务、云功能服务、云服务定制三大类。

大数据云服务利用大数据库管理的多源异构时空大数据，生成多种通用的时空信息服务，具体分为二维数据服务、三维数据服务、地名地址服务、实时位置服务、新型产品服务、物联网节点定位服务等，结合互联网技术、物联网技术实现对时空大数据的从基础到专业的全面应用，可以满足社会公众至专业人员的数据服务需求。

云功能服务包括全空间分析服务、全空间专题服务等。

全空间分析服务是对地上、地表、地下全空间的地理空间现象的定量研究，其常规能力是操纵空间数据使之成为不同的形式，并且提取其潜在的信息。根据全空间分析的数据性质不同，可以分为：

（1）基于空间图形数据的分析运算；

（2）基于非空间属性的数据运算；

（3）空间和非空间数据的联合运算。

全空间分析服务主要有叠加分析、查询分析、缓冲分析、可视域分析等空间分析。

全空间专题服务是指面向社会生活及经济发展的各方面，分析处理该专题涉及的时空大数据，生成该专题专有的时空信息云服务，如人民经济专题云服务、房地产专题云服务、居民生活专题云服务、教育科研专题云服务等。

云服务定制包括地址匹配引擎、业务流建模引擎、知识化引擎等深度定制的服务引擎，这三个引擎可以实现时空大数据跟现实世界的深入连接，为云服务更好地服务于用户提供技术手段。

2. 全空间一张图云服务管理

全空间一张图云服务中心通过分布式云服务协调管理对上述云服务进行高效智能管理。

云服务中心实现了云服务的开发、定制、聚合、重构、发布等；实现了智能的集群部署，提供智能的集群部署工具，采用集群配置规则模板库，实现集群环境的一键式部署，使集群部署工作更简便；提供资源调整策略，实现了弹性资源调度，采用监控虚拟机节点的使用情况，实现虚拟机节点的自动调整，使资源调整工作更灵活。

有了对全空间一张图云服务的有效管理，就可以根据各行业特点进一步定制全空间多行业一张图，如国土全空间一张图、市政全空间一张图、地矿全空间一张图等。

8.4.3 多维数据分析服务

全空间一张图将传统的二维 GIS 功能和三维 GIS 功能放在一张图界面里进行展示，从一个更多维的角度进行数据的分析和处理，不仅仅包含数据的查询定位、基本的纹理分析，还包含模型爆炸、淹没分析动态模拟等。

1. 二维功能服务

全空间一张图主要对应用资源、数据资源、功能服务资源、业务流程资源进行集中式管理，通过自动化的部署、运维和管理，实现更高效使用云服务资源；对计算服务资源进行集群化管理，通过分布式的调度管理模式，实现高性能高并发的云服务，并且针对不同用户进行不同级别的权限管理及资源审批，实现服务资源的高效管理。全空间一张图云服务有了其大数据中心支持的数据服务可高效展现对应的功能服务。

用户可根据业务需求按需定制、添加底图，目前全空间一张图底图支持天地图矢量（默认）、天地图影像、ArcGIS 影像图、ArcGIS 街道图、ArcGIS 晕眩图，并且支持多种底图的无缝切换，见图 8-13。

图 8-13　切换底图

在实际应用中，当多个图层相互重叠时，我们无法便捷清晰的按需查看对比同一位置图层间的信息关系，这时图层树的卷帘功能就发挥作用了，我们可通过水平、垂直、圆形三种卷帘方式透过上层图层动态对比查看被覆盖图层，见图 8-14～图 8-16。

类似于卷帘的作用，当我们想大致了解某一行政区的林业覆盖情况时可选用全空间一张图提供的多屏展示功能，见图 8-17。全空间一张图将当前选择图层数目默认设置为最多显示屏数目，用户也可按需自由选择；全空间一张图提供点查询与拉框查询两种要素查询方式来查询被选中范围内点要素的参数信息，须注意查询前设置图层为可查询状态，见图 8-18、图 8-19。

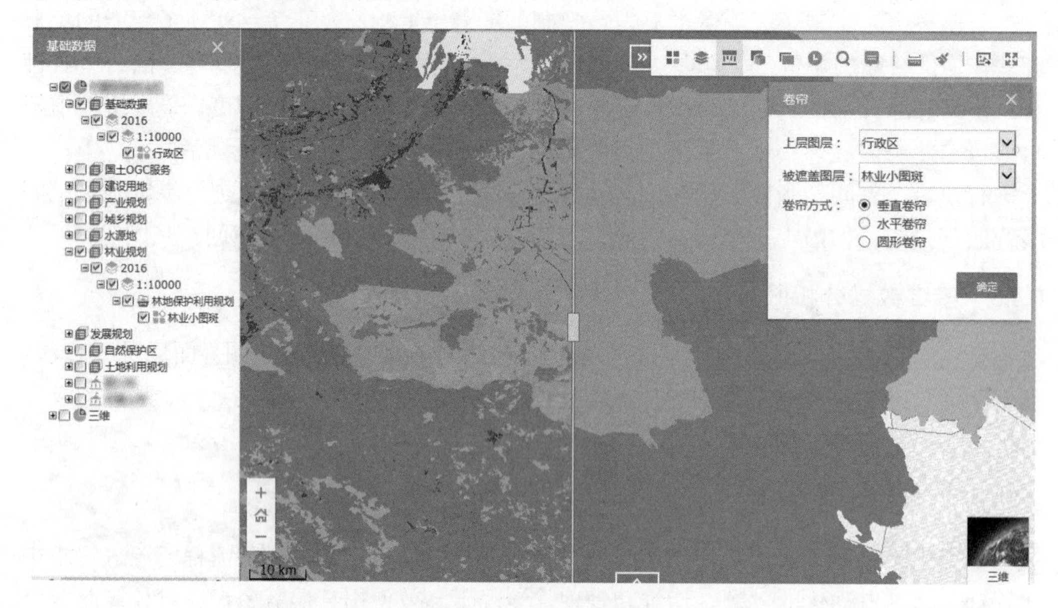

图 8-14　垂直卷帘

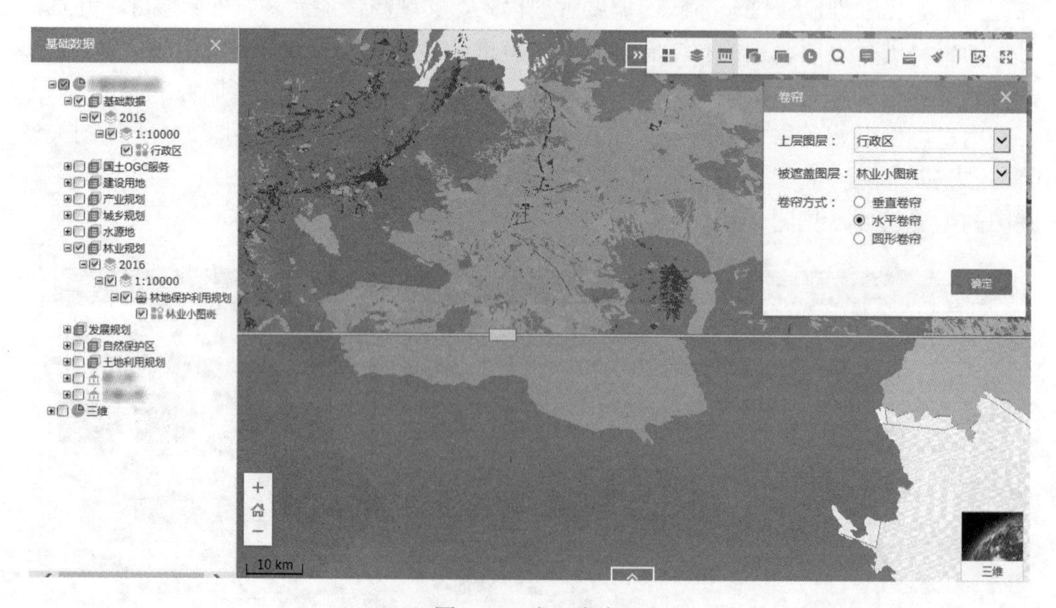

图 8-15　水平卷帘

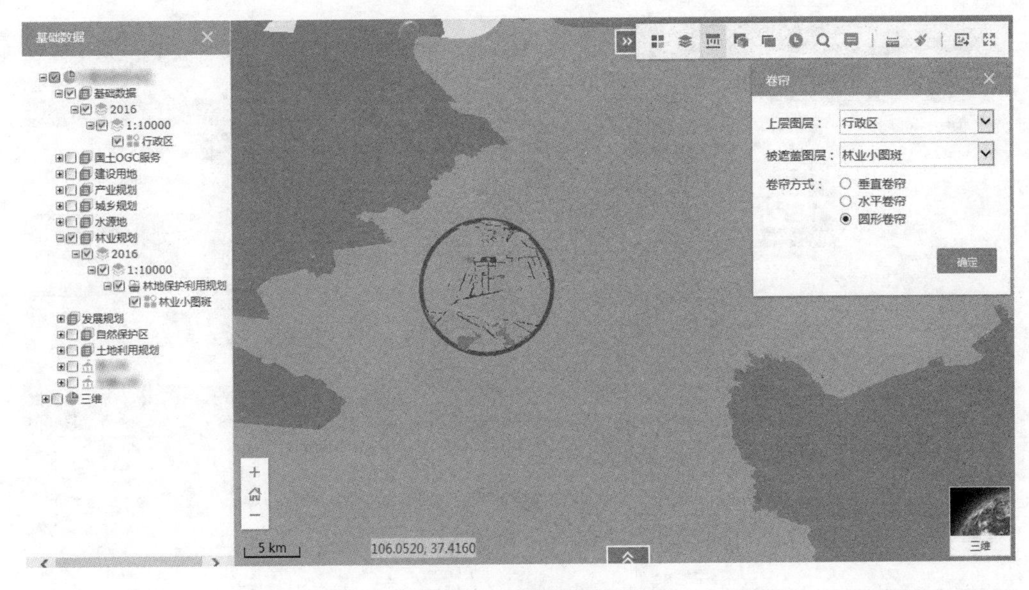

图 8-16　圆形卷帘

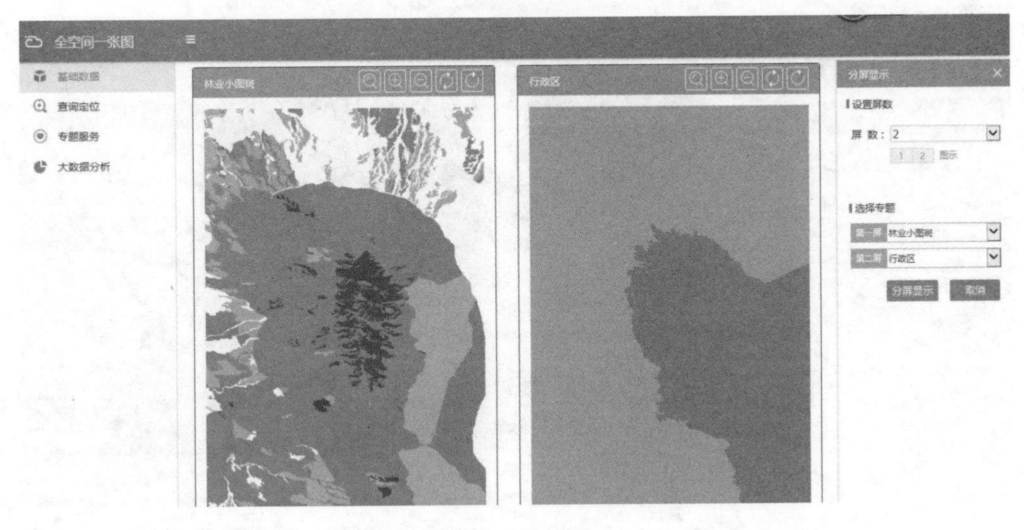

图 8-17　分屏展示

2. 三维功能服务

当基本数据没有漫游数据时，全空间一张图三维显示默认为地球球体；针对有漫游数据的三维场景，全空间一张图云服务支持的三维功能服务展现包含实景漫游、可视域分析、场景漫游、视频投放、地面开挖、粒子特效等，见图 8-20～图 8-26。场景漫游即置身于实景中，感受区域内仿真的街道、建筑物、地貌景致等场景实体；用户可以按需添加导入自己的视频，并提供删除保存等基本操作；顾名思义，可视域分析是对以漫游体验者为基本点或取具体路径，分析其可见范围；为更贴近真实生活场景，全空间一张图添加了粒子特效，体验者可以动态感受飞雪细雨、烟花烟雾、喷泉等场景。

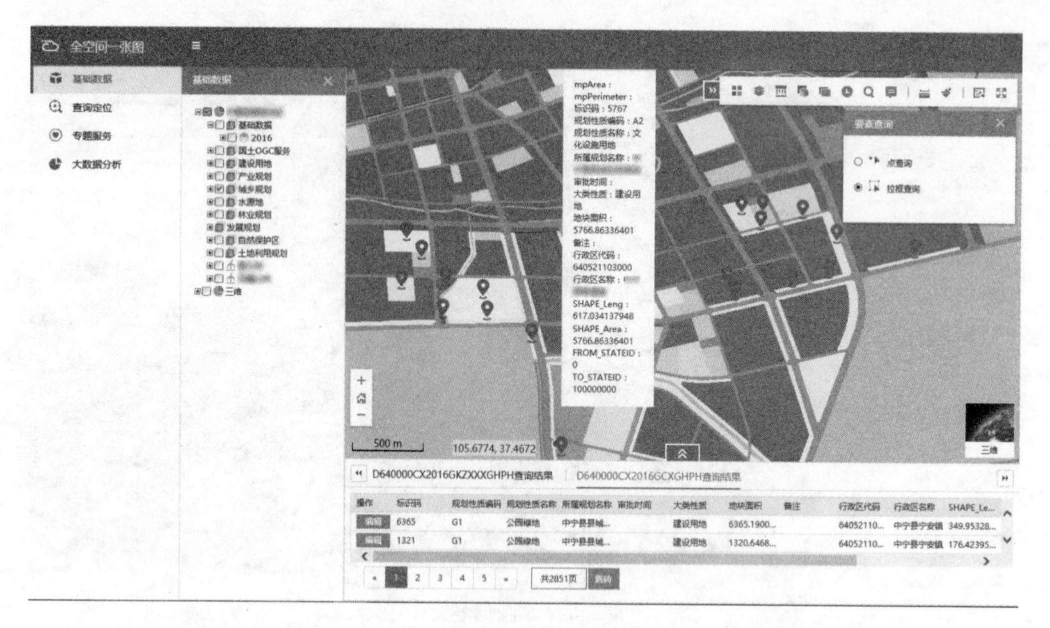

图 8-18　拉框查询

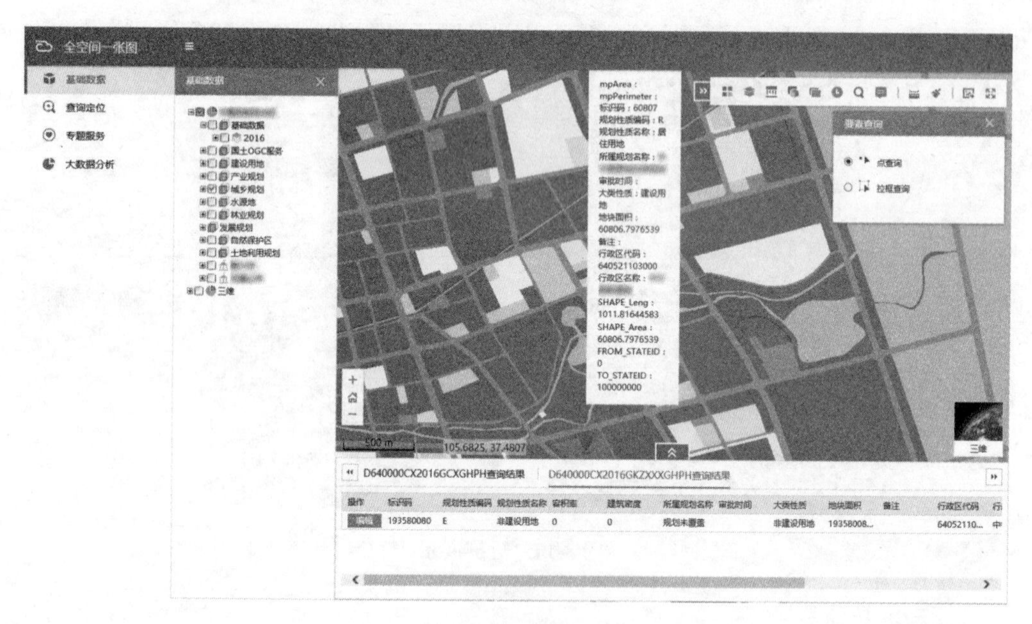

图 8-19　点查询

3. 二三维联动

分析二维与三维的功能服务后，全空间一张图挖掘展现了二三维联动功能。用户可以动态对照二维与三维场景。全空间一张图二三维联动的最大特点是将我们所要分析的二维数据根据 360°实景模拟都市的倒影，它具备了网络产品一般不具备的长久性。它的展现更加立体形象化，用户可以与虚拟环境进行人机交互，将被动式观看改变为更逼真地体验互动，可以广泛应用于虚拟营业厅、虚拟商业空间、三维虚拟选房等项目，见图 8-27。

图 8-20　实景漫游

图 8-21　静态可视域分析分析

图 8-22　动态可视域分析分析

场景漫游
交互选点
X坐标
Y坐标
高程
漫游参数
模型参数
显示路径
动画类型：
轨迹展示
移动速度：
10.0
转弯速度：
5.0
时长：
20.0
循环播放
双屏
开始
重置

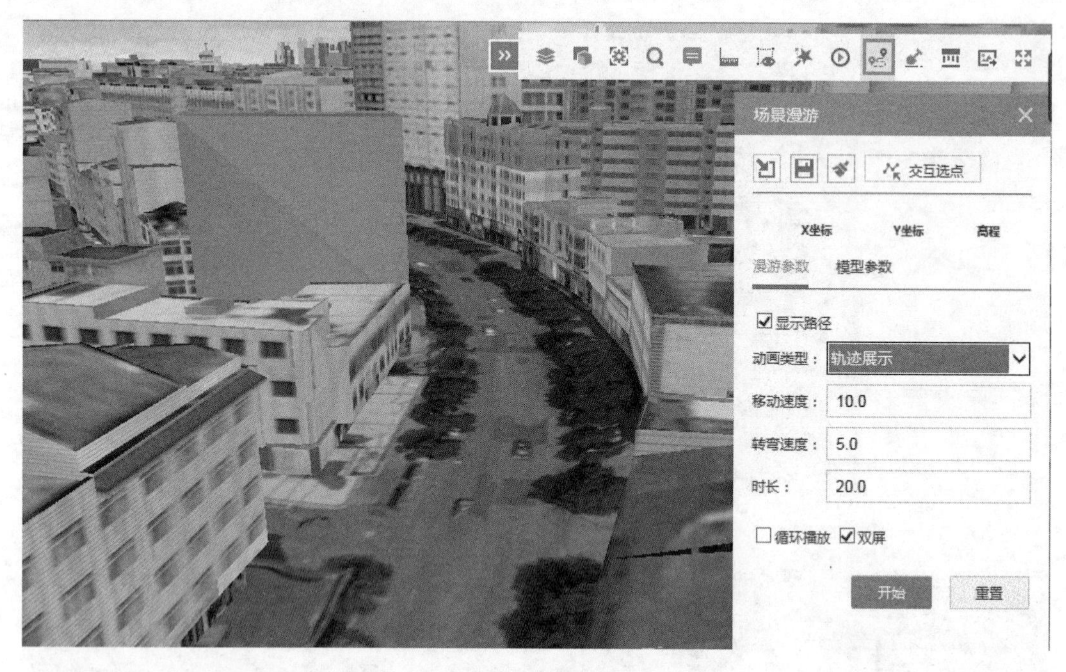

图 8-23　场景漫游

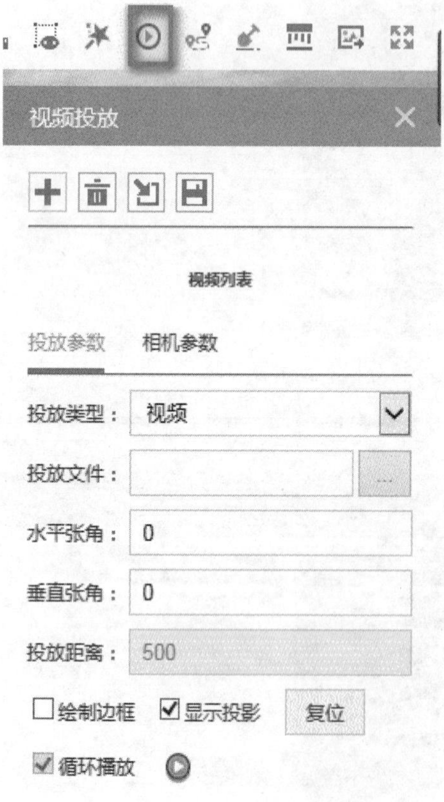
视频投放
视频列表
投放参数
相机参数
投放类型：
视频
投放文件：
水平张角：
0
垂直张角：
0
投放距离：
500
绘制边框
显示投影
复位
循环播放

图 8-24　视频投放

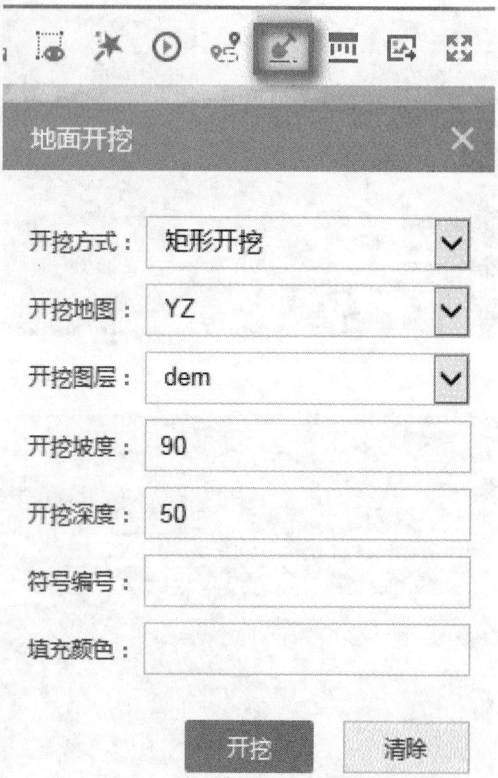
地面开挖
开挖方式：
矩形开挖
开挖地图：
YZ
开挖图层：
dem
开挖坡度：
90
开挖深度：
50
符号编号：
填充颜色：
开挖
清除

图 8-25　地面开挖

图 8-26　粒子特效

图 8-27　基于 OGC 服务的三维城市房屋共享应用

8.4.4　空间与非空间关联挖掘

全空间一张图综合服务，能够基于一张图数据，关联上非空间数据进行数据的处理和分析，进行关联查询及可视化，展示更丰富的信息，挖掘更具价值的服务信息，并且能够动态生成专题图，为用户提供更多的场景应用，见图 8-28。

8.4.5 热点应用服务

全空间一张图提供数据定位功能，用户可以对一张图管理的多种数据进行定位，定位可以通过坐标定位、图幅号定位、行政区划定位三种方式来完成，见图 8-29～图 8-31。

全空间一张图提供热点查询功能，查询方式包括地名查询、自定义查询、POI 查询三种，见图 8-32～图 8-34。

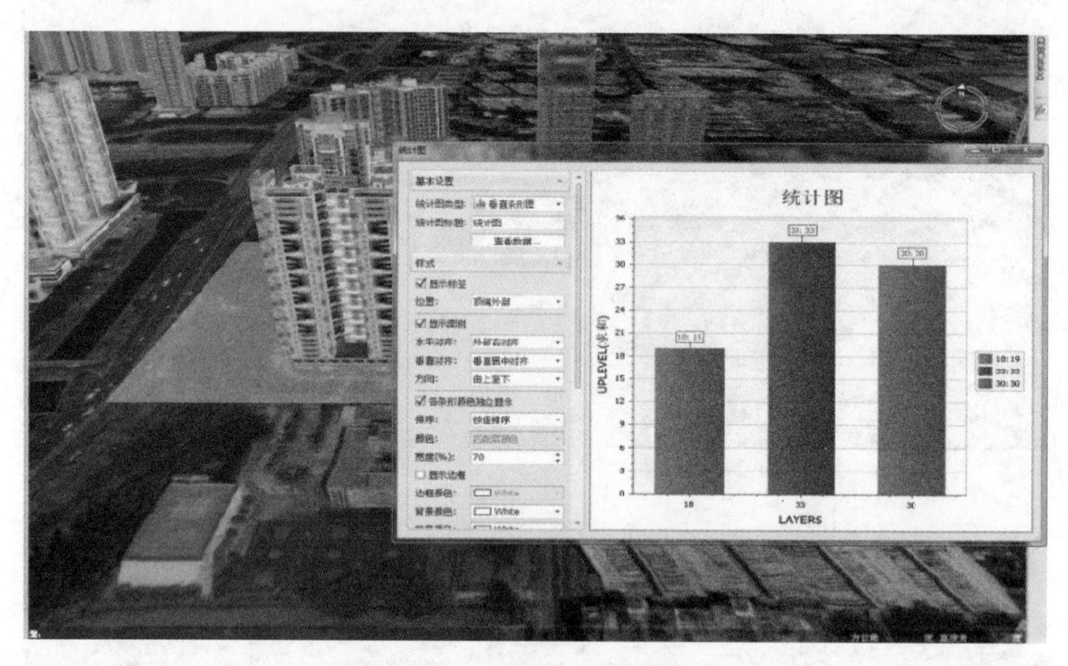

图 8-28 非空间数据的关联查询与可视化

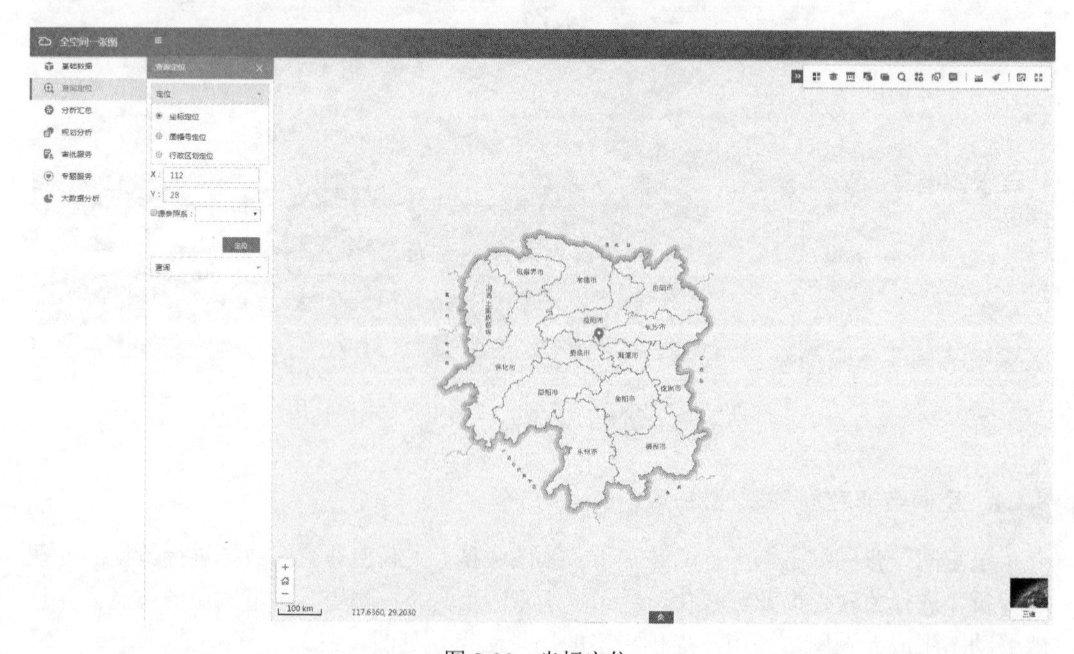

图 8-29 坐标定位

图 8-30　图幅号定位

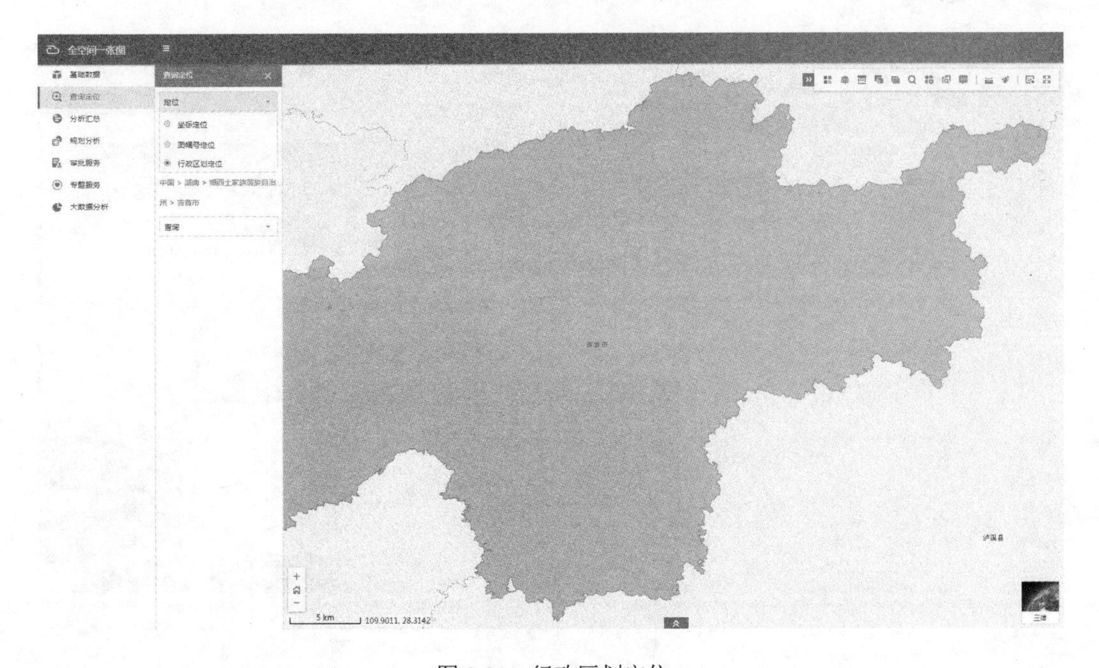

图 8-31　行政区划定位

8.4.6　专题应用服务

全空间一张图根据不同行业基础数据经过分析、处理、挖掘出更多专题数据、业务数据、主题数据，提供多种类型的专题服务展现，可用多种图表格式对专题内的数据进行多角度的分析，如分段专题图、标注统计图、聚合统计图等。目前，全空间一张图提供的专题服务有人民经济专题服务、建设用地专题服务。

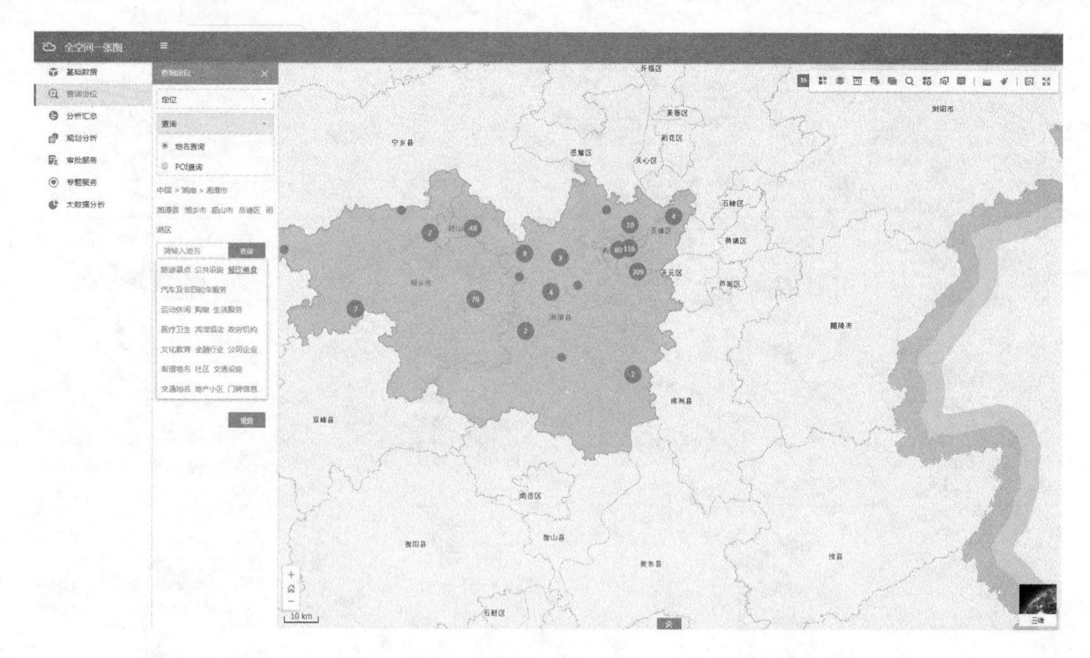

图 8-32　地名查询

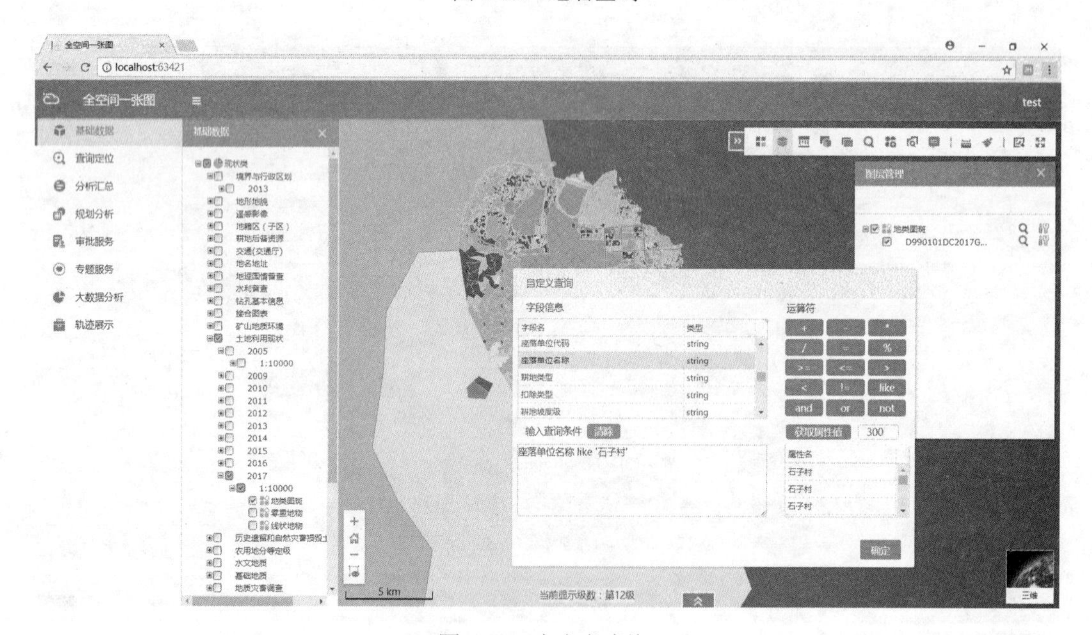

图 8-33　自定义查询

1. 人民经济专题

人民经济专题可动态查询不同时段（年）不同省市县三级行政区分的人口与 GDP 统计分析，并以统计表和直方图、饼图、折线图三种统计图方式动态对比显示，如图 8-35 所示。

2. 建设用地专题

以国土行业建设用地大数据分析为例，建设用地大数据分析提供了各行政区不同季度、月份、日期的所耗费用、占补平衡、计划执行等项目的统计分析数据，并以折线图、

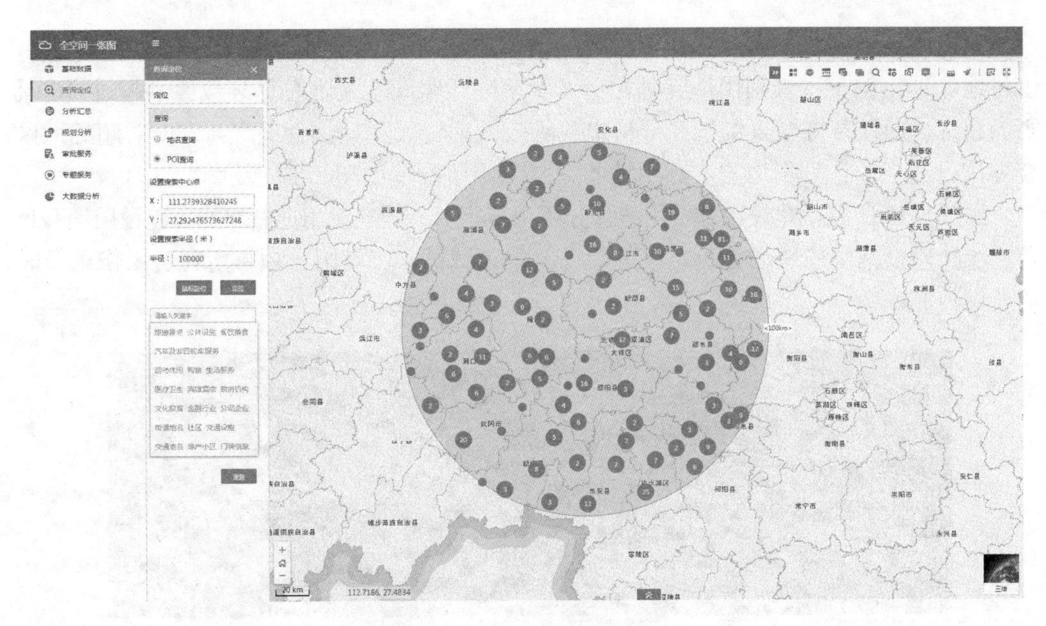

图 8-34　POI 查询—旅游景点

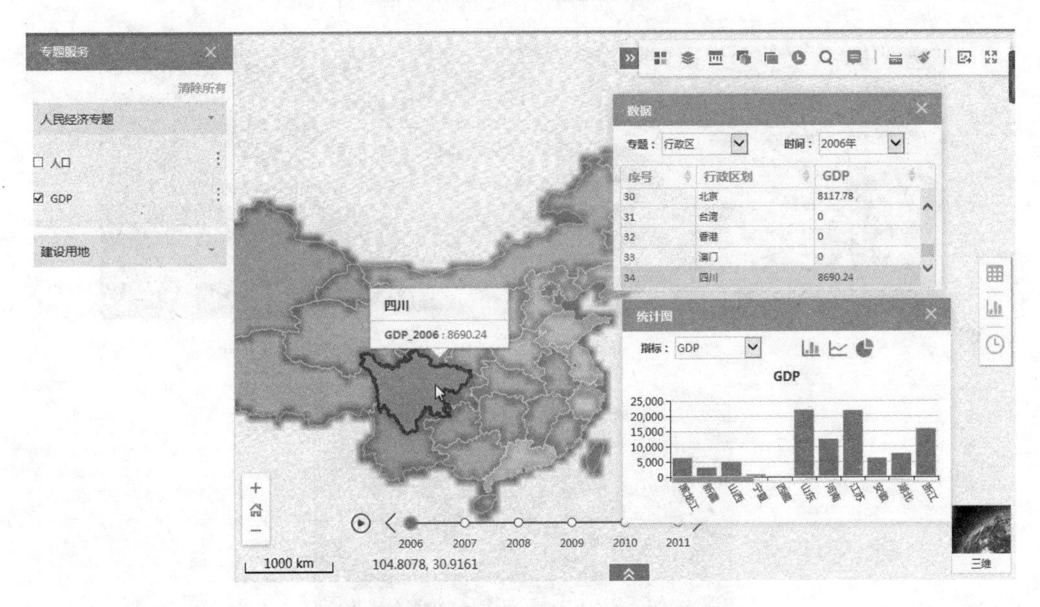

图 8-35　人民经济专题服务

直方图、饼图的方式直观动态展现。

通过建设用地大数据分析，可以动态查看湖南省湘潭市于 2015 年 1 月所耗费用、占补平衡、计划执行三个项目的具体分析项目、分析数据及所占比例，如图 8-36 所示。

全空间一张图大数据中心通过分析、处理国土行业建设用地基本数据，挖掘出建设用地占卜平衡数据分析，全空间一张图定义已抵扣总面积与占地耕地总面积不等则为占卜不平衡。所以通过直方图对比某行政区已抵扣总面积与占用耕地总面积可统计分析出占卜不平衡、占卜平衡区域数目如图 8-36 所示。这对实现土地占卜平衡，节约土地资源，保护好人类赖以生存的土地具有重大的意义。

建设用地计划执行情况分析主要囊括四个方面：占总计划数比例、占农用计划比例、占耕地计划比例、占未利用地计划比例。全空间一张图定义占总计划数比例超过 100%则为超标，通过直方图查询统计分析出各行政区的建设用地执行情况，方便对超标地区合理作出适当的计划用地与实际用地的调整，应用展现如图 8-37 所示。

如图 8-38 所示，建设用地费用统计分析主要指对某地建设用地新增费、建设用地开垦费、水利建设基金的统计分析，通过此项的统计分析，可对国土项目所耗费用作出及时的费用控制。

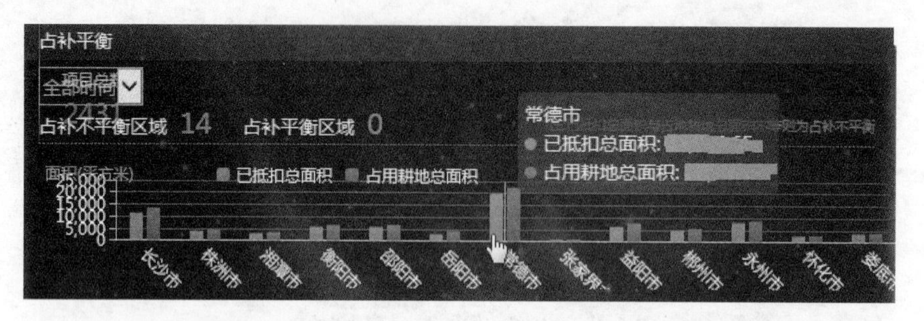

图 8-36　建设用地占卜平衡数据分析

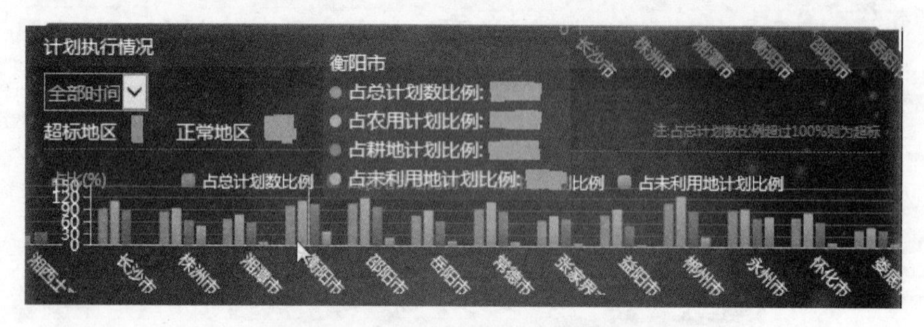

图 8-37　建设用地计划执行情况统计

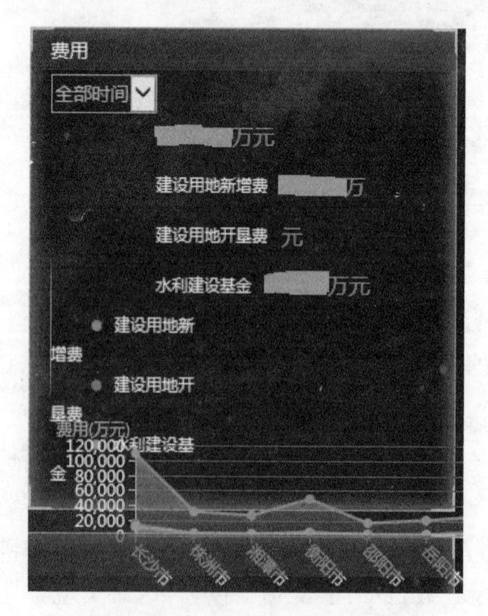

图 8-38　建设用地费用统计分析

8.5 全空间一张图集成管理中心建设

8.5.1 概述

随着云平台的建设和发展，各种各样的需求会不断涌现。全空间一张图的运行模式和维护模式应是一个可以支持用户需求变化、管理运维团队，为用户打造规模可调、性能可优、功能可定制的云平台，实现各级用户的按需运营，而这依赖于对计算、存储、网络资源的调度和分配，同时提供用户管理、资源管理、工作流管理等。从用户资源的申请、审批到分配部署的智能化，集成管理中心不仅要实现对传统的物理资源和新的虚拟资源进行管理，还要从全局而非割裂地管理资源，因此统一管理与自动化将成为必然趋势。

为了实现统一管理的目标，全空间一张图集成管理中心提供“模板化”的定制工具，能够自动发现和动态调配云端资源，实现应用场景的个性化定制，使云端应用模式更多样；提供轻便的云资源交付能力，无需复杂的配置，实现桌面、Web、移动三端资源的轻松交付，使应用 GIS 产品工作更快速。

集成管理中心通过对系统的资源及运行状态进行高效合理的管理，来实现工具定制及应用场景的个性化定制，具体包括对软硬件资源的管理、应用管理、部署管理、用户运维管理等。

8.5.2 集成管理中心整体框架

全空间一张图集成管理中心整体框架如图 8-39 所示。

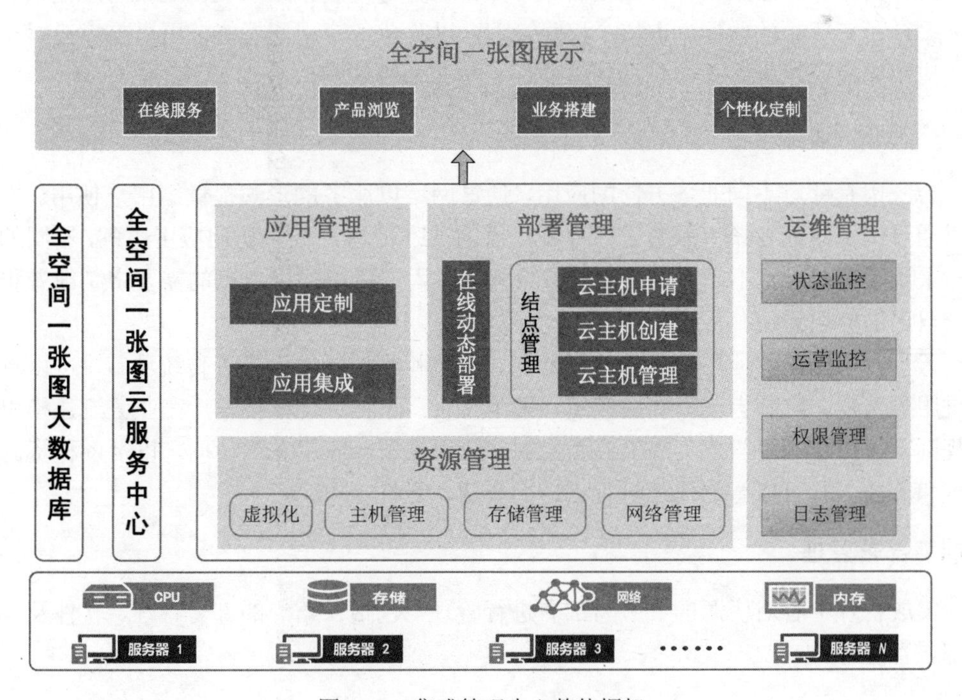

图 8-39 集成管理中心整体框架

全空间一张图集成管理中心以全空间一张图大数据库、全空间一张图云服务中心为基础，构建于虚拟化的软硬件资源之上，提供对资源、应用状态的在线动态部署、一体化运维管理、监控及维护，保障云平台的正常可持续运行。

集成管理中心主要包括资源管理、应用管理、部署管理、运维管理四个模块，每个模块分别实现以下功能。

1. 资源管理

资源管理对云平台中的软硬件资源进行统一管理，包括对分布在各地的CPU、存储设备、内存、服务器、网络的管理，利用虚拟化技术消除平台差异性，构建可扩展的、经济高效的虚拟化存储及分布式计算环境。

2. 应用管理

云平台中的服务具备聚合、迁移、重构等云特性，用户可以根据自己特定的业务需求，利用云平台提供的业务流建模工具来方便快捷地定制适用于具体业务的应用系统，并可进一步形成专题服务。

用户定制的应用可以作为扩展服务放入云平台中，由云平台统一管理。

3. 部署管理

对云平台中的服务器进行在线动态管理，根据计算任务的需求自动分配服务器资源，进行云主机的创建、云主机的申请、云主机的管理、云主机的释放等操作。

4. 运维管理

结合云计算思想采用弹性调度管理、并行运算等先进技术研制出运维管理模块，负责云平台所有资源的监控、审核、权限管理，以及业务应用配置等，用以支撑云服务中各类应用模块的运行。主要包括状态监控、运营监控、权限管理、日志管理等。

8.5.3 应用定制

云应用是针对不同业务方向的应用，通过网络以服务的形式提供给用户使用。用户可以通过浏览器或者统一服务云门户所提供的API的客户端来访问应用服务，不同的应用是采用不同粒度、不同尺度的服务聚合而成。用户可以根据自己的需要定制或者租用适合自己的应用系统。

云平台所提供的应用服务消除了购买、安装和维护硬件设施等传统环节，可以直接通过服务门户，定制自己需要的应用，采用聚合、重构、迁移技术，在业务流建模引擎的规则下，构建应用门户、提供应用定制、应用部署、应用在线访问，以及各种资源的管理和监控，并可以智能化地进行云应用集成，见图8-40。

8.5.4 部署管理

集成管理中心对资源的安装与部署进行管理，包括云结点的部署管理、软件及应用的部署管理等。

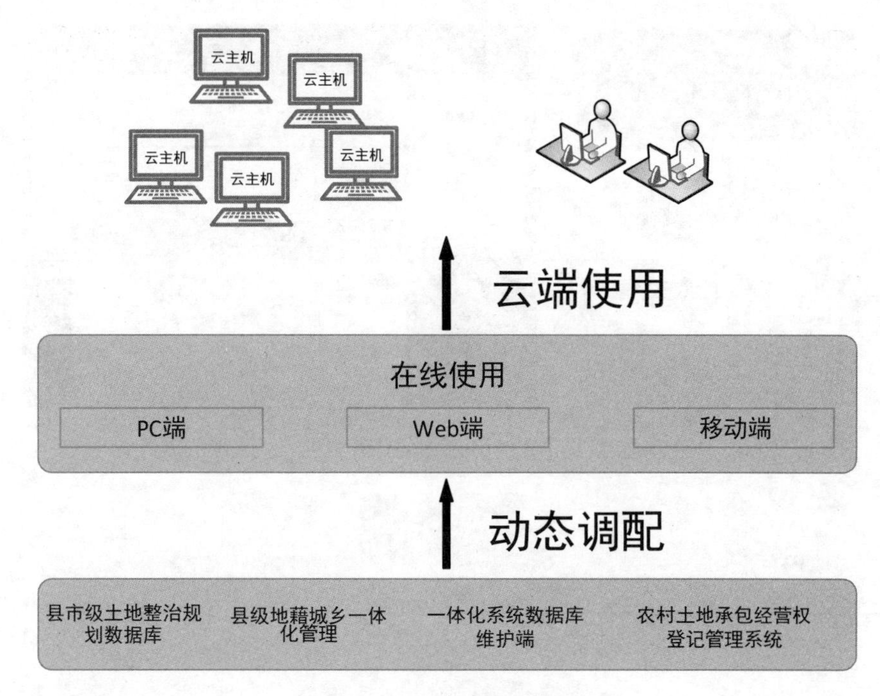

图 8-40　智能化云应用集成

1. 结点管理

集成管理中心对虚拟化的云主机结点进行管理，可以以可视化的方式按照用户需求对云结点进行创建、启动、停止、删除等操作，如图 8-41～图 8-43 所示。

图 8-41　结点管理

2. 在线动态部署

通过时空云的集成管理中心可以自动分配资源，部署集群管理服务器。集群管理服务器的微内核支持.NET 和 Java 两大技术体系，具有跨平台的特性，能自由部署在 Linux、Unix、Aix、Windows 等操作系统之上。用户可以按需选取资源，通过在线聚合，自由定制成所需的软件。再经由在线迁移、一键安装，在线完成所有功能与数据资源的安装

添加主机
物理主机
OpenStack
FusionSphere

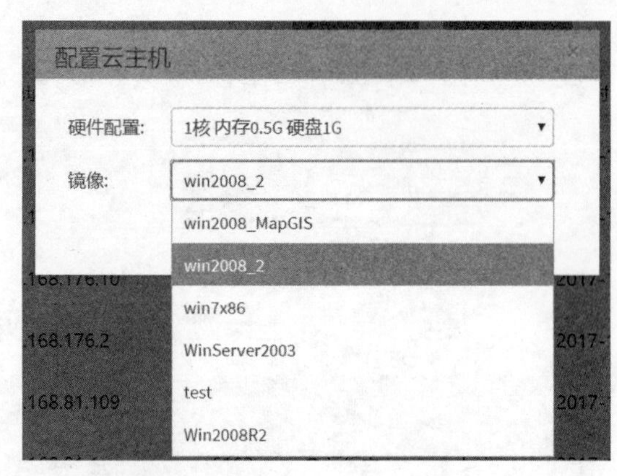

图 8-42　添加并配置云主机

图 8-43　云结点批量管理

与部署工作，简化传统 GIS 软件繁琐的安装与部署过程。部署完成后软件和应用由集成管理中心统一管理。

8.5.5　一体化运维管理

一体化运维管理提供自动化的运维监控和管理，采用用户隔离机制分级管理，实现资源管理、服务管理、运行监控、服务结点监控等，实现资源的高效利用，使运维管理工作更简单，保障资源的安全、持续与稳定；开发平台采用“框架+插件”方式，提供丰富的服务资源和完整的开发标准规范，保证了流程、服务和应用的可聚合、重构的特性，并支持用户自定义扩展。服务结点监控见图 8-44。

集成管理中心提供多级分权限管理，将省市县组织机构纳入进来统一管理。市县管理端可以向云平台申请物理资源、数据资源、服务资源、软件资源和硬件资源，授权通过后，市县管理端可以在云端管理自己市县的各类资源服务，进行统一管理和监控、权限分配、服务申请审批。

市县管理端可以为本区县分配云平台门户管理员，该管理员可为组织内各用户成员分配数据、服务、应用等访问权限；同时门户管理员可以维护本区县资源数据服务目录，管理本区县数据服务。

集成管理中心能够进行后台用户登录信息的管理、云服务器的配置、地图参数的配置、前台界面展示的配置、前台功能模块的配置，最终构建前后台一体化，功能强大且能够满足需求的高效应用系统。

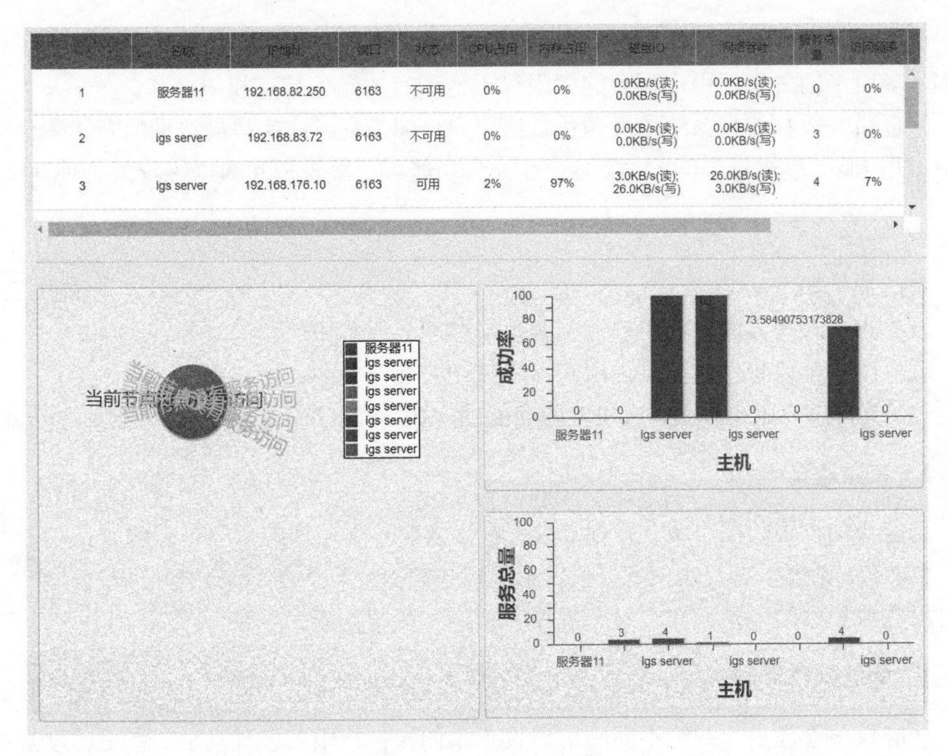

图 8-44　服务结点监控

8.5.6　权限管理

权限管理，一般指根据系统设置的安全规则或者安全策略，用户可以访问而且只能访问自己被授权的资源，不多不少。

权限管理技术，一般使用基于角色访问控制技术（role based access control，RBAC）。在 RBAC 中，根据权限的复杂程度，又可分为 RBAC0、RBAC1、RBAC2、RBAC3。其中，RBAC0 是基础，该技术模型如图 8-45 所示。

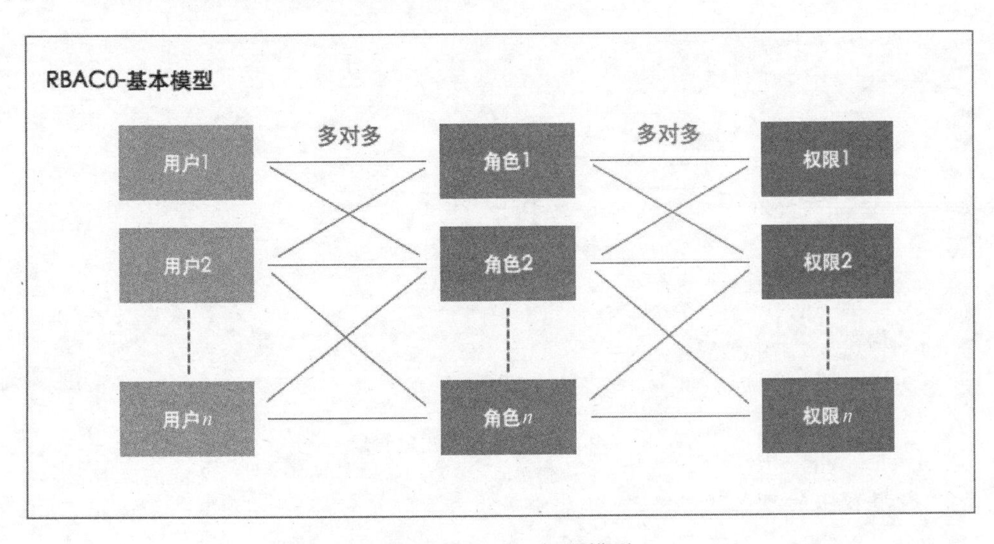

图 8-45　RBAC 权限模型

在这个模型中，我们把权限赋予角色，再把角色赋予用户。用户和角色，角色和权限都是多对多的关系。用户拥有的权限等于他所有的角色持有权限之和。

管理员一般都能为系统定义角色，给用户分配角色。这就是最常见的基于角色访问控制。从控制力度来看，可以将权限管理分为功能级权限管理和数据级权限管理两大类。

1）权限设置

系统提供如下功能：

（1）角色管理界面，由用户定义角色，给角色赋权限；

（2）用户角色管理界面，由用户给系统用户赋予角色；

（3）支持用户定义权限，这样新增功能的时候，可以将需要保护的功能添加到系统。

2）权限验证

功能级的权限验证逻辑非常简单。查看该当前登录用户的角色是否包含该功能的权限。如果有，则表示有权访问，否则表示无权访问。对于 Web 系统，一般定义一个 Filter 就可以完成权限验证，无需在各个程序入口进行权限判断。

1. 功能权限管理

功能权限管理是一种给不同的用户设置不同操作权限的管理功能。系统通过给不同的用户设置不同的操作权限，从而让不同的用户拥有不同的角色身份，保留不同的权力，来对系统进行相应的操作和维护。功能权限管理首先建立不同权限级别的角色组，然后在相应的权限组下添加用户，这样用户就获得了对应角色权限组的权限，每个角色权限组下的所有用户权限相同。用户管理及角色管理见图 8-46。

用户管理

首页 用户管理

用户名： 邮箱： 查询 添加用户

用户ID	用户名	邮箱	组名	角色	操作
34	zondy		zondy	租户管理员	
36	hehui		zondy	hemickey	
38	hehui1		zondy	租户用户	
39	wujunhui	wujunhui@mapgis.com	zondy	租户用户	
41	zhanghui	zhanghui@mapgis.com	zondy	租户用户	
42	zhuyaxian	zhuyaxian@mapgis.com	zondy	租户用户	
43	hehuanhuan	hehuanhuan@mapgis.com	zondy	租户用户	
44	zuoqing	zuo@mapgis.com	zondy	租户用户	
45	hehuanhuan2	hehuanhuan2@mapgis.com	zondy	租户用户	
46	hehuanhuan3	hehuanhuan3@mapgis.com	zondy	租户用户	

1 2 > >>

角色管理

添加角色

角色名称	权限	操作
ddss	igs_node:C,R,U,D,operate,app_node:C,user:backLogin	
hemickey	igs_node:C,igs_workflow:C,app:R,software:R,user:backLogin,igs_service:R,igs_data:C,publish,role:C,app_node:C	

图 8-46　用户管理及角色管理

2. 数据权限管理

数据权限管理可以分为两大类：①从系统获取数据，如查询、浏览数据；②向系统提交数据，如增加、删除、修改数据。

3. 用户权限管理

用户权限管理，是提供给系统管理员进行各用户所属的账号、机构、单位、用户人员，以及密码方面的维护管理。保证过时的用户不能进入系统，新增的用户及时进入系统。

组权限和用户管理：用户应通过用户组实现授权管理，管理用户组对所有的菜单项具备哪些操作权限，操作权限应包括增加、删除、修改、查询等。同时对所有操作用户应进行增加、删除、修改、查询管理。

根据所面对的不同的用户，提供不同的认证方式，当网络环境复杂，可以采用 SSL 安全网关提供的安全认证与安全传输服务，实现用户强身份认证，同时建立高强度的加密通道，确保数据的安全传输；同时采用 SSL 安全网关将应用服务器隔离在私有网络中，确保应用服务器免受攻击。

4. 单点登录

单点登录（single sign on，SSO），可以实现单点登录、统一认证的权限管理。在多个应用系统中，用户只需要登录一次就可以访问所有相互信任的应用系统。应用到全空间一张图中，用户只需要登录一次就可以访问大数据中心、云服务中心、应用集成中心，可以在多个系统间自由切换，且保留用户个人信息，无需重复登录，提升用户体验。

8.6 全空间一张图的价值

在全球共享经济环境下，物联网、云计算、大数据等技术，以及互联网思维等引发 IT（软件）产业变革，云时代的到来必将带来传统应用模式的转变。目前，各行业转变发展思路，进行产业变革，构建行业生态环境，谋求绿色发展——这已成发展常态，空间信息行业也无例外。

在此背景下，基于信息共享思维，综合运用大数据、云计算、物联网等新一代信息技术，以空间信息化成果为基础，以支撑国家战略、服务社会发展为目标，构建能够实现基础设施资源、数据资源、功能服务资源统一管理和调度，协同支撑空间信息各行业日常业务、基础科学研究和信息社会化服务的全空间一张图，从底到上筑建空间信息行业的资源湖、数据湖和知识湖，构建可持续发展的地理空间信息服务生态环境，致力于空间信息行业人力、物力、智力资源全共享。

8.6.1 资源湖

基于虚拟化技术，将计算机、存储器、数据库、网络设施等软硬件设备组织起来，虚拟化成一个个逻辑资源池，形成资源湖，对上层提供虚拟化的存储资源、计算资源、网络资源等资源服务。目前，对于资源湖的构建，是各大计算机设备厂商重点进军的基地，相关技术已较为成熟，如虚拟存储、虚拟设备、虚拟计算机、虚拟客户管理系统等。资源湖架构如图 8-47 所示。

8.6.2 数据湖

基于资源湖的基础支撑，各类空间和非空间数据，包括卫星影像数据、矢量地图数据、三维模型数据及增值服务数据，以及存储在 MySQL、DB2、Oracle、HBase 等类型数据库的网络数据源数据，逻辑上组织构成一个数据资源池，并通过使用时空大数据技术，实现海量、多源、异构数据的一体化管理，形成数据湖。支持数据分布式存储，支持上层高效的检索查询与可视化，支持大数据应用。数据湖是支持云计算、云服务的基础，使得用户可以在任意位置、使用各种终端获取服务，就像“我们开启开关电灯就亮，拧开水龙头水就流，但我们不知道用的是哪个电厂发的电，哪家水厂提供的水”一样。数据湖架构如图 8-48 所示。

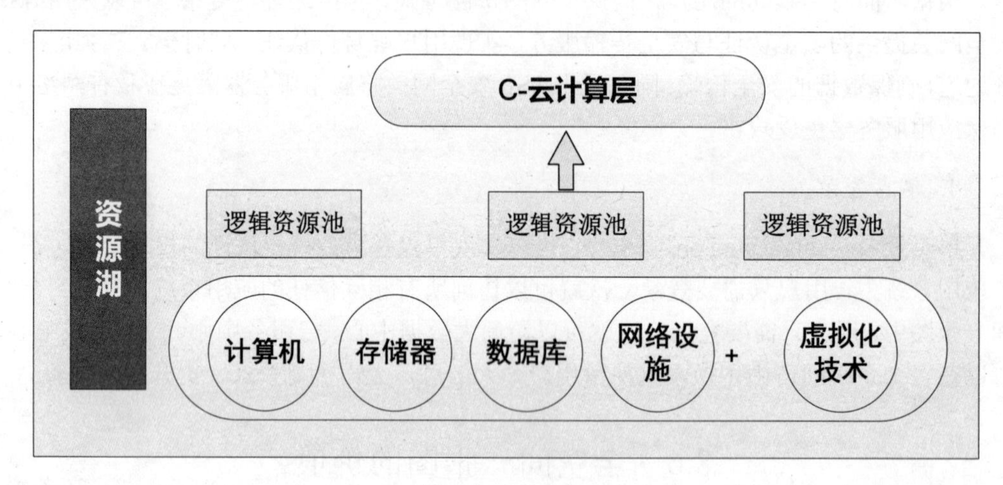

图 8-47　资源湖

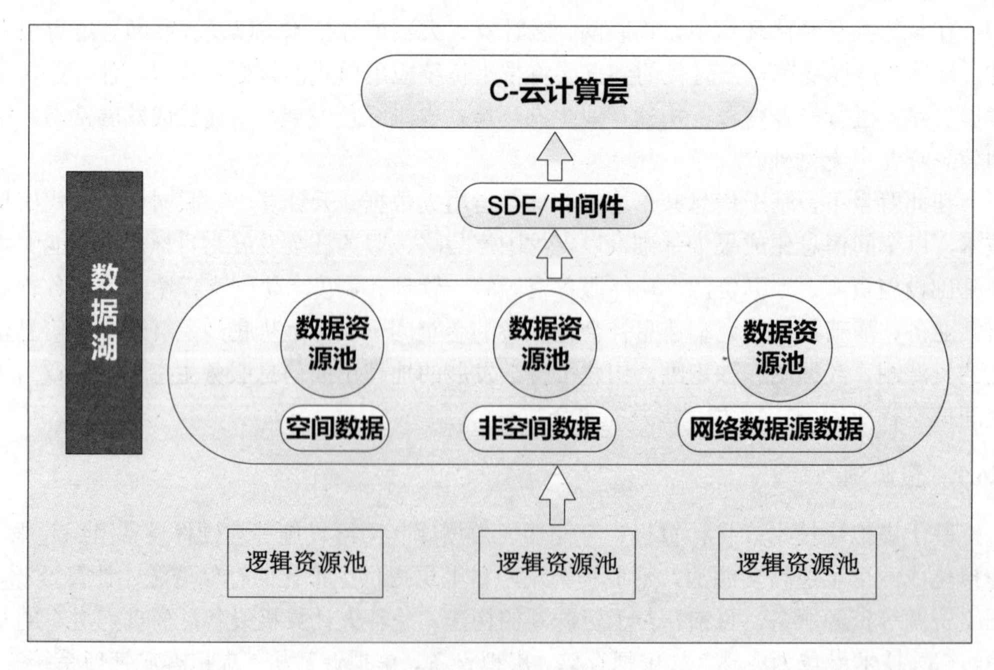

图 8-48　数据湖

8.6.3 知识湖

在支持超大规模、虚拟化硬件架构的基础上，建立了海量地理信息数据、服务和资源管理与服务体系框架，按照“即插即用”的思想，以及聚合服务的理念建立服务，通过专家、专业用户、大众用户等，贡献共享智力资源，共建知识湖。

构建知识湖的内在软件架构是 T-C-V 架构，使得云计算的典型特征如纵生、飘移、聚合、重构成为可能。全空间一张图接入知识湖，基于 GIS 基础平台厂商提供基础功能元素，提供可组成各行各业应用的小至微内核群、大至组件插件的各种粒度的功能元素，以及深入挖掘生产提供各类相关知识，不断丰富知识湖。知识湖架构如图 8-49 所示。

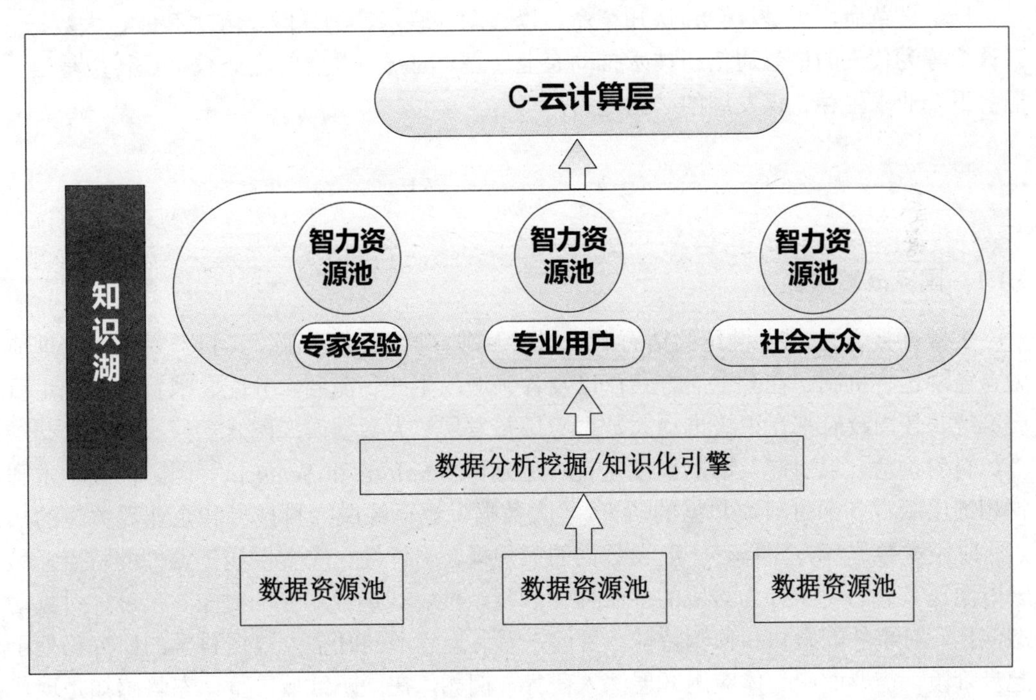

图 8-49 知识湖

第9章 结　语

“大数据产业的潮流不可阻挡，我们要顺势而为。”——李克强在2015年8月19日的国务院常务会议上谈到。

经过数十年的发展，大数据已开始从培育期走向普及期，越来越多的企业和政府部门，甚至个人等开始接纳大数据这个新颖又神奇的词汇。人们已经意识到，大数据时代是一场科技革命，更是社会、认知革命。以移动互联网、物联网、人工智能、大数据、云计算等为代表的信息通信新技术推动企业转型、创新与发展的企业数字化转型是当今形势下企业求生存、谋发展的必由之路。

9.1 总　结

9.1.1 国家战略层面

大数据被誉为“21世纪的钻石矿”，是国家基础性战略资源，正日益对国家治理能力、经济运行机制、社会生活方式，以及各领域的生产、流通、分配、消费活动产生重要影响，各国政府都在积极推动大数据应用与发展。大数据研究隐含着巨大的社会、经济、科研价值，已引起各国的高度重视。近几年，*Nature* 和 *Science* 等国际顶级学术刊物相继出版专刊探讨对大数据的研究。“大数据”也已经成为科技界和企业界关注的热点。时空大数据一方面具有一般大数据的大规模、多样性、快变性和价值性的特点，另一方面还具有与对象行为对应的多源异构和复杂性、与事件对应的时空、尺度、对象动态演化、对事件的感知和预测特性。目前来看，国际上的时空大数据科学的研究仍处于起步阶段，需要面向具体应用开展深入研究。例如，在国防领域，整体态势感知是现代化国防的关键，具有整体获取特性的遥感大数据在国防上意义重大；在气象领域，空间信息是气象预测的基础，能融合时空大数据的气象大数据将为大气环境监测、农业灾害监测提供强有力的支撑；在交通领域，融合了地理位置信息、空间信息的时空大数据将是应急处置的重要决策依据，可以提高应急交通指挥决策的科学性。因此，进一步研究时空大数据表示、度量和理解的基本理论和方法，揭示时空大数据与现实世界对象、行为、事件间的对应规律，将大有可为。

根据IDC、Wikibon等咨询机构预测，全球的大数据核心产业规模呈逐年上升趋势，到2019年约为500亿美元，如图9-1所示。

根据《国务院关于印发促进大数据发展行动纲要的通知》，2017年是政府资源开放工程的重要时间节点。目前，我国互联网、移动互联网用户规模居全球第一，拥有丰富的数据资源和应用市场优势，大数据部分关键技术研发取得突破，涌现出一批互联网创新企业和创新应用，一些地方政府已启动大数据相关工作。坚持创新驱动发展，加快大数据部署，深化大数据应用，已成为稳增长、促改革、调结构、惠民生和推动政府治理

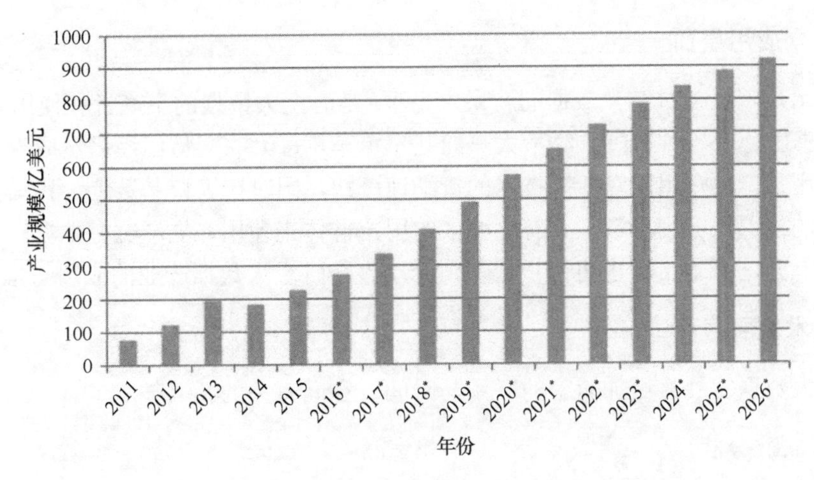

图 9-1　全球大数据产业规模（2011～2026 年）

数据来源：Wikibon，2016 年 3 月

能力现代化的内在需要和必然选择。目前在我国大数据发展和推动过程中，国字头企业占有十分重要的战略意义。国土资源部、住建部仍是时空大数据的重量级用户。在近十年颇有热度的智慧城市、不动产登记、国土三调、农村土地确权等大 IP 级项目中，时空大数据占有十分重要的比例。2017 年 11 月，我国已发两颗北斗三号全球组网卫星，2018 年年底前后将发射 18 颗北斗三号卫星，覆盖“一带一路”沿线国家；到 2020 年左右，完成 30 多颗组网卫星发射，实现全球服务能力。随着卫星数量和质量的提升，在时间精确度和空间分辨率上都取得重大突破。

9.1.2　企业布局层面

时空大数据产业链逐渐完善，纵向链条上的各细分市场均处于蓝海市场，并且在资本的助推下，创新厂商迎来良好的进入机会。一些具备较大经济实力和研究能力的互联网大公司率先开始了时空大数据的研究和应用。作为技术创新的领袖，Google 在十几年前就用廉价的商用机器组成高扩展分布式集群来应对爆发式增长的访问流量和数据存储。诞生于开源世界的 Hadoop 和它的衍生产品给整个信息产业带来了非结构化数据处理的希望。从 2014 年来看，大数据产业链发展不均衡，导致市场资源无法有效整合，厂商缺乏价值链条的传导，市场开拓情况不佳；而发展到现在，大数据市场产业链已逐渐完善，从基础设施层来看，存储、数据库厂商无论是数量还是质量均保持稳定增长，从分析层的厂商来看，国内不断的涌现如机器学习累、认知计算等厂商，从应用层来看，初创厂商如同雨后春笋般冒出，虽然这片市场鱼龙混杂，但面对剧烈的竞争，这片市场的厂商成长也最为迅速。

纵向产业链的各环节上，均处于行业生命周期的初始期或成长期，并且资本看好这片市场，多数创新厂商在 A 轮或 A 轮以前可以融到数千万的启动资金，极大程度地催熟创新厂商的成长。过去十年里，空间领域资本日趋活跃，2014 年是时空大数据的分水岭。未来几年将保持高速增长。时空大数据逐渐成为商家战略决策、市场分析、商业选址，以及 O2O、物流、外卖、交通等即时服务的重要保障。同时，时空大数据亦可作为一种服务面向第三方销售，时空大数据已经成为资本机构争夺的主战场。

9.1.3 大众应用层面

大众用户一直是时空大数据的新兴生力军，是时空大数据的生产者和使用者。例如，导航、共享出行等各种 APP，时下大热的共享单车，每天的交易已经俨然成为时空大数据规模级用户。大众用户对新兴技术的接纳速度快，同时在人口基数上，我国拥有全球数量最多的位置服务用户群体，有足够多的用户群体来使用、生产时空数据。一旦用户基数不断上升，资本市场也将快步跟进，带动整个时空大数据产业的应用与推广。

9.1.4 技术发展层面

时空大数据发展将更加紧密的联系与时间、空间有关的新兴技术。

1）可视化分析

大数据分析的使用者有大数据分析专家，同时还有普通用户，但是他们二者对于大数据分析最基本的要求就是可视化分析，因为可视化分析能够直观地呈现大数据特点，同时能够非常容易被读者所接受，就如同看图说话一样简单明了。

2）数据挖掘算法

大数据分析的理论核心就是数据挖掘算法，各种数据挖掘的算法基于不同的数据类型和格式才能更加科学地呈现出数据本身具备的特点，也正是因为这些被全世界统计学家所公认的各种统计方法（可以称之为真理）才能深入数据内部，挖掘出公认的价值。另外一个方面是因为有这些数据挖掘的算法才能更快速地处理大数据，如果一个算法得花上好几年才能得出结论，那大数据的价值也就无从说起了。

3）预测性分析能力

大数据分析最重要的应用领域之一就是预测性分析，从大数据中挖掘出特点，通过科学地建立模型，之后便可以通过模型带入新的数据，从而预测未来的数据。

4）语义引擎

大数据分析广泛应用于网络数据挖掘，可从用户的搜索关键词、标签关键词或其他输入语义，分析、判断用户需求，从而实现更好的用户体验和广告匹配。

5）数据质量和数据管理

大数据分析离不开数据质量和数据管理，高质量的数据和有效的数据管理，无论是在学术研究还是在商业应用领域，都能够保证分析结果的真实性和价值性。在遥感监测、土地勘查、作物生长、气象预警等领域尤为凸显。

9.2 机遇与挑战

时空大数据意义在于演绎发展、揭示规律、寻找特征、预测未来。

在过去十几年，随着各个领域数据规模的不断增长，当前的存储计算平台面临越来越大的考验。同时，人们更加清晰地认识到挖掘这些数据中的信息将带来巨大的商业价值。一些具备较大经济实力和研究能力的互联网大公司率先开始了时空大数据的研究和应用。诞生于开源世界的 Hadoop 和它的衍生产品给整个信息产业带来了非结构化数据处理的希望。

时空大数据作为大数据行业的一个重要分支，也受益于整个行业的快速增长。

一是产业规模保持高速增长。2015 年我国大数据核心产业的市场规模达到 115.9 亿元，增速达 38%，2017～2018 年还将维持 40%左右的高速增长。截至 2017 年 5 月 31 日，时空大数据产业的挂牌企业有 204 家，在审企业 29 家，退市企业 6 家。据中国信通院测算，到 2020 年大数据将带动中国 GDP 提升 2.8%～4.2%。

二是产业格局迎来洗牌阶段。2014 年，大数据企业纷纷通过并购、融资、合作等手段构建自己的产业体系或生态圈，以增强自己的产业竞争力，拟补产业短板，与合作伙伴一起构筑强大的竞争优势。未来几年，大数据产业有望形成若干个类似于 Wintel 体系的稳固合作体系，在此之前，市场将处于激烈的洗牌阶段。地理信息行业也发生了变化，上中下游厂商有了新的机会，能够渗入更多的行业，改变产业格局。

三是我国时空大数据企业全球影响力将扩大。通过在大数据领域的大量投入、积极研发，我国大数据服务企业在技术上已经达到国际先进水平。未来，我国企业有望在全球范围内同亚马逊、IBM 这些国际巨头一同竞争。

9.2.1　“沙里淘金”大数据如何转变为小数据

在大数据时代，我们可以分析更多的数据，有时候甚至可以处理和某个特别现象相关的所有数据，而不再依赖于随机采样，逐渐把时空大数据提炼成有价值的小数据。时空大数据具有多源异构高噪的特点，这是由于数据来自众多不同的网络用户，各种社会互动、沟通设备、社交网络和传感器都是其数据来源，使得数据具有很高的噪声。尽管衍生诸多算法、清洗策略、提取挖掘方法，数据降噪提取仍然有待再提高。因此在今后的时空大数据技术发展和应用研究中，如何把时空大数据提炼成有价值的小数据，是迫在眉睫的重要课题。

9.2.2　“ABC”“三位一体”带来的新挑战

随着以移动互联网、物联网、人工智能、大数据、云计算等为代表的信息通信新技术的不断发展和日益融合，云时代也日益凸显出技术融合的特征。由人工智能（artificial intelligence）、大数据（big data）和云计算（cloud computing）组成的“ABC 金三角”将给各行各业带来新的发展契机。

未来趋势，是大数据、人工智能、云计算“三位一体”。人工智能需要大数据、云计算做支撑，三者之间的界线越来越模糊，三者糅合在一起将会为社会提供更多的技术服务，并带来更为广阔的空间。在云计算环境下，通过各种通信网络为用户提供按需即取服务。这就使得用户可以根据自身的需要特点选择相应的计算能力和存储系统。系统平台的各项功能将通过通信网络来实现，用户可以将各种平台应用部署在云计算供应商所提供的云计算平台中，以实现动态调整软件和硬件的需求。云计算因其在解决上述问题上具有的巨大优势，自诞生以来发展极为迅速。将云计算技术、大数据、人工智能和地理信息技术相结合，通过“云计算”和“云存储”平台，可以使得地理信息数据的存储、计算和分析具有更高的可扩展性和动态的支持。另外，研究云平台环境下城市地理时空信息系统的应用模式、服务体系、存储迁移等问题显得很有必要性并具有商业价值。

9.2.3 政务大数据与时空大数据助力我国时空信息“弯道超车”

大数据产业链条分为数据采集、数据存储、数据预处理、数据分析挖掘、数据可视化、数据流通等六大环节。当前我国大数据企业业务范围不断拓展，几乎覆盖了产业链的各个环节，其中以从事大数据分析挖掘业务的企业最为集中，所占比例高达63.7%；从事数据采集业务的企业占比为37.4%；从事IDC、数据中心租赁等数据存储业务的企业比例最低，仅为 8.5%；从事数据分类、清洗加工、脱敏等预处理业务的企业占比为27.8%；从事数据可视化相关业务的企业占比为 14.3%；从事大数据交易、交换共享等数据流通业务的企业占比为18.3%。

由于顶层设计缺失等历史原因，数据烟囱、信息孤岛和碎片化应用遍地开花，政企内部业务系统、App系统、数十万计的PC应用都是，不仅出现在政府部门/企业内部各环节，也存在于不同政府部门/企业之间。对各政务信息系统按照工作关联进行业务重组和流程再造，把各自独立的政务信息系统整合成纵向联通、横向联动，真实反映业务协同要求的“大系统”。建设“互联网+政务服务”平台、公共资源交易平台等，有效整合公共服务资源，进一步提高服务水平；建设省政府公共业务应用平台，满足省政府各部门共性业务应用使用需求；整合各市政府及省政府各部门的办公系统，构建统一的协同办公系统，满足政府工作运转需要；将部门内部分散、独立的政务信息系统整合为互联互通、业务协同、信息共享的“大系统”。实现大数据产业化，打破数据烟囱、信息孤岛与碎片化应用，实现大数据采集融合成为当务之急。

9.2.4 时空信息云平台带动小企业

近几年来，云计算技术发展的越来越快，与此相应的应用范围也越来越宽。云计算的发展为大数据技术的发展提供了一定的数据处理平台和技术支持。云计算为大数据提供了分布式的计算方法、可以弹性扩展、相对便宜的存储空间和计算资源，这些都是大数据技术发展中十分重要的组成部分。此外，时空信息云平台具有十分丰富的IT资源，分布较为广泛，为时空大数据技术的发展提供了技术支持。随着云计算、云平台的不断发展和完善，发展平台的日趋成熟，时空大数据技术自身将会得到快速提升，数据处理水平也会得到显著提升。

（1）混合云将成为云服务业态的重要方向。混合云模式可以将公有云和私有云的优点融于一体。众多大型企业需要私有云和公有云对接，在私有云和公有云之间自由切换，将对混合云架构产生巨大需求。

（2）企业级的移动云应用将持续升温。企业物理边界的逐渐模糊及移动互联网使用的普及，使得移动办公的需求越来越迫切。越来越多的企业表示将在 SaaS 层面增加预算投入，而移动云办公领域将成为优先考虑的项目之一。

（3）垂直行业的云应用将取得突破。企业越来越重视产品的智能化及真实、有效的获取用户数据，提供更为细分、垂直的云计算服务。尤其在智能家居领域，云计算将与家居产品相结合，成为个人服务领域的亮点。

随着企业数字化转型的不断推进，企业正逐渐成为云化的主角，在不断尝试云技术、云模式、云应用等的基础上，紧密结合自身的核心业务，探索最适合的云化解决方案，根据自身情况选择云化路径和节奏，实现信息基础设施、生产系统、业务流程等方面的云化，以云化 IT 的无边界、灵活性、敏捷性等特点来满足新时代下的需求，将企业的 IT 系统由支撑系统转变为生产系统，通过重构生产流程，大幅提升效率、创新商业模式、创造更大商业价值。

9.2.5 时空大数据理念再造

（1）时空大数据的理论和方法体系。围绕时空大数据科学理论、时空大数据计算系统与科学理论、时空大数据驱动的颠覆性应用模型探索等，开展重大基础研究，包括全球时空基准统一理论、时空大数据不确定性理论、多源异构时空大数据集成、融合与同化理论、时空大数据尺度理论、时空大数据统计分析模型与挖掘算法、时空大数据快速可视化方法等，构建时空大数据理论与方法体系。

（2）时空大数据的技术体系。采用政产学研用相结合协同创新模式和基于开源社区的开放创新模式，围绕时空大数据存储管理、时空大数据智能综合与多尺度时空数据库自动生成及增量级联更新、时空大数据清洗、分析与挖掘、时空大数据可视化、自然语言理解，深度学习与深度增强学习、人类自然智能与人工智能深度融合、信息安全等领域进行创新性研究，形成时空大数据的技术体系，提升时空大数据分析与处理能力、知识发现能力和决策支持能力，实现“数据-信息-知识-辅助决策”到“数据-知识-辅助决策”的转变。

（3）时空大数据的产品体系。时空大数据采集、获取、处理、分析、挖掘、管理与分析应用等环节，研发时空大数据存储与管理软件、时空大数据分析与挖掘软件、时空大数据可视化软件、时空大数据服务软件等软件产品，多样化个性化定制数据产品，提供时空数据与各行各业大数据、领域业务流程及应用需求深度融合的时空大数据解决方案，形成比较健全实用的时空大数据产品体系，服务于智慧城市、生态文明、智能交通、智慧医疗与健康服务等领域。

参 考 文 献

边馥苓, 杜江毅, 孟小亮. 2016. 时空大数据处理的需求、应用与挑战. 测绘地理信息, 41(06): 1-4.

方裕. 2001. GIS 软件技术与研究讨论. 中国地理信息系统协会 2001 年年会论文集, 北京, 20-26.

方裕, 周成虎, 景贵飞, 陆锋, 骆剑承. 2001. 第四代 GIS 软件研究. 中国图象图形学报, (09): 5-11.

何建邦, 池天河, 蒋景瞳, 等. 2001. 地理信息共享环境的研究与实践——营造地理信息共享政策、标准与技术环境.中国地理信息系统协会 2001 年年会论文集, 1-5.

黄茂军, 杜清运, 吴运超, 李凤丹. 2004. 地理本体及其应用初探. 地理与地理信息科学, (04): 1-5.

江波. 2015. 云平台环境下的资源调度研究与实现. 广州: 华南理工大学硕士学位论文.

李德仁. 2016. 展望大数据时代的地球空间信息学. 测绘学报, 45(04): 379-384.

李德仁, 马军, 邵振峰. 2015. 论时空大数据及其应用. 卫星应用, (09): 7-11.

李志刚. 2003. GIS 空间认知体系的构建. 全国测绘与地理信息技术研讨交流会专辑, 国家测绘局测绘标准化研究所: 3.

马荣华, 黄杏元. 2005. GIS 认知与数据组织研究初步. 武汉大学学报(信息科学版), (06):539-543.

王会颖, 倪志伟, 伍章俊. 2004. 基于 MapReduce 和多目标蚁群算法的多租户服务定制算法. 模式识别与人工智能, 27(12):1105-1116.

王家耀. 2017. 时空大数据及其在智慧城市中的应用. 卫星应用, (03):10-17.

王家耀, 武芳, 郭建忠, 等. 2017. 时空大数据面临的挑战与机遇. 测绘科学, 42(07):1-7.

魏光泽. 2016. 中文分词技术在搜索引擎中的研究与应用. 青岛: 青岛科技大学硕士学位论文.

吴信才. 2010. 数据中心集成开发平台——新一代 GIS 应用开发模式. 北京: 电子工业出版社.

吴信才. 2015. GIS 开发大变革. 北京: 电子工业出版社.

夏文忠. 2015. 大数据汇聚关键技术与统一架构研究. 电信技术, (01): 32-35.

虚拟化与云计算小组. 2011. 云计算宝典——技术与实践. 北京: 电子工业出版社.

杨宗喜, 唐金荣, 周平, 张涛, 金玺. 2013. 大数据时代下美国地质调查局的科学新观. 地质通报, 32(09): 1337-1343.

张雪伍, 苏奋振, 石忆邵, 张丹丹. 2007. 空间关联规则挖掘研究进展. 地理科学进展, 26(6): 119-128.

朱明强. 2012. 基于词典和词频分析的论坛语料未登录词识别研究. 重庆: 西南大学硕士学位论文.

朱扬勇, 熊赟. 2015. 大数据是数据、技术, 还是应用. 大数据, 1(01): 78-88.

Johnson T. 1992a. Lazy updates in distributed search structures. Washington: Technical Report UF CIS TR92-033.

Johnson T. 1992b. Supporting insertio ns and deletions in a striped parallel filesystem. Washington, Technical Report UF CIS TR92-030.

Johnson T, Colbroo k A. 1992. A distributed data-balanced dictio nary based on the B-link tree. Proc.Int'l Parallel Processing Symp. USA: Beverly Hills, 319-325.